第一次全国自然灾害综合风险普查

上海市海洋灾害风险普查总报告

刘晓涛 主编

同济大学出版社
·上海·

图书在版编目（CIP）数据

上海市海洋灾害风险普查总报告/刘晓涛主编.
上海：同济大学出版社，2025.3. -- （第一次全国自然
灾害综合风险普查）. -- ISBN 978-7-5765-1459-9

Ⅰ.P73

中国国家版本馆 CIP 数据核字第 20252E8S50 号

上海市海洋灾害风险普查总报告
刘晓涛　主编

责任编辑　尚来彬　　**责任校对**　徐逢乔　　**封面设计**　王　翔

出版发行	同济大学出版社　　www.tongjipress.com.cn	
	（地址：上海市四平路1239号　邮编：200092　电话：021-65985622）	
经　销	全国各地新华书店	
印　刷	上海安枫印务有限公司	
开　本	787 mm×1092 mm　1/16	
印　张	16.75	
字　数	341 000	
版　次	2025 年 3 月第 1 版	
印　次	2025 年 3 月第 1 次印刷	
书　号	ISBN 978-7-5765-1459-9	
定　价	168.00 元	

本书若有印装质量问题，请向本社发行部调换　　　版权所有　侵权必究

本书编委会

主　　　　任：史家明

常务副主任：刘晓涛

副　　主　任：沙治银　徐贵泉

委　　　　员：金鹏飞　郑海龙　钱晓峰　徐双全　李学峰　陈卫国
　　　　　　　虞卫东　陈品磊　吴旭云　黄海雷　兰士刚　戴雷杰

主　　　　编：刘晓涛

副　　主　编：沙治银　徐贵泉

编写组成员（按姓氏笔画为序）：

　　　　　　　王　军　王　翔　王忠烨　孔令婷　田　杰　冯文静
　　　　　　　伊国杰　孙晨刚　花徐扬　李　帆　李　路　李　璟
　　　　　　　李文静　吴月英　张　呈　张宁腾　张晓燕　陈　明
　　　　　　　陈　璇　陈元卿　秦　涛　贾海青　夏雪瑾　倪　庆
　　　　　　　肖志乔　徐　健　潘莹莹

统　　　　稿：潘莹莹

内容提要

上海市海洋局贯彻落实国务院关于第一次全国自然灾害综合风险普查要求，结合上海海洋防灾减灾的实际情况，组织开展了上海市第一次海洋灾害风险普查。本书基于2020—2022年上海市海洋灾害风险普查工作，分六章全面总结、展示普查成果。第一章为绪论，包括普查工作总体概述、国内外关于海洋灾害的研究进展、风险评估理论和方法；第二章以五大调查评估专题为各节名称，以调查评估对象为各小节名称，全面、深入、系统地介绍调查与评估成果；第三章介绍四个灾种风险评估与区划成果；第四章介绍风暴潮防治区（重点防御区）划定方法和主要成果；第五章介绍与信息系统建设相关的内容；第六章为结论与建议，从调查与评估、风险评估与区划、风暴潮防治区（重点防御区）划定、信息系统建设与展示四方面总结提炼普查结果，对照普查成果，梳理主要问题，提出建议。

本书充分体现了全面性、科学性、实用性，可作为国土空间规划编制、海岸带保护修复以及沿海大型项目建设等海洋灾害管理的工作依据，供相关科研和设计规划人员参考。

序

"自然灾害"是人类赖以生存的自然界中所发生的异常现象，其对人类社会造成的危害往往是触目惊心的。我国是个海洋大国，拥有西太平洋最长的海岸线，沿海海洋灾害频发，灾害影响范围广。海洋灾害是由海洋自然环境发生异常或剧烈变化而导致的在海上或海岸带发生的人员伤亡、财产损失或其他影响公共安全的现象或事件。海洋灾害主要包括风暴潮、海浪、海啸、海平面上升、赤潮、海岸侵蚀、咸潮入侵等多种类型。人类要从科学的意义上认识灾害的发生、发展，尽可能减小它们所造成的危害。党中央、国务院高度重视自然灾害防治，并就提高自然灾害防治能力作出重要部署。2020—2022年，我国开展了第一次全国自然灾害综合风险普查工作。

上海位于太平洋季风区，处在冷暖过渡带、中纬度过渡带和海陆过渡带，受冷暖空气的交替作用影响十分明显，气候多变，极易发生海洋灾害，做好应急管理和灾害防治责任重大。上海市海洋局积极响应党中央、国务院部署，按照符合国家要求、体现上海特色、注重成果实用的原则，全面、系统地开展上海市海洋灾害风险普查工作，形成了较为全面的、高质量的成果，摸清了海洋灾害风险隐患底数，查明了重点区域抗灾能力，客观认识了上海市及其沿海各区海洋灾害风险水平，为有效开展海洋灾害防治和应急管理工作、有力推进城市精细化治理、全面推进韧性安全城市建设、切实保障社会经济可持续发展提供权威的灾害风险信息和科学决策依据。

本书在第一次全国自然灾害综合风险普查上海市海洋灾害风险普查成果的基础上，对总技术报告进一步开展深度总结凝练，包括了绪论、5个专题调查与评估、风险评估与区划、风暴潮防治区（重点防御区）划定、信息系统、主要结论与建议等内容。其中5个专题包括致灾调查与评估、承灾体调查与评估、历史海洋灾害调查与评估、行业减灾能力调查与评估、重点隐患调查与评估。致灾调查与评估是对风暴潮、海浪、海啸、海平面上升、海岸侵蚀、咸潮入侵、赤潮和"多碰头"（典型台风、暴雨、高潮位和上游下泄洪水中有两种、三种或四种灾害同时影响的事件）8类致灾孕灾因子进行调查和危险性评估或分析；承灾体调查与评估是对海岸防护工程、海水养殖区、渔港、滨海旅游区、海上风电工程5类承灾体概况及分布进行调查和评估；历史海洋灾害调查与评估主要对历史年度海洋灾害进行调查和评估；行业减灾能力调查与评估是对市区不同层级的减灾能力进行调查并开展政府减灾能力和综合减灾能力评估；重点隐患调查与评估是对海岸防护工程、海水养殖区、渔港、滨海旅游区、商港的隐患类型和分布进行调查与评估。风险评估与区划主要对国家规定的风暴潮、海浪、海啸、海平面上升4个灾种进行风险评估和区划。风暴潮防治区（重点防御区）划定主要考虑上海易受风暴潮影响，综合各方面因素，划定风暴潮防治区（重点防御区）。信息系统建设方面，主要进行了数据库和发布展示系统建设。此次调查成果内容丰富、全面、实用，可为海洋防灾减灾、城市规划布局、科研设计等领域同仁提供参考。

前 言

2018年10月10日，习近平总书记主持召开中央财经委员会第三次会议，从实现"两个一百年"奋斗目标、实现中华民族伟大复兴中国梦的战略高度，深刻阐述防治灾害的重要意义，就提高自然灾害防治能力提出总体要求、基本原则，明确9项重点工程，为做好灾害防治工作提供了思想和行动的指南。根据党中央、国务院决策部署，2020年5月31日国务院办公厅印发《国务院办公厅关于开展第一次全国自然灾害综合风险普查的通知》，全面部署了2020—2022年第一次全国自然灾害综合风险普查，这是新中国成立以来第一次开展的提升自然灾害防治能力的基础性工作，也是一项重大的国力国情调查。海洋灾害是地震、地质、气象、水旱、海洋、森林和草原火灾六大类灾害之一，海洋灾害风险普查是本次普查的重要组成部分，自然资源部先后印发了《全国海洋灾害风险普查实施方案（印发版）》（2020年）、《全国海洋灾害风险普查实施方案（修订版）》等文件及相关技术规范性文件，指导全国开展海洋灾害风险普查工作。

上海市政府积极响应国务院普查工作，2020年8月25日上海市人民政府办公厅印发《上海市人民政府办公厅关于本市开展第一次自然灾害综合风险普查的通知》，动员开展上海市第一次自然灾害综合风险普查工作，并成立了普查工作领导小组和工作机构（以下简称"市灾普办"）。2020年10月19日，市灾普办印发《上海市第一次自然灾害综合风险普查领导小组办公室关于印发本市开展第一次自然灾害综合风险普查总体方案的通知》，明确了任务分工。随后，市灾普办又印发《上海市第一次自然灾害综合风险普查领导小组办公室关于印发上海市第一次自然灾害综合风险普查实施方案的通知》，细化了工作内容，提出了成果要求。

上海市海洋局（以下简称"市海洋局"）根据自然资源部和市灾普办要求，开展上海市第一次自然灾害综合风险普查海洋灾害风险普查，成立了海洋灾害风险普查领导小组，先后印发《上海市水务局关于开展第一次水旱和海洋灾害风险普查的通知》，以及《上海市第一次水旱灾害风险普查实施方案》和《上海市第一次海洋灾害风险普查实施方案》，细化了市海洋局各部门及各区海洋局的任务分工，明确了海洋灾害风险普查工作内容、技术方法、成果要求等。上海市海洋局各部门及各区海洋局建立了普查工作机制，成立了普查工作领导小组，落实了普查经费，确定了技术支撑单位，聘请了技术专家组，全面开展上海市海洋灾害风险普查工作。

按照符合国家要求、体现上海特色、适应发展需求的总体思路，上海市海洋灾害风险普查充分利用既有成果，以区级行政区为基本调查单元，遵循"内外业相结合""在地统计"原则，采取全面调查、抽样调查、典型调查和重点调查相结合的方式，利用数据汇集整理、档案查阅、现场勘查（调查）、遥感解译等多种调查技术手段，开展灾害致灾因子、承灾体、历史灾害灾情、重点隐患和减灾能力等海洋灾害风险要素调查；运用统计分析、空间分析等多种方法，开展灾害致灾要素的危险性评估、重点隐患区（点）等级评估、主要海洋灾种的风险评估与区划；并通过宣传发动、人员培训、台账建设、数据审核、复核整改、汇总分析和成果验收等手段，确保了本次普查工作的顺利实施。

上海市第一次自然灾害综合风险普查海洋灾害风险普查工作于 2020 年 8 月起至 2023 年 9 月完成，历时约 3 年。3 年来，经过上海市海洋局及各部门和沿海 5 区海洋局[①]的共同努力，形成各类致灾调查、承灾体调查、历史海洋灾害调查、海洋行业减灾能力调查、重点隐患调查数据集以及风险评估与区划工作中收集的各类矢量、格栅和文档数据集、成果汇集清单等 20 939 张数据成果；形成各类海洋灾害危险性评估、海洋灾害承灾体评估、历史海洋灾害评估、海洋行业减灾能力评估、海洋灾害重点隐患评估、风险评估与区划及风暴潮防治区（重点防御区）图集等 185 份图件成果；形成总报告 1 份，专题技术报告 45 份、专题工作报告 5 份和质量检查审核报告 13 份。相关成果已形成完整的调查与评估属性数据库和空间数据库。

2022 年 2 月，根据自然资源部、市灾普办和市海洋局要求，全面完成海洋灾害风险普查调查工作，相关数据成果通过质检并完成汇报提交。

2022 年 10 月，全面完成海洋灾害风险普查各专题评估工作，相关图件和报告成果通过质检并完成汇报提交。

2023 年 9 月，在专题成果的基础上，编写形成了集调查评估—风险区划—防治区划于一体的总报告，完成成果展示系统制作，形成了上海市海洋灾害风险普查成果体系。

本次海洋灾害风险普查是全国自然灾害综合风险普查的重要组成部分，也是一项重大的国情国力调查，是提升全国海洋灾害防控能力的基础工作。通过上海市海洋灾害风险普查，积累了较为全面、翔实的海洋本底数据，全面摸清了上海市海洋灾害致灾原因及隐患底数，查明了重点区域抗灾能力，充分评估了各类海洋灾害风险并划定风险防治区域，总结提出了契合实际且针对性强的海洋防灾减灾建议，成果丰硕。这项工作的顺利完成得益于自然资源部、市灾普办等单位领导、专家的指导和支持，得益于上海市海洋局及上海市海洋规划设计研究院、上海市海洋管理事务中心、上海市海洋监测预报中心、上海市堤防建设运行中心等部门，沿海 5 区海洋局和各专题技术支撑单位的共同努力；得益于本项工作专家组的全过程指导和把关，在此表示衷心的感谢！

---

① 沿海 5 区海洋局即宝山区、浦东新区、奉贤区、金山区、崇明区海洋局。

由于本次普查时间节点为 2020 年 12 月 31 日，故调查与评估数据均截至 2020 年年底。在本次普查工作期间，上海市完成了 30.9km 的主海塘达标建设（崇明东滩南段主海塘、宝山老石洞水闸西侧主海塘、浦东世纪塘港城大堤主海塘、浦东银川置业专用海塘、金山石化专用海塘等），累计完成了 53.2km 的主海塘提标改造（崇明景观大道一期工程等），进一步消除了防汛安全隐患，提升了防汛安全保障能力。完成 1 套海洋观测浮标建设工作，实现实时观测、监测海洋水文、海洋生态、海洋气象等 26 个相关参数，为提升预报预警能力打下了坚实的基础。2022 年 9 月，受长江流域罕见干旱及台风顶托的影响，上海市遭遇长江口历史上最严重的咸潮入侵，供水安全受到了严重威胁，为提高供水安全保障水平，后续将进一步深入研究长江口咸潮入侵机理及中长期供水安全保障方案等。

此次普查是上海市首次开展的海洋灾害风险普查工作，无相关经验可循，采用的相关技术标准仍有待进一步完善。后续上海市相关部门将充分运用此次普查成果，完善上海市海洋防灾减灾薄弱环节，提升全市海洋灾害防治能力，同时进一步加强普查成果在社会各领域的深度应用，充分发挥本次普查效能。

最后，再次感谢相关部门和单位对此次海洋灾害风险普查作出的贡献！

目 录

序

前言

第 1 章　绪 论 ········· 001

 1.1　上海市概况 ········· 001

 1.2　普查工作总体概述 ········· 002

  1.2.1　总体目标与任务 ········· 002

  1.2.2　普查对象及范围 ········· 004

  1.2.3　技术路线与方法 ········· 006

  1.2.4　普查工作依据 ········· 009

  1.2.5　质量控制与成果 ········· 011

 1.3　国内外研究进展 ········· 014

  1.3.1　海洋灾害政策规划制定 ········· 014

  1.3.2　海洋灾害防治研究 ········· 015

  1.3.3　海洋灾害风险评价研究 ········· 019

 1.4　海洋灾害风险概论 ········· 021

  1.4.1　风险基本概念 ········· 021

  1.4.2　风险评估与区划流程 ········· 022

  1.4.3　风险评估方法 ········· 022

第 2 章　调查与评估 ········· 038

 2.1　致灾调查与评估 ········· 038

  2.1.1　风暴潮 ········· 038

  2.1.2　海浪 ········· 042

2.1.3 海啸 ·· 044

　　2.1.4 海平面上升 ·· 046

　　2.1.5 海岸侵蚀 ·· 047

　　2.1.6 咸潮入侵 ·· 055

　　2.1.7 赤潮 ·· 062

　　2.1.8 "多碰头" ·· 071

2.2 承灾体调查与评估 ·· 080

　　2.2.1 海岸防护工程 ·· 081

　　2.2.2 海水养殖区 ·· 092

　　2.2.3 渔港 ·· 093

　　2.2.4 滨海旅游区 ·· 095

　　2.2.5 海上风电工程 ·· 097

2.3 历史海洋灾害调查与评估 ··· 099

　　2.3.1 历史年度海洋灾情调查 ······································· 099

　　2.3.2 历史年度海洋灾情评估 ······································· 103

2.4 行业减灾能力调查与评估 ··· 107

　　2.4.1 行业减灾能力调查 ··· 107

　　2.4.2 行业减灾能力评估 ··· 113

2.5 重点隐患调查与评估 ·· 126

　　2.5.1 海岸防护工程 ·· 126

　　2.5.2 海水养殖区 ·· 140

　　2.5.3 渔港 ·· 140

　　2.5.4 滨海旅游区 ·· 142

　　2.5.5 商港 ·· 145

本章小结 ·· 147

第 3 章 风险评估与区划 ·· 151

3.1 风暴潮灾害 ·· 151

　　3.1.1 市尺度 ·· 151

　　3.1.2 区尺度 ·· 155

3.2 海浪灾害 ········· 181
    3.2.1 危险性评估 ········· 181
    3.2.2 风险评估与区划 ········· 185

3.3 海啸灾害 ········· 186
    3.3.1 市尺度 ········· 186
    3.3.2 区尺度 ········· 191

3.4 海平面上升 ········· 196
    3.4.1 危险性评估 ········· 196
    3.4.2 脆弱性评价 ········· 198
    3.4.3 风险评估与区划 ········· 199

本章小结 ········· 202

第4章 风暴潮防治区（重点防御区）划定 ········· 204

4.1 区尺度 ········· 204
    4.1.1 陆域部分 ········· 204
    4.1.2 海域部分 ········· 214
    4.1.3 划定结果修正 ········· 216

4.2 市尺度 ········· 221

本章小结 ········· 222

第5章 信息系统 ········· 223

5.1 系统总体设计 ········· 223

5.2 数据库建设 ········· 223
    5.2.1 致灾调查与评估数据库 ········· 226
    5.2.2 承灾体调查与评估数据库 ········· 230
    5.2.3 重点隐患调查与评估数据库 ········· 234
    5.2.4 行业减灾能力调查与评估数据库 ········· 235
    5.2.5 风险评估与区划数据库 ········· 238

5.3 海洋灾害风险普查信息系统建设 ········· 242

本章小结 · · · · · · 244

第6章 结论与建议 · · · · · · 245

6.1 主要结论 · · · · · · 245

6.1.1 多手段开展海洋灾害相关调查与评估 · · · · · · 245

6.1.2 全方位进行海洋灾害风险评估与区划 · · · · · · 247

6.1.3 综合多因素划定风暴潮灾害防治区 · · · · · · 248

6.1.4 利用先进技术构建普查成果信息系统 · · · · · · 248

6.2 相关建议 · · · · · · 248

参考文献 · · · · · · 251

第1章 绪论

1.1 上海市概况

上海市，简称"沪"，位于太平洋西岸、亚洲大陆东沿、中国南北海岸中心点、长江三角洲东缘、太湖流域下游；北界长江，东濒东海，南临杭州湾，西接江苏和浙江两省。上海是"长三角经济区"的龙头，拥有中国最大的外贸港口，是中国的经济、金融、贸易、航运和科创中心。全市南北长约120 km，东西宽约100 km，行政区划面积6 340.5 km^2。上海市属亚热带季风气候，四季分明、日照充足、雨量充沛。冬季受欧亚大陆冷气团控制，盛行西北风，寒冷干燥；夏季受太平洋暖气团控制，盛行东南风，暖热湿润；春末夏初为"梅雨"期，秋初多阴雨。年平均气温15.5℃~15.8℃。近30年年平均降水量（1991—2020年）为1 244 mm，全年降水集中在6—10月。上海海域处于咸淡水混合区域，盐度平面分布特征是南北高、中央低，低盐舌由长江口向东伸展，杭州湾盐度高于长江口。海域年均水温17.0℃~17.4℃，整个海域是一个梯度很小、基本均匀一致的温度场；春、夏季沿岸表层水温高于近海，冬季沿岸表层水温低于近海。

上海境内除西南部有少数丘陵山脉外，整体地势为坦荡低平的平原，是长江三角洲冲积平原的一部分，平均海拔为4 m。以西部淀山湖一带的淀泖洼地为最低，海拔为2~3 m；泗泾、亭林、金卫一线以东的黄浦江两岸地区为碟缘高地，海拔为4 m左右；浦东钦公塘以东地区为滨海平原，海拔为4~5 m；西部有九峰十二山等残丘，其中天马山海拔为98.2 m。海域上有大金山岛、小金山岛、浮山岛、佘山岛等基岩岛，其中大金山岛是上海境内最高点，海拔为103.4 m。按地貌类型组合特征及其时空分布，上海一般分为东部滨海平原、西部湖沼平原、长江河口及水下三角洲、杭州湾北部河口湾4个地貌区。

上海境内江、河、湖、塘相间，水网交织。主要水域和河道有长江口、黄浦江及其支流大泖港、园泄泾、斜塘和太浦河、拦路港，以及吴淞江（苏州河）、蕰藻浜、川杨河、淀浦河、大治河、金汇港、油墩港等。潮汐主要受外海潮波的控制，以东海的前进波为主。长江口潮波受地形影响变形，浅海分潮明显，长江口内和杭州湾的潮汐性质均为非正规浅海半日潮，潮差自长江口口门外海至口门附近逐渐增大。长江口和杭州湾海域波型以风浪为主，冬季以偏北向浪为主，夏季以偏南向浪为主。杭州湾北部最大波高达6.2 m，金山站最大波高为3.6 m；长江口内波浪受地形、水深和口内掩护条件的影响，明显减小，高桥沿海的最大波高仅 3.2 m。长江口悬沙属细颗粒范畴，浓度分布特征为西高东低。杭州湾口悬沙分布是北部高、南部低，高含沙量水体呈蛇状伸向西南。

根据《2020 年上海市海洋经济统计公报》，2020 年上海市海洋生产总值 9 707 亿元，位居全国第 4 名。2020 年上海市海洋生产总值约占当年全市生产总值的 25.1%，占当年全国海洋生产总值的 12.1%。其中第一产业增加值 9.7 亿元；第二产业增加值 2 892.7 亿元；第三产业增加值 6 804.6 亿元。根据《2021 年上海统计年鉴》，2020 年上海市下辖 16 个区，分别是浦东新区、黄浦区、徐汇区、长宁区、静安区、普陀区、虹口区、杨浦区、闵行区、宝山区、嘉定区、金山区、松江区、青浦区、奉贤区和崇明区，共 107 个街道、106 个镇、2 个乡，居委会 4 563 个、村委会 1 562 个。截至 2020 年年末，全市常住人口 2 488.36 万人，户籍人口 1 475.63 万人。沿海 5 区分别为浦东新区、宝山区、金山区、奉贤区和崇明区，2020 年 5 区面积分别为 1 210.41 km²、270.99 km²、586.05 km²、687.39 km² 和 1 185.49 km²；常住人口分别为 568.60 万人、223.53 万人、82.06 万人、114.30 万人和 63.94 万人。

由于上海位于太平洋季风区，处在冷暖气候过渡带、中纬度过渡带和海陆过渡带，受冷暖空气的交替作用十分明显，气候多变，上海在尽享渔耕舟楫之利的同时，也极易发生海洋灾害。主要灾害类型有风暴潮、海浪、海啸、海平面上升、海岸侵蚀、咸潮入侵、赤潮和"多碰头"灾害等，其中风暴潮灾害发生频次最高，台风风暴潮灾害较为严重。1997 年第 11 号台风"温妮"（9711，Winnie）、2000 年第 12 号台风"派比安"（0012，Prapiroon）等均对上海造成了较为严重的人员伤亡和经济损失。

为应对海洋灾害，上海经过多年的建设基本形成"千里海塘、千里江堤"工程防御体系。"千里海塘"指上海大陆片和崇明三岛外缘修筑的堤防（含堤防构筑物）及其保滩、护岸工程，主要防御沿海高潮位，主海塘全长 498.8 km，由"1 弧 3 环"构成。"千里江堤"指黄浦江一线堤防，主要防御流域、区域洪水，长江口潮水倒灌，黄浦江河道从吴淞口至沪苏浙省界，全长约 248 km，两岸堤防全长约 486 km。

1.2 普查工作总体概述

1.2.1 总体目标与任务

1) 总体目标

开展上海市海洋灾害风险普查，摸清海洋灾害风险隐患底数，查明重点区域抗灾能力，客观认识上海市和沿海各区海洋灾害风险水平，为上海市及其沿海各级政府有效开展海洋灾害防

第1章　绪论

治和应急管理工作、有力推进城市精细化治理、全面推进韧性安全城市建设、切实保障上海市社会经济可持续发展提供权威的灾害风险信息和科学决策依据。

一是获取上海市海洋灾害主要致灾孕灾信息、主要承灾体信息、历史灾害信息，掌握重点隐患情况，摸清区域海洋行业减灾能力。

二是以调查为基础、评估为支撑，客观研判当前上海市海洋灾害致灾水平、承灾体脆弱性水平、综合风险水平，科学预判今后一段时期海洋灾害风险变化趋势和特点，形成全市海洋灾害防治区划和防治建议。

三是通过实施普查，建立健全上海市海洋灾害风险调查评估指标体系，建设分类型、分区域、分层级的海洋灾害风险数据库，采用多尺度隐患识别、风险识别、风险评估、风险区划、灾害防治区划、风险制图的技术方法，为建立普查工程项目与常态业务工作相互衔接、相互促进的制度机制奠定基础。

2）主要任务

根据《第一次全国自然灾害综合风险普查实施方案（修订版）》《全国海洋灾害风险普查实施方案（修订版）》《上海市第一次自然灾害综合风险普查实施方案》《上海市第一次海洋灾害风险普查实施方案》等相关要求，结合上海市海洋自然灾害实际和管理需求，上海市海洋灾害风险普查主要任务包括7方面内容：致灾调查与评估、承灾体调查与评估、历史海洋灾害调查与评估、行业减灾能力调查与评估、重点隐患调查与评估、风险评估与区划和信息系统建设。

（1）致灾调查与评估

结合已有业务工作基础及其成果转化利用，调查风暴潮、海啸、海浪、海平面上升、海岸侵蚀、咸潮入侵、赤潮致灾孕灾观测要素，进一步掌握上海市各类海洋灾害时空分布特征和发展趋势。对已有的海洋灾害危险性评估相关工作基础进一步优化，开展风暴潮和海啸市、区尺度以及海浪和海平面上升市尺度灾害危险性评估，开展海岸侵蚀、咸潮入侵、赤潮调查分析，开展"多碰头"灾害危险性分析。

（2）承灾体调查与评估

调查海洋灾害的主要承灾体，包括海岸防护工程、海水养殖区、滨海旅游区、渔港和海上风电等，调查其数量、属性及位置分布等基础信息和相关属性信息，形成上海市海洋灾害主要承灾体数据成果。

（3）历史海洋灾害调查与评估

开展1978—2020年上海市风暴潮、海浪、海岸侵蚀、咸潮入侵和赤潮历史年度海洋灾害灾情调查与评估，配合气象部门完成重大台风灾害调查工作。

（4）行业减灾能力调查与评估

开展上海市和沿海各区政府海洋减灾能力调查，通过应急部门共享获取企业与社会组织、乡镇（街道）与社区和家庭海洋灾害减灾能力数据，编制市级和区级海洋行业减灾能力评估结果图。

（5）重点隐患调查与评估

全面调查、掌握上海市沿海各类海洋灾害隐患底数，结合承灾体调查成果，摸清隐患区（点）的基本类型、位置、规模、灾害风险及属性。针对致灾孕灾、主要承灾体两个类别的隐患，向陆一侧以海洋灾害漫滩、漫堤、溃堤、管涌、堤脚掏空等海岸防护和淹没隐患为重点，向海一侧以脆弱性和灾害损失较高的海水养殖区受灾隐患、商港及渔港防台防浪隐患、滨海旅游区致灾隐患等为重点，开展重点隐患调查，对隐患区（点）的风险等级进行评估，形成海洋灾害重点隐患表单及重点隐患分布图。

（6）风险评估与区划

针对国家要求关注的风暴潮、海啸、海浪和海平面上升4个灾种，系统调查、评估并掌握沿海地区区域脆弱性等级，在致灾调查与评估工作成果的基础上，开展风暴潮和海啸市、区尺度以及海浪和海平面上升市尺度单灾种海洋灾害风险评估与区划。结合隐患调查与评估结果，开展风暴潮市、区尺度灾害防治区（重点防御区）划定。形成市级、区级海洋灾害风险评估与区划以及风暴潮防治区（重点防御区）划定的系列成果图和技术报告。

（7）信息系统建设

信息系统建设包括两部分内容：海洋灾害风险普查数据库建设，海洋灾害风险普查数据成果汇集、上图和发布系统建设。在充分利用上海市大数据中心驻水务局团队现有资源的基础上，结合自然资源部对各项任务成果数据的审核汇集技术要求，开展海洋灾害风险普查相关数据库的设计、构建、管理和测试工作，建设海洋灾害风险普查数据库。针对海洋灾害风险普查各项工作需求，充分利用计算机、网络通信、地理信息系统、卫星遥感、数据库等先进实用的技术和手段，定制研发并建立支持本次海洋灾害风险普查数据成果汇集、上图和发布的软件系统，完成自然资源部统一制定的成果数据上报要求。

1.2.2 普查对象及范围

1）普查对象

（1）灾害种类

上海市海洋灾害种类主要包括风暴潮、海浪、海啸、海平面上升、海岸侵蚀、咸潮入侵、赤潮和"多碰头"8种。其中，前4个灾种是国家要求调查的灾种，后4个为上海市自主调查的灾种。其他未列出的海洋灾害种类不在上海市本次普查范围之内。

（2）承灾体种类

第1章 绪论

受海洋灾害影响的主要承灾体,包括海岸防护工程、渔港、滨海旅游区、海水养殖区、海上风电工程等。其中,海上风电工程为上海市自主调查的承灾体,其余4种为国家要求调查的承灾体。

(3) 重点隐患调查种类

重点针对上海市致灾孕灾、主要海洋灾害承灾体两个类别的隐患,向陆一侧以海洋灾害漫滩、漫堤、溃堤、管涌、堤脚掏空等海岸防护和淹没隐患为重点;向海一侧以海水养殖区、商港、渔港、滨海旅游区等为重点,其中商港为上海市自主调查的重点隐患承灾体,其余为国家要求调查的重点隐患承灾体。

2) 时空范围

(1) 时间范围

根据调查内容分类确定普查时段(时点),致灾因子调查依据不同灾害类型特点,调查收集30年以上长时间连续序列的数据资料;观测时长不足的,调查有观测记录以来的所有实测资料,相关信息更新至2020年12月31日。承灾体、减灾能力调查、重点隐患调查时间节点为2020年12月31日,历史年度灾害调查时段主要为1978—2020年。

(2) 空间范围

空间范围主要为上海市海岸带区域,陆域涵盖宝山区、浦东新区、奉贤区、金山区和崇明区5个区级行政区单元,海域涵盖《上海市海洋功能区划(2011—2020年)》范围。

① 致灾调查的空间范围

风暴潮:海岸线向陆一侧延伸至上海沿海各行政区,向海延伸至领海外部界限。

海浪:涵盖《上海市海洋功能区划(2011—2020年)》海域范围。

海啸:海啸致灾要素调查和历史海啸发生区域调查为海岸线向陆一侧延伸至上海沿海各行政区,向海一侧延伸至领海基线;海上地震资料的调查范围为太平洋,重点为西北太平洋区域。

海平面上升:陆域涵盖宝山区、浦东新区、奉贤区、金山区和崇明区5个区级行政区单元,海域涵盖《上海市海洋功能区划(2011—2020年)》范围。

海岸侵蚀:上海市海岸带区域,陆域涵盖宝山区、浦东新区、奉贤区、金山区和崇明区5个区级行政单元,海域部分由海岸线向海一侧延伸不超过海图10 m等深线。

咸潮入侵:上海市所辖海域,具体指长江口咸潮入侵的4个入海口,分别为南槽、北槽、北港和北支,重点为长江口三大水源地。

赤潮:主要为《上海市海洋功能区划(2011—2020年)》海域范围,根据赤潮实际情况适当延伸至相邻舟山海域。

"多碰头":以上海市陆域范围为主。

② 承灾体调查的空间范围

海岸防护工程:以上海市宝山区、浦东新区、奉贤区、金山区和崇明区5个区级行政单元主海塘为主，若岸段主海塘外有一线海塘，则调查该岸段一线海塘。有随塘河的海塘为堤身、堤外坡脚外侧 20 m 滩地和堤内坡脚至随塘河边缘的护堤地；无随塘河的海塘为堤身、堤外坡脚外侧 20 m 滩地和堤内坡脚外侧 20 m 护堤地。

其他承灾体（除海岸防护工程）：上海市海岸带区域，向陆一侧纵深 10 km（如陆域所确定的调查范围没有完全覆盖村或社区的行政区域，则该村或社区的调查范围向外扩展直至完全覆盖），海域涵盖《上海市海洋功能区划（2011—2020 年）》范围。

1.2.3 技术路线与方法

1）总体技术路线

充分利用既有成果，以区级行政区为基本调查单元，遵循"内外业相结合""在地统计"原则，采取全面调查、抽样调查、典型调查和重点调查相结合的方式，利用数据汇集整理、档案查阅、现场勘查（调查）、遥感解译等多种调查技术手段，开展灾害致灾因子、承灾体、历史灾害灾情、重点隐患和减灾能力等海洋灾害风险要素调查。共享与采集的各类数据逐级进行审核、检查和订正。运用统计分析、空间分析等多种方法，开展灾害致灾要素的危险性评估。总体技术路线如图 1-1 所示。

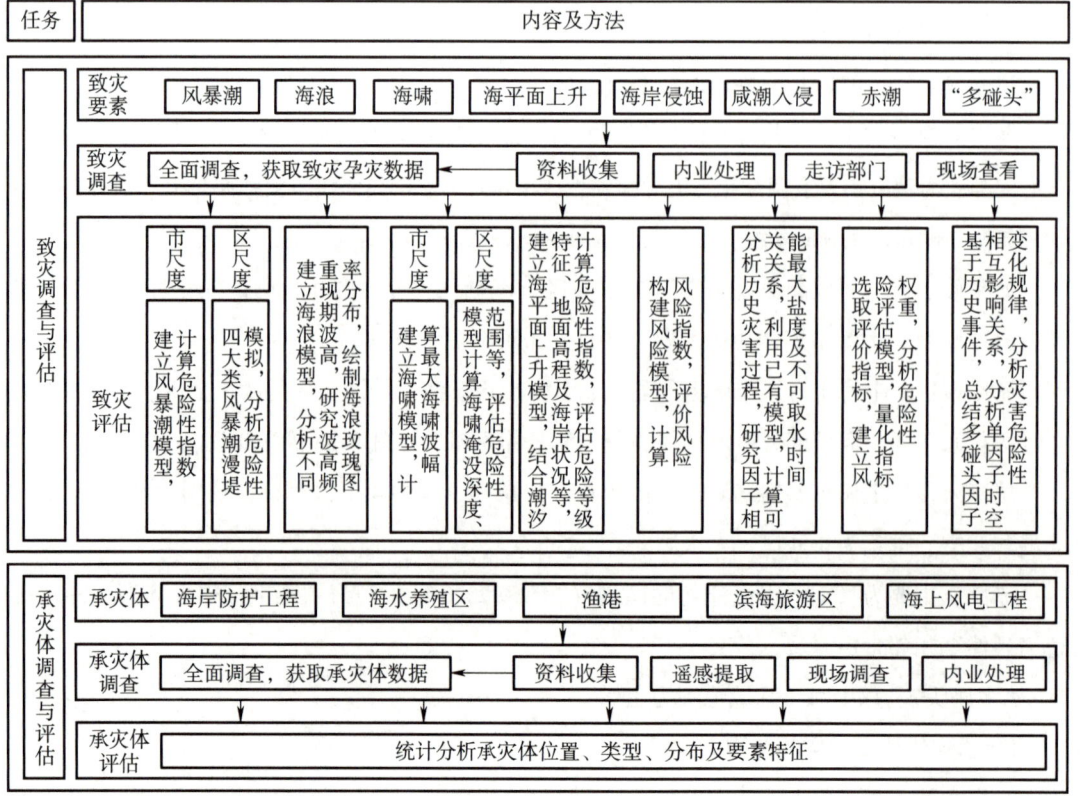

第1章 绪论

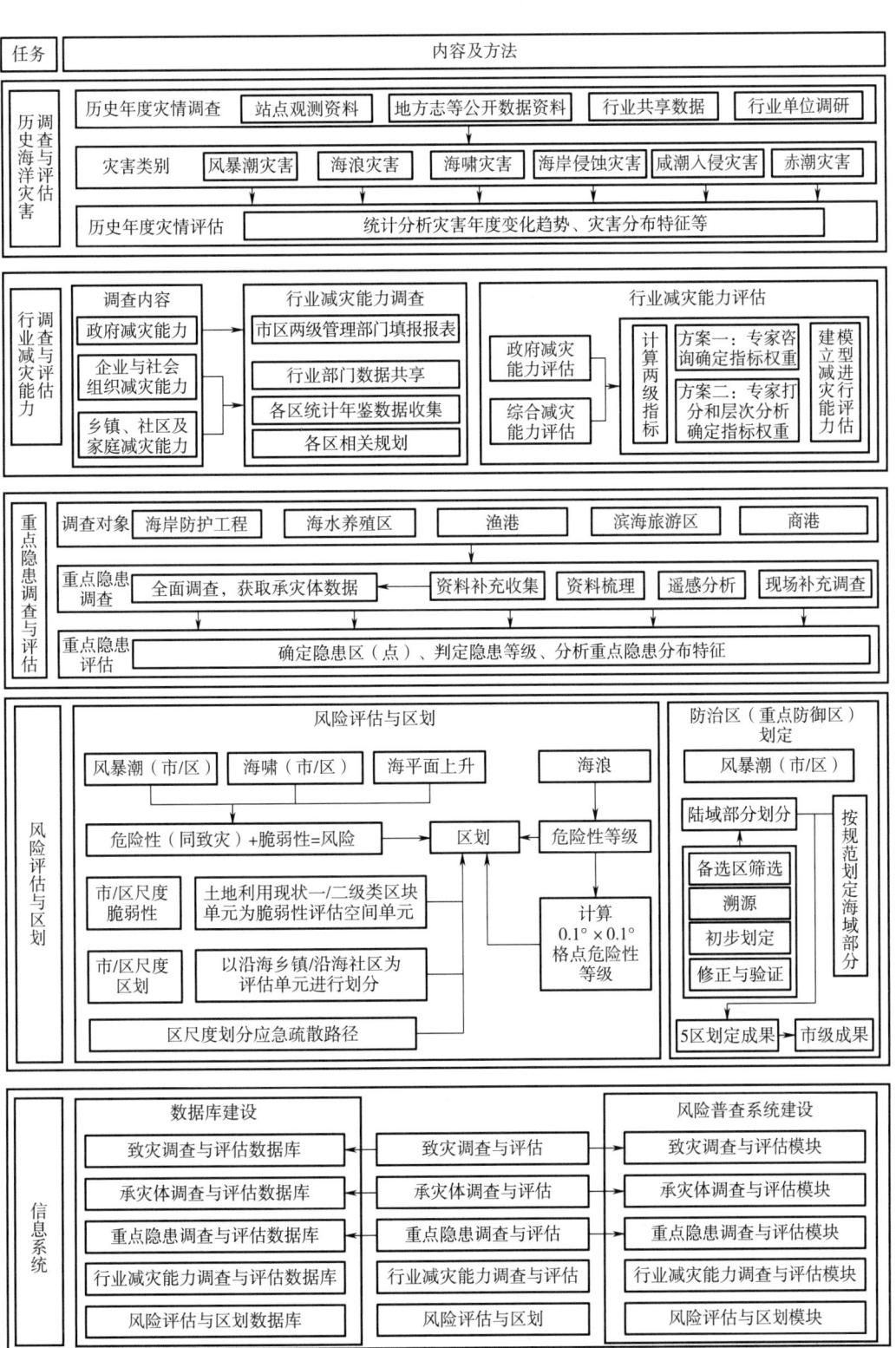

图 1-1 总体技术路线图

根据《海洋灾害承灾体调查指南》（HY/T 0313—2021）、《海洋灾害重点隐患调查与评估技术规范》等，结合上海市实际特点，调查隐患区（点）的基本类型、位置、规模、灾害风险及属性、隐患后果等。评估隐患区（点）的风险等级和可能影响后果等，形成海洋灾害重点隐患调查和评估成果。

综合利用海洋灾害致灾要素调查与危险性评估的成果、重点隐患调查与评估的成果及主要承灾体脆弱性评估结果，结合行业规范或业务工作惯例，开展风暴潮、海啸、海浪和海平面上升4个灾种的风险评估。依据风险评估成果，结合孕灾环境、行政边界、地理分区等因素开展风险区划工作，根据主要承灾体灾害防治特点划定风暴潮防治区（重点防御区）。

2）主要技术方法

多种技术手段相结合开展海洋灾害风险致灾孕灾要素调查。结合多种方法校核验证，采集各类致灾孕灾要素数据资料，并统一高程基面。运用统计分析、模拟仿真等方法，实现对主要灾害致灾危险性的评估。

运用内外业一体化技术开展承灾体调查。共享利用承灾体管理部门已有普查、调查数据库和业务数据资料，按风险普查对承灾体数据的要求进行统计、整理入库。采取遥感影像识别、无人机航拍数据提取等技术手段获取海岸防护工程、海水养殖区、渔港、滨海旅游区以及海上风电等承灾体的位置、分布等信息，通过互联网数据抓取、现场调查与复核等多样技术手段，结合数据调查 App 移动终端采集承灾体数量、价值、设防水平等灾害属性信息，并采用分层级抽样、详查、人工复核等手段，保证数据质量。运用 GIS 等空间技术，评估并生成承灾体数量、价值空间分布图。

以全面调查和重点调查相结合的方式开展历史年度灾害调查，配合气象部门开展重大台风灾害灾情调查。以区级行政区为基本单元，调查 1978—2020 年的年度历史海洋灾害情况；构建历史灾害灾情调查数据体系，利用统计分析、空间分析等方法开展历史年度灾害的时空特征和规律的分析评估。

以多要素、全链条相结合的方式开展灾害重点隐患综合调查。在承灾体调查基础上，基于防灾减灾能力调查信息，开展海岸防护工程薄弱段的判定；充分利用海水养殖区、滨海旅游区等承灾体多源信息，基于 GIS 空间叠置分析方法，研判海洋灾害主要承灾体隐患；运用专家经验及层次分析等方法对灾害隐患进行分区、分类、分级综合评定。

采用自然属性与社会经济属性兼顾、定性和定量结合的方式制定风暴潮、海啸、海浪和海平面上升等海洋灾害风险区划与风暴潮防治区（重点防御区）划定。

第 1 章　绪论

1.2.4　普查工作依据

1) 政策文件

（1）《国务院办公厅关于开展第一次全国自然灾害综合风险普查的通知》；

（2）国务院第一次全国自然灾害综合风险普查领导小组办公室关于印发《国务院第一次全国自然灾害综合风险普查领导小组办公室、工作组、技术组职责及人员组成》和《国务院第一次全国自然灾害综合风险普查领导小组办公室工作规则》的通知；

（3）国务院第一次全国自然灾害综合风险普查领导小组办公室关于印发《第一次全国自然灾害综合风险普查总体方案》的通知；

（4）国务院第一次全国自然灾害综合风险普查领导小组办公室《关于进一步做好普查地方试点工作的通知》（附件包括 61 个标准）；

（5）国务院第一次全国自然灾害综合风险普查领导小组办公室关于印发《第一次全国自然灾害综合风险普查工作进度安排》的通知；

（6）《关于做好近期全国自然灾害综合风险普查工作的指导意见》；

（7）《上海市人民政府办公厅关于本市开展第一次自然灾害综合风险普查的通知》；

（8）《上海市第一次自然灾害综合风险普查领导小组办公室关于印发本市开展第一次自然灾害综合风险普查总体方案的通知》；

（9）《上海市自然灾害防治工作联席会议办公室关于做好全国灾害综合风险普查试点工作的函》；

（10）《中共上海市委、上海市人民政府关于提高我市自然灾害防治能力的意见》等其他政策文件。

2) 普查方案

（1）《第一次全国自然灾害综合风险普查实施方案（修订版）》；

（2）《全国海洋灾害风险普查实施方案（印发版）》；

（3）《全国海洋灾害风险普查实施方案（修订版）》；

（4）《上海市第一次自然灾害综合风险普查实施方案》；

（5）《上海市海洋灾害风险普查工作方案》；

（6）《上海市海洋灾害风险普查实施方案》；

（7）《上海市海洋灾害风险普查（致灾调查与评估、历史海洋灾害调查与评估）实施细则》；

（8）《上海市海洋灾害风险普查承灾体调查与评估、行业减灾能力调查与评估、重点隐患调查与评估、风险评估与区划实施细则》。

3）技术规范

（1）海洋致灾调查技术规范

①《海洋观测规范 第2部分：海滨观测》（GB/T 14914.2—2019）；

②《海洋观测延时资料质量控制审核技术规范》（自然资源部，2021年4月）；

③《海岸侵蚀监测与评价技术规程（试行）》（原国家海洋局，2014年3月）；

④《赤潮监测技术规程》（HY/T 069—2005）；

⑤《赤潮灾害应急预案》（自然资源部，2021年7月）；

⑥《海洋灾害调查和影响评估技术指南》（T/CAOE 24—2020）；

⑦《海洋灾情核查技术指南》（T/CAOE 25—2020）；

⑧《海水入侵监测与评价技术规程》（自然资源部，2021年4月）；

⑨《上海市气象灾害预警信号发布与传播规定》（上海市人民政府，2019年4月）；

⑩《黄浦江高潮位预警图形符号》（DB31/T 372—2006）；

⑪《太湖流域管理局防汛抗旱应急预案》（2016年6月）；

⑫《长江口咸潮应对工作预案》（国家防汛抗旱总指挥部，2015年1月）。

（2）海洋灾害隐患调查评估技术规范

①《海洋灾害隐患调查评估技术规范 总则（征求意见稿）》（2021年1月）；

②《海洋灾害重点隐患调查与评估技术规范 海岸防护》（FXPC/ZYZY E-01）；

③《海洋灾害重点隐患调查与评估技术规范 渔港》（FXPC/ZYZY E-02）；

④《海洋灾害重点隐患调查与评估技术规范 海水养殖区》（FXPC/ZRZY E-03）；

⑤《海洋灾害重点隐患调查与评估技术规范 滨海旅游区》（FXPC/ZRZY E-04）；

⑥《海洋灾害承灾体调查指南》（HY/T 0313—2021）。

（3）海洋灾害风险评估技术规范

①《风暴潮灾害重点防御区划定技术导则》（HY/T 0282—2020）；

②《风暴潮灾害风险评估和区划技术规范》（FXPC/ZRZY P-04）；

③《海浪灾害风险评估和区划技术规范》（FXPC/ZRZY P-06）；

④《海啸灾害风险评估和区划技术规范》（FXPC/ZRZY P-08）；

⑤《海平面上升灾害风险评估和区划技术规范》（FXPC/ZRZY P-07）；

⑥《风暴潮灾害应急疏散图制作技术导则》（HY/T 0308—2021）。

（4）质量控制和成果审核规范

①《全国海洋灾害风险普查质量控制方案》（自然资源部，2021年7月）；

②《全国海洋灾害风险普查数据与成果质量审核规范（试行）》（自然资源部，2021

第 1 章 绪论

年 4 月)。

(5) 其他相关参考技术规范

①《政府减灾能力调查技术规范》(FXPC/YJ I-01);

②《企业与社会组织减灾能力调查技术规范》(FXPC/YJ I-02);

③《乡镇与社区减灾能力调查技术规范》(FXPC/YJ I-03);

④《家庭减灾能力调查技术规范》(FXPC/YJ I-04);

⑤《综合减灾能力评估技术规范》(FXPC/YJ P-16);

⑥《历史年度自然灾害灾情调查技术规范》(应急管理部,2021 年 4 月);

⑦《重大历史自然灾害调查技术规范》(FXPC/YJ H-02);

⑧《成果地图编制与制图技术规范(试点版)》(FXPC/YJ P-20);

⑨《自然灾害重点隐患综合评估成果地图编制与制图技术规范》(FXPC/YJ P-07);

⑩《海洋要素图式图例及符号》(GB/T 32067—2015);

⑪《海洋灾害风险图编制规范》(HY/T 0297—2020)。

1.2.5 质量控制与成果

1) 普查质量控制

根据上海市海洋灾害风险普查领导小组实行全过程质量控制的要求,各项内容按照实施环节和成果特点,确定过程质量控制的工作节点和程序,制定各阶段质量控制计划,包括内容、技术方法和要求、组织实施等。工作各阶段严格按照计划推进,按照"职责明确,层层控制,严格规范"的原则进行质量控制。

(1) 质量检查

依据国家和上海市相关质量控制文件,按照准确性、完整性、规范性、一致性与合理性 5 个要求及要点,对照各类技术规范,对本次海洋灾害风险普查过程中形成的数据、图件及报告初步成果清单开展全覆盖的质量检查工作,形成质量检查记录表,根据表单进行修正,形成最后的成果,如图 1-2 所示。

① 检查要点

第一,准确性。检查调查数据和评估成果的准确性,主要包括:调查数据精度是否达到标准规范的精度要求,空间数据图形的拓扑关系是否正确,确保空间图形、图层

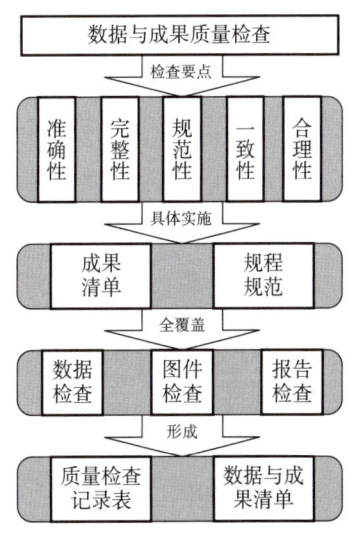

图 1-2 质量检查技术路线图

间和图层内不存在悬挂点、重叠、相交、缝隙等拓扑错误等。

第二，完整性。检查调查范围的完整性、数据的完整性和成果文件的完整性，主要包括：调查对象数据范围是否完整覆盖任务区，不存在缺漏情况；调查对象数据是否采集完整，不存在应采未采情况；成果文件格式是否正确，成果文件是否完整，是否存在少交、漏交情况；等等。

第三，规范性。检查数据成果的规范程度，主要包括：调查数据、图件和报告是否符合《全国海洋灾害风险普查实施方案（修订版）》及相关标准规范的要求；数据成果的属性字段数量、名称、类型、长度等属性精度是否与规范要求一致。

第四，一致性。检查数据图形成果属性和空间位置的一致性，主要包括：判断数据成果的图形与属性之间、图形与图形之间、属性与属性之间的关联性、规律性和逻辑关系；检查调查成果中的空间信息与属性表的描述是否一致；以"天地图"作为空间坐标基准，检查基础底图服务、行政区划数据与调查对象数据三者空间位置是否一致；等等。

第五，合理性。检查数据和评估区划成果的合理性，主要包括灾害类别和发生地核查、时间合法合理性检验、数据阈值比较、奇异值和极值检验等。

② 具体实施

成立了包括数据检查组、图件检查组、报告检查组、综合检查组在内的质量检查工作组，严格根据有关技术标准规范，对数据、图件以及报告进行初检。质检小组成员详细记录检查中发现的问题，并由综合组对初检发现的问题进行复检，多层级把控数据与成果的检查质量。

第一，数据检查组。主要检查数据成果的准确性、完整性，包括调查数据的精度、调查对象空间信息的准确性和调查指标数据的正确性等。

第二，图件检查组。主要检查图件成果材料完整性、相关属性内容准确性以及制图数据规范性等，包括成果是否完整、齐全，是否符合实施方案的要求；是否符合地图编制规范，编制过程是否符合技术要求，能否有效反映海洋灾害发生的规模和影响、各级隐患的分布情况等；是否综合考虑了当地海洋灾害风险、承灾体特点、防御标准、减灾能力等差异，在合理应用技术要求的基础上，最大限度满足政府部门海洋灾害应对的用图需求；是否符合坐标系统、高程基准、地图投影以及比例尺4项基础要求。

第三，报告检查组。主要检查任务完成情况、提交材料的完整性、报告文本的规范性，不同调查专题成果的合理性、协调性和一致性，并针对报告结果征求相关行政部门的意见和建议。

第四，综合检查组。主要检查各评估工作中的模型精度、评估结果的合理性等，汇总和分类数据成果检查中出现的问题，分析问题来源、原因和影响，核查整改完成情况，形成普查成果质量检查专题报告。

第1章　绪论

③ 整改复核

质量检查工作组将检查情况整理完毕后，相关专题技术人员按照质量检查记录表，逐项整改存在问题。在整改过程中，质量检查组跟踪复核整改情况，系统梳理问题发生的原因、可能产生的影响以及整改销项的情况。

（2）质量审核

专题责任单位组织专家成立了不同专题的质量审核工作组，开展成果质量审核工作。致灾调查与评估、历史海洋灾害调查与评估、行业减灾能力调查与评估以及风险评估与区划专题质量审核组细化为数据审核组、图件审核组和报告审核组；承灾体调查与评估和重点隐患调查与评估专题质量审核组细化为综合审核组、内业审核组和外业审核组。采用审核小组成员初审、审核负责人复审的工作方式层层把关。

质量审核工作组针对沿海5区汇交的普查数据成果类型，按照相关性随机抽取不少于10%的调查数据项进行抽样质量审核复核，且覆盖沿海5区；对上海市级普查数据成果类型，按照相关性随机抽取不少于20%的调查数据项进行抽样质量审查复核，且覆盖上海市级各项任务。为保证汇交成果质量，风险评估与区划审核组对5区提交的图件和报告成果开展全覆盖审核工作。

质量审核要点同质量检查要点，在审核过程中，详细填写审核记录单，并反馈给相关专题承担单位，限时整改。涉及外业调查内容，开展现场测量复核，确保外业数据的准确性。

此外，国家海洋局东海分局、市灾普办均对上海市海洋灾害风险普查调查成果进行了审核，满足纵向、横向汇交要求。

2）普查主要成果

本次海洋灾害风险普查分阶段形成了数据成果、图件成果和报告成果，总的成果名录详见表1-1。

表1-1　主要普查成果名录汇总表

序号	主要任务	具体内容	数据成果（张）	图件成果（张）	报告成果（份）
一	致灾调查与评估	风暴潮	18 832	36	6
		海浪	98	20	1
		海啸	22	17	6
		海平面上升	62	6	1
		海岸侵蚀	1	6	1
		咸潮入侵	71	1	1
		赤潮	15	2	1
		"多碰头"	1	1	1
		致灾要素调查报告、工作报告、质量检查、质量审核各1份	—	—	4

(续表)

序号	主要任务	具体内容	数据成果（张）	图件成果（张）	报告成果（份）
二	承灾体调查与评估	海岸防护工程	570	3	1
		海水养殖区	1	2	1
		渔港	3	3	
		滨海旅游区	3	4	
		海上风电工程	6	3	
		海岸防护工程、其他承灾体工作报告	—	—	2
三		历史海洋灾害调查与评估	149	0	1
四		行业减灾能力调查与评估	13	4	1
五	重点隐患调查与评估	海岸防护工程	1 048	6	1
		海水养殖区	2	2	
		渔港	3	3	
		滨海旅游区	3	4	
		商港	36	4	
		工作报告 1 份、质量检查报告 1 份、质量审核报告 6 份	—	—	8
六	风险评估与区划	风暴潮	—	23	6
		海啸	—	23	6
		海浪	—	1	1
		海平面上升	—	5	1
		风暴潮防治区（重点防御区）	—	6	6
		工作报告、质量审核和检查报告各 1 份	—	—	3
七		信息系统建设	—	—	1
八	总报告	总报告	—	—	1
		质量检查报告	—	—	1
		质量审核报告	—	—	1
		总计	20 939	185	64

1.3 国内外研究进展

1.3.1 海洋灾害政策规划制定

1955 年，我国颁布了《关于加强防御台风工作的指示》，强调"防重于救""有备无患"，要求各级气象部门提高台风警报的时效性和精准性，做好台风预防工作。1956 年，我国第一个科学规划《1956—1967 年科学技术发展远景规划纲要》编制完成，该规划纲要将容易成灾

第1章 绪论

的海流、海浪及人为原因可致灾的问题和防治作为科学任务正式提出。1963年，我国第二个科学远景规划《1963—1972年科学技术发展规划纲要》中提出多学科研究海洋灾害，开展近海大规模调查和海岸带调查，积累海洋灾害研究基础数据。1974年，我国颁布了《中华人民共和国防止沿海水域污染暂行规定》，首次规定了沿海海洋的污染防治问题。1996年，《中国海洋21世纪议程》中提出了海洋防灾减灾相关内容，包括海洋观测系统的建立与完善，海洋预报、警报系统的建设等。至此，我国海洋防灾减灾研究进一步向纵深发展。2005年，我国公布了《国家中长期科学和技术发展规划纲要（2006—2020）》，其第三部分的第十项"重大自然灾害监测与防御"中强调"重点研究开发地震、台风、暴雨、洪水、地质灾害等监测、预警和应急处置关键技术，森林火灾、溃坝、决堤险情等重大灾害的监测预警技术以及重大自然灾害综合风险分析评估技术"。2015年，国家"十三五"规划纲要中明确指出，加强海洋气候变化研究，提高海洋灾害监测、风险评估和防灾减灾能力，加强海上救灾战略预置，提升海上突发环境事故应急能力。进入21世纪后，海洋政策陆续出台，随着建设海洋强国战略和"一带一路"倡议的实施，海洋生态文明建设和海洋防灾减灾能力建设被提升到一个新高度。

美国是一个高度重视海洋防灾减灾的国家。1950年出台了第一部与灾害有关的法律，在对其深化优化的基础上，1970年又颁布了综合性的灾害防治法规《联邦灾害救援法》，标志着美国开启了以法律形式对灾害应急管理进行规范与指导的新阶段[1]。1972年10月美国颁布联邦《海岸带管理法》，是世界上第一部综合性海岸带法。美国创建以美国国家海洋和大气管理局（National Oceanic and Atmospheric Administration，NOAA）为核心、与其他相关机构高效协作的管理体制来管理海洋灾害，下设5个局，包括国家海洋渔业局、国家海洋局、海洋与大气研究局、国家气象局和国家环境卫星资料及信息局，主要负责海啸、海冰、风暴潮、赤潮等海洋灾害预报警报。日本在1959年"伊势湾"台风过后，加强了灾害管理，于1961年出台了《1961年灾害应对基本法案》，制定了一套全面的、战略性的灾害管理体系，后续不断审查和修订灾害管理系统。2011年，日本东部发生地震及海啸后，日本提出"防减结合"的海岸带灾害应对规划策略，对中国如何应对较高、较严重的海洋灾害风险具有借鉴意义。

1.3.2 海洋灾害防治研究

国外海洋灾害方面研究进展收集到的资料较少，本节主要介绍我国在海洋灾害资料整编、海洋灾害综合性研究以及风暴潮、海浪、海平面上升、海啸等单灾种方面的研究进展。

1）资料整编

20世纪50年代开始，我国开展台风资料整编。高由禧、曾佑恩著有《台风的路径图及其一些统计》（1957），浙江省杭州气象台编有《台风图集》（1963）。中国气象局整编了《台风年鉴》，对1949—1971年共23年间的西北太平洋台风及影响我国的台风进行集中整编出版，每年出版一册内容包括台风路径图、中心位置、风速、纪要表等基本资料，大风区域演变图及影响我国的降水等资料图表等。国家海洋局天津海洋科技情报研究所整编了《台风海浪与增水年鉴》（1968—1978），主要整编了西北太平洋的台风期间海浪、增水及相关气象方面的资料，具体有水位测站分布图、台风路径图、巨浪区域演变图、最大增水剖面图、增水曲线图、台风纪要表、台风中心位置资料、巨浪区域内海浪资料及我国沿海测站增水资料，1968—1978年，每年出版一册，共11册。海洋灾害资料方面，原内务部农村福利司编撰《建国以来灾情和救灾工作史料》（1958），收集和整理了1949—1958年每年发生的重大海洋灾害和各级政府救灾工作情况。广东省文史研究馆的《广东省自然灾害史料》（1961）、广东省地方志办公室的《海南自然灾害史料集》（1965）和《钦州地区历史自然灾害文献记载摘编及台风暴潮实地调查记录》、江苏省革命委员会水利局的《江苏省近两千年洪涝旱潮灾害年表》、赵传集主编的《山东历代自然灾害志》（1979）、福建潮资料编写组的《福建潮资料汇编：第三册》（1983）相继整理收录了风暴潮灾害相关资料。陆人骥编著了《中国历代灾害性海潮史料》（1984年），该资料是研究历史风暴潮的首要参考[2]。杨华庭等主编的《中国海洋灾害四十年资料汇编（1949—1990）》（1990），收集整理了1949年后的40年对我国沿海地区和近海有重大影响的风暴潮、灾害性海浪、海冰、地震海啸、赤潮5种主要海洋灾害的基本资料，并综合分析了时空分布规律[3]。国家海洋局环境预报中心于福江等著有《中国风暴潮灾害史料集（1949—2009年）》（2015）、《中国温带风暴潮灾害史料集》（2018），分别对1949—2009年间影响我国沿海的221次台风风暴潮和1950—2016年间影响我国沿海的67次典型温带风暴潮灾害的影响、风暴增水、超警高潮位等进行了详细的阐述，还绘制了典型过程风暴增水时间分布图[4]。1989年起，国家海洋局每年发布《中国海洋灾害公报》（自2019年起由自然资源部发布），包含风暴潮、巨浪、海冰、海啸、赤潮、海洋污染、海岸侵蚀、海水入侵与土地盐渍化、咸潮入侵、大型藻类暴发等灾种的当年灾害情况，该公报是研究海洋灾害的主要参考资料。

2）综合性研究

我国自然科学界工作者通过集体攻关方式完成了一些海洋灾害相关的重大项目。1991—1995年，科研人员组织实施"八五"国家科技攻关计划——"灾害性海洋环境数值预报及近海环境关键技术研究"，在灾害性海洋环境数值预报模式、海洋环境数值预报产品业务化及数值预报数据库建设、卫星遥感监测系统、灾害预报系统工程及战略研究等方面，取得了多项突破性成果[5]。2004年，原国家海洋局为了系统了解我国近海风暴潮、海浪、海冰等灾害的分布、发展基本特征和危害程度，启动了"908专项"调查，其中任务之一的"海洋环境调查"包含了风暴潮历史灾害调查和现场调查，获取了大量珍贵的调查资料，弥补了风暴潮历史资料

第1章 绪论

的不足。高建国的《海洋灾害、大气环流和地球自转的关系》（1982），探讨了海洋灾害长周期变化及同相关学科的关系，初步解释了重大潮灾和海洋灾害60年左右变化周期的相关内容[6]。包澄澜主编的《海洋灾害及预报》（1991）总结了20多年间海洋灾害预报经验，系统地介绍了海洋灾害发生案例、分布特点和发生规律、致灾灾情，总结了各灾种现行监测手段和预报技术，提出了减轻海洋灾害的对策和建议[7]。王静爱等的论文《中国沿海自然灾害及减灾对策》（1995），根据1949—1990年间沿海各省区市省级报刊自然灾害的记录及相关海洋自然灾害资料，分析了研究区域的自然灾害时空分布规律，同时讨论了海洋致灾因子及沿海各市、县社会经济发展及承灾体在本区灾情形成中的作用，提出了宝贵的减灾对策[8]。夏东兴等主编的《山东省海洋灾害研究》（1999），对发生在山东省沿海的海洋灾害类型、主要灾害多发区域、灾害特点及程度、致灾原因、演化趋势及防治对策进行了详尽的论述[9]。于福江等编著的《中国近海海洋：海洋灾害》（2016），分析了影响我国沿海的风暴潮等突发性海洋灾害、海岸侵蚀等缓发性海洋灾害的成因和特点，对各类海洋灾害时空分布及影响特征进行了研究，开展了海洋灾害风险评估与区划，依据不同区域各类海洋灾害的特点及造成的危害，进行了典型个例分析，深入探讨了我国在海洋防灾减灾方面存在的问题，提出了海洋灾害防灾减灾的对策与建议[10]。

3）单灾种研究

（1）风暴潮

1959年起，我国先后出版或开展了有关潮分析和预报的书籍与项目，如《实用潮汐学》（1959）、"中国海温、盐、密度跃层"研究项目（1964）、《中国近海的水系》（1964）、《海流原理》（1966）、《潮汐学》（1963）等，为培养物理海洋人才和研究风暴潮打下了基础。1970年起，风暴潮研究被纳入正轨，冯士筰、秦曾灏等人获得了一批关于我国风暴潮灾害的珍贵史料，提出了风暴潮经验预报方法[11]，在两人合作完成的《浅海风暴潮动力机制的初步研究》[12]及冯士筰的论文《风暴潮的理论模化》中，对风暴潮发生的物理机制开展了研究，首创了一种超浅海风暴潮模型。冯士筰的《风暴潮讲义》（1997），被用作面向海洋水文气象系学生的讲课文本使用。此后，冯士筰及其合作者又对超浅海风暴潮模型从理论和数值计算方面进行了充分研究，其出版的《风暴潮导论》（1982）是世界上第一部系统论述风暴潮理论和预报方法的专著，对浅海理论、陆架动力学方面的研究较为深入，他提出的"超浅海三维空间非线性潮波模式"和"陆架边缘波"被美国、加拿大等国广泛引用。陈金泉的论文《台风暴潮及其预报的探讨》（1977），利用流体力学求解台风暴潮水位上升和海水水平方向运动，分类对深、浅海和海岸情况进行讨论，研究导出了增水高度沿海岸分布的表达式，其应用于验证汕头附近的台风增水有较好的符合性[13]。1977年，"风暴潮"科技情报网成立，组织现场调查，宣传和普及风暴潮知识，组织开展对国内外风暴潮测报研究水平、动向的调查研究，出版了风暴潮科技情报刊物、积极开展地区性、群众性科技情报交流活动等，对推动风暴潮研究和知识普及起到了较大作用[14]。水利部水文水利调度中心编著了《中国风暴潮概况及其预报》（1992），系统介绍了我国沿海各省、自治区、直辖市历史风暴潮灾害的调查情况、风暴潮特点及个例分析、风暴潮站网建设和预报方案编制经验等。

风暴潮数值预报方面，20世纪50年代起，欧美开始了对风暴潮数值预报研究，现已建立了较为成熟的数值预报模式，如美国的SLOSH模式（Sea, Lake and Overland Surges from Hurricanes）、荷兰的DSCM模式、英国的SEA模式、澳大利亚的GCOM2D/3D模式、加勒比海地区的TAOS、荷兰的DELFT3D、丹麦的MIKE21等商业模型系统，此外孟加拉国、印度、日本等风暴潮易发地也基于SLOSH等模式，依据当地风暴潮分布特征建立了自身的业务化区域风暴潮数值预报模型。20世纪70年代起，我国开始研发风暴潮数值模式，在"七五""八五""十五"和"十一五"等国家科技项目的支持下，建立了我国风暴潮数值预报业务化系统并在预警报中实现业务化应用，例如王喜年等的论文《中国海台风风暴潮预报模式的研究与应用》（1991）标志着我国第一代业务化台风风暴潮数值预报工作的开始。[15]于福江等的《影响连云港的几次显著温带风暴潮过程分析及其数值模拟》（2002）开发了覆盖我国近海的温带风暴潮数值预报系统，且于2003年开始了业务化运行。王培涛等的《台风风暴潮异模式集合数值预报技术研究及应用》（2013）先后研发了风暴潮集合数值预报系统，规避了台风路径预报不确定性对风暴潮预报的影响等[16]，有效提升了我国风暴潮灾害的预警报能力。我国自主研制风暴潮集合数据预报系统，不仅风暴潮集合预报的成员数大幅增加、考虑情景更加全面，从风暴潮数据的计算到风暴潮产品生成发布，整个流程也缩短到仅有15 min。

（2）灾害性海浪

20世纪60年代起，我国开始对典型海浪的时空特性进行记录和观测，也随即成立了专门小组开始对沿海海区波浪的研究工作。60年代初物理学家文圣常将当时海浪研究中盛行的能量方法和谱方法结合起来，研究出了一种由风计算浪的方法，使用简便但精确度高，使得我国海浪计算和预报方法走到了世界前列[17]，并撰写了《海浪原理》（1962）。20世纪80年代末，他又开创了海浪数值预报方法新的混合模式、海浪谱和风浪方向谱，提出随风时或风区成长的普遍风浪谱，即为"文氏风浪谱"，在海浪的研究和预报中获得广泛应用。他还研究发现了"南海暖流"和"台湾暖流"，出版了有关潮汐、海流、海浪等方面的专著，为我国海洋数值模拟研究提供了技术指导，其所著的《海浪理论与计算原理》是国际上"五大海浪专著"之一。许富祥的论文《中国近海及其邻近海域灾害性海浪的时空分布》（1996）对中国近海灾害性海浪的时空特性进行了分析研究[18]。陶爱峰等的论文《中国灾害性海浪研究进展》（2018）指出，我国在台风浪的预报研究方面取得了突破性进展，主要集中在海浪的数值预报模式和预报的业务化方面[19]。目前海浪研究手段方面，除继续使用上述海浪数值模式外，我国又先后引进了第二代耦合离散型式中英国气象局的 BMO 模式、日本的 TOHOKU 模式和近年来在西欧发展的第三代海浪模式——WAM 模式等。2018 年以来，国家海洋环境预报中心推进自然资源部海洋预报"芯片"工程研发，成功研制了自主质量守恒海洋环流数值模式"妈祖"1.0 版。2023 年年底，自主研发的"妈祖·海浪"数值预报模式正式业务化运行，目前"妈祖"模式运行稳定，预报精度和时效较以前有大幅提升。

（3）海啸

根据近几十年来的海啸观测，我国除 2006 年境内有 2 次海啸记录，其余年份未发生海啸灾害。我国对海啸的研究主要集中在地震学、防灾减灾和水动力研究等方面。1976 年唐山大地震后，我国地震与海洋学者开始研究我国的地震海啸问题。1977 年《地震战线》（现已改名为《地震》）刊发了署名海地的文章，指明了对我国产生影响的海啸源区以及我国海啸防灾减灾的重点海区。1986 年，郭增建、陈鑫连编著的《地震对策》一书、周庆海与夏威夷大学的 Wiliam M. Adams 在 *Science of Tsunami Hazards* 上发表的文章，全面论述了地震海啸的危害、成因机制、产生条件及我国地震海啸的发生可能性，探讨了地震海啸的应对对策[20-21]。2004 年 12 月 26 日印度洋海啸之后，我国迅速开展了新一轮的海啸防灾减灾研究，主要在历史海啸的目录、海啸数值模拟应用、海啸预警系统、概率海啸危险性分析 4 个方面[22]。温瑞智等（2006）开展了海啸预警系统和我国海啸防灾减灾任务等研究[23]。赵旭等（2017）研究了地震海啸产生机制、发展了海洋地质灾害的长期实时监测技术，对北印度洋苏门答腊和莫克兰俯冲带地震海啸特征以及古海啸研究进行探讨[24]。

1.3.3　海洋灾害风险评价研究

国外自然灾害风险评价的早期研究主要依托工程项目，早在 1933 年，在田纳西河流域综合开发治理过程中，美国田纳西河流域管理局（Tennessee Valley Authority，TVA）进行了风险评价这项重要的前期工作。事实证明，风险评价为田纳西河流域综合开发与整治规划的制定、一系列水利工程方案的设计与优化等提供了决策依据，同时为难度极大的风险区居民迁移的宣传和解释工作发挥了重要作用。美国还探讨了洪水灾害风险评价的理论和方法，开创了自然灾害评价的先例。其后，西欧、日本、印度等纷纷效仿，开展了洪水灾害风险评价，深入推动了国际自然灾害风险评价研究工作。从里根时代起，美国政府就开始斥巨资进行灾害风险评价研究。美国风险学会（Society for Risk Analysis，SRA）成为了一个国际性学术组织，相继在日本和欧洲建立了分会。

近 30 年来，随着一些边缘学科和交叉学科的兴起，自然灾害风险评价不仅注重自然灾害本身的研究，同时将其与社会经济的特性有机结合起来，逐渐重视并强调自然灾害的社会和人文因素，取得了良好效果。美国针对具体地区开展风暴潮、海啸等海洋灾害风险评价，评估内容包括了灾害分析、抗灾性能分析、损失分析、问题分析、技术分析、政策分析、费用分析等；同时，建立了计算不同强度灾害发生概率的州县级数值模型，模型中包含了区域和地点修正系数、灾害风险价值模型和各类建筑物价值的计算方法、灾害强度与具体类型建筑物损失之间的关系等。日本基于历史典型的海洋灾害案例研究，结合土地利用和孕灾环境的现状，在政府主导下综合考虑风暴潮致灾因子危险性及沿岸承灾体分布现状，制作最大淹没范围分布图、最大淹没水深分布图及应急疏散图，用于沿海社区海洋灾害防灾减灾[25]。1995年美洲国家联合开展了加勒比海减灾项目，该项目开发了热带风暴灾害分析系统（The Arbiter of Storms，TAOS），模拟了强风、降雨风暴潮、海浪等的致灾因子全过程情景并分析了其综合危险性，结合当地的社会经济系统，制作了风暴潮灾害危险性分布图和脆弱性等级图用于人员疏散、避灾点建设等[26]。世界气象组织开发的自然灾害风险评价技术重点放在建立事件发生的可比较概率上，使用兼容的标志、符号、地图比例尺和统一的底图，提供一致格式下的描述信息，用商定的格式表达出描述性信息，这项技术已经应用于发展中国家的自然灾害评价上。在评估方法上，除了建立风险评价模型外，近年来国外还采用模糊学原理进行灾害风险评价，并将航空遥感和卫星遥感以及GIS技术应用于灾害风险评价中，取得了较好的效果。此外，国外有关风险评价的法规也已经比较完善，自然灾害的风险评价与管理已成为新兴事业。

自然灾害评价研究工作在我国起步较晚，海洋灾害风险评价的研究工作是近些年来新开辟的自然灾害风险评价领域。国内诸多学者对海洋灾害风险评估与区划相关内容开展研究，研究内容集中在我国海洋灾害风险评估管理机制探讨[27]、海洋灾害风险评估方法和评估体系[28-31]等方面。早期的评估方法主要有层次分析法、模糊综合评判法、灰色综合评价法等，使用这些方法时，由于评估指标间的相互关系难以刻画，普通的线性加权指标融合模型也很难表征指标对于灾害评估目标的非线性作用，因而海洋灾害评估存在极大的不确定性。20世纪发展起来的贝叶斯网络是贝叶斯理论与图论结合的产物，具有坚实的数理统计基础，是描述和处理不确定性问题的良好工具，具备对不确定信息的表达和处理能力，能够实现对海洋灾害风险评估的非线性建模，是近年来使用比较多的方法。2011年，日本"3·11"地震引发海啸，并产生严重核泄漏事故后，相关专家就我国海洋灾害的形势和沿海工程的建设状况进行了整理研究，形成了要及时开展海洋灾害风险排查和风险评估的重要意见。2015年，原国家海洋局印发了风暴潮、海浪、海啸、海冰、海平面上升灾害风险评估和区划技术导则。2016年，原国家海洋局又印发《关于开展海洋灾害风险评估和区划工作的指导意见》，明确沿海各省在当地经济和社会发展规划编制、工程建设、用地规划、防灾减灾等工作中，要统筹考虑各领域海洋灾害风险防控和治理需求，不断完善区划技术标准和应用体系，逐步形成涵盖国家、省、市、县4级海洋管理部门，以及机制健全、方法科学的风险评估和区划业务化工作体系，提升海洋灾害风险防控水平。2019年之后，自然资源部发布了系列海洋灾害风险评估和区划技术导则行业标准，在2015年版本上进一步修订完善，已成为本次海洋灾害风险评估工作的主要依据。

1.4 海洋灾害风险概论

1.4.1 风险基本概念

1) 风险定义

目前，在学术界比较主流的风险定义中，一般同时强调风险发生的可能性和风险造成的损失或后果，并将定义风险为不利事件发生的概率和严重程度的一种度量[32]。数学关系可表达为：

$$R=f(P, C) \tag{1-1}$$

式中 P——风险事件发生的概率；

C——风险事件发生的后果。

为了比较风险的大小，常常用期望值替代概率分布，或选用某种或某些算子对有关的量进行数学组合。这种风险的定量表达，也称为"风险度"。自然灾害风险有不同的定义，相应风险度的表达也有一些差异，其中最简单也最常用的是相乘关系，即 $R=P \times C$。这种风险函数定义默认每一风险因素对应一个发生概率和后果，是一个定性的定义。

2) 海洋灾害风险定义

作为一种自然现象，海洋灾害是使人类社会经济遭到损害（包括人员伤亡和财产损失）的事件，也是自然界与人类社会相互作用的表现。因此海洋灾害风险一般定义为海洋灾害发生的概率和灾损后果的结合。

2013年联合国政府间气候变化专门委员会、2014年Hoegh-Guldberg等提出灾害风险取决于致灾因子的危险性与承灾体的暴露度和脆弱性的相互作用。其中，致灾因子是指可能造成生命财产损失、生态系统及环境资源破坏、社会系统混乱的环境变异因子，包括渐变性的孕灾环境，如海平面上升，以及突变性的致灾事件，如台风、风暴潮等[33-35]。暴露度是指自然和社会系统中承灾体受到致灾因子不利影响的范围或数量，而脆弱性则是指承灾体易受气候变化致灾因子不利影响的倾向或习性，其大小取决于承灾体对致灾因子不利影响的敏感程度以及自身的应对能力。暴露度和脆弱性是随时空尺度的变化而变化的，同时，还取决于经济、社会、人口、体制和管理等因素[36]。致灾因子的危险性越大，承灾体的脆弱性越大，海洋灾害风险越大。

1.4.2 风险评估与区划流程

海洋灾害风险评估与区划工作流程包括资料收集、风险评估、风险区划、成果制图（图1-3）。

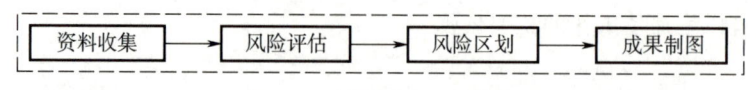

图1-3 风险评估与区划流程

1）资料收集

根据风险评估和区划的尺度，收集和整理评估区域历史灾害、承灾体、基础地理、社会经济现状、沿海开发利用和社会发展规划等相关资料；根据资料收集状况进行分析判断，必要时开展补充调查，保证数据的现势性。

2）风险评估

根据评估区域不同类别海洋灾害特点，选择对应方法开展风险评估。风暴潮、海啸、海平面上升根据灾害特点，考虑相关因素，进行危险性评估；根据社会经济状况及承灾体重要性，进行脆弱性评估；在危险性和脆弱性评估的基础上，对灾害的影响程度进行风险评估。海浪开展典型重现期（如2年、5年、10年、20年、50年及100年一遇等）、年平均频率、月平均频率、海浪玫瑰图的风险评估工作。

3）风险区划

依据风险评估结果，按照行政空间单元对风险评估结果进行空间划分。

4）成果制图

根据风险评估区划成果进行标准制图。

1.4.3 风险评估方法

按照上述风险理论和海洋灾害风险的基本概念和定义，参考自然灾害风险分析方法，国家发布了系列海洋灾害风险评估和区划技术规范，包括《风暴潮灾害重点防御区划定技术导则》（HY/T 0282—2020）、《风暴潮灾害风险评估和区划技术规范》（FXPC/ZRZY P-04）、《海浪灾害风险评估和区划技术规范》（FXPC/ZRZY P-06）、《海啸灾害风险评估和区划技术规范》（FXPC/ZRZY P-08）、《海平面上升灾害风险评估和区划技术规范》（FXPC/ZRZY P-07）等。风暴潮、海啸风险评估与区划分上海市级和区级两个层面分别评估，海浪和海平面上升从上海市级层面进行评估。

1）风暴潮

（1）市尺度

① 危险性评估

第1章 绪论

基于上海海域高精度水下地形数据，构建由 ADCIRC 风暴潮模型（Advanced Circulation Model）和提供海面强迫力的风场模型组成的高分辨率风暴潮数值模拟系统。其中，海面强迫力采用特征风场、美国国家环境预报中心（National Centers for Environmental Prediction，NCEP）再分析风场及 WRF（Weather Research and Forecasting Model）模拟风场的混合诊断风场；ADCIRC 风暴潮模型对上海附近海域进行了局部加密。选取1996—2010年间主要影响上海市的风暴潮过程，进行历史案例模拟。以沿海乡镇（街道）为评估单元，计算各潮（水）位站风暴潮增水指数、风暴潮超警戒指数、风暴潮灾害危险性指数，同时将危险性指数插值到优于2′间隔的岸段，得到岸段危险性指数，进而确定危险性等级；选取评估单元内所有岸段的最高危险等级作为该单元区划危险性等级，绘制市尺度危险性等级分布图。如图1-4所示。

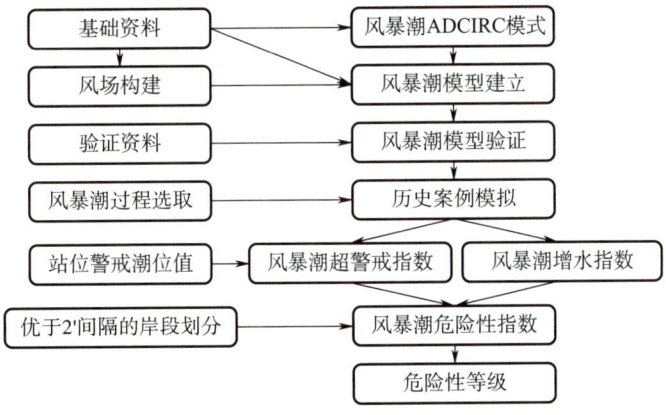

图1-4 市尺度风暴潮危险性评估技术路线图

其中，风暴潮增水和超警戒等级划分标准见表1-2和表1-3。单站历史风暴潮灾害危险性指数根据式（1-2）计算，单站危险性等级划分标准见表1-4。

表1-2 风暴潮增水等级划分标准（单位：cm）

等级	Ⅰ（特大）	Ⅱ（大）	Ⅲ（较大）	Ⅳ（中等）	Ⅴ（一般）
风暴增水	(250, +∞)	(200, 250]	(150, 200]	(100, 150]	(50, 100]

表1-3 风暴潮超警戒等级划分标准

等级	Ⅰ（特大）	Ⅱ（严重）	Ⅲ（较重）	Ⅳ（一般）
超警戒级别	红	橙	黄	蓝

表1-4 单站风暴潮灾害危险性等级划分

等级	Ⅰ	Ⅱ	Ⅲ	Ⅳ
D_g	[7, +∞)	[3.5, 7)	[2, 3.5)	[-∞, 2)

$$D_g = \frac{S_g \times 0.4 + H_g \times 0.6}{N}$$

$$S_g = S_1 \times 20 + S_2 \times 16 + S_3 \times 12 + S_4 \times 8 + S_5 \times 4 \quad (1-2)$$

$$H_g = W_1 \times 20 + W_2 \times 15 + W_3 \times 10 + W_4 \times 5$$

式中　N——统计风暴增水和超警戒级别的时间序列年数；

　　　S_g——风暴潮增水指数，S_1 至 S_5 分别代表单站历史出现Ⅰ至Ⅴ级增水等级的次数；

　　　H_g——风暴潮超警戒指数，W_1 至 W_4 分别代表单站历史出现Ⅰ至Ⅳ级超警戒等级的次数。

② 脆弱性评价

以土地利用现状一级类区块单元作为脆弱性评估空间单元，按《风暴潮灾害风险评估和区划规范》（FXPC/ZRZY P-04）（下文简称《规范》）附录 C.1 确定一级类空间单元的脆弱性等级，根据不同一级土地利用类型斑块所占面积比例确定沿海乡镇（街道）脆弱性等级。若评估单元内有重要的承灾体，或者有因风暴潮灾害产生严重次生灾害的承灾体，根据《规范》附录 C.2 调整评估单元脆弱性等级。

由于上海市沿海 5 区一级类空间单元的脆弱性等级取值范围跨度较大且收集的土地利用现状资料基本单元为二级类，因此，本次基于二级类土地利用类型对土地利用图斑进行脆弱性赋值后再选取同一乡镇（街道）所辖的同一土地利用现状一级类下脆弱性等级相同的二级类图斑进行合并。具体步骤如下：

第一，以土地利用现状二级类区块单元作为脆弱性评估空间单元，将收集到的第三次全国土地调查数据（以下简称国土"三调"）与《规范》附录 C.1 中（国土"二调"）土地利用现状分类对应转换后（表 1-5）对土地利用图斑进行脆弱性赋值。

表 1-5　土地利用现状分类与脆弱性等级范围对应关系表

一级类	脆弱性范围	二级类地类代码	二级类地类名称	脆弱性范围	脆弱性等级
耕地	0.1~0.2	0101	水田	0.1	Ⅳ
		0102	水浇地	0.2	Ⅳ
		0103	旱地	0.2	Ⅳ
园地	0.1~0.3	0201	果园	0.3	Ⅳ
		0202	茶园	0.2	Ⅳ
		0203	橡胶园	0.1	Ⅳ
		0204	其他园地	0.1	Ⅳ
林地	0.1	0301	乔木林地	0.1	Ⅳ
		0302	竹林地	0.1	Ⅳ
		0303	红树林地	0.1	Ⅳ

第1章 绪论

(续表)

一级类	脆弱性范围	二级类地类代码	二级类地类名称	脆弱性范围	脆弱性等级
林地	0.1	0304	森林沼泽	0.1	Ⅳ
		0305	灌木林地	0.1	Ⅳ
		0306	灌丛沼泽	0.1	Ⅳ
		0307	其他林地	0.1	Ⅳ
草地	0.1	0401	天然牧草地	0.1	Ⅳ
		0402	沼泽草地	0.1	Ⅳ
		0403	人工牧草地	0.1	Ⅳ
		0404	其他草地	0.1	Ⅳ
商服用地	0.6~1	0501	零售商业用地	0.6~1	Ⅱ~Ⅰ
		0502	批发市场用地	0.6~1	Ⅱ~Ⅰ
		0503	餐饮用地	0.9~1	Ⅰ
		0504	旅馆用地	0.9~1	Ⅰ
		0505	商务金融用地	0.8	Ⅱ
		0506	娱乐用地	0.6	Ⅱ
		0507	其他商服用地	0.6~1	Ⅱ~Ⅰ
工矿仓储用地	0.6~1	0601	工业用地	0.6~1	Ⅱ~Ⅰ
		0602	采矿用地	0.6~0.9	Ⅱ~Ⅰ
		0603	盐田	0.6~0.9	Ⅱ~Ⅰ
		0604	其他仓储	0.6~0.9	Ⅱ~Ⅰ
住宅用地	1	0701	城镇住宅	1	Ⅰ
		0702	农村宅基地	1	Ⅰ
公共管理与公共服务用地	0.4~1	0801	机关团体用地	1	Ⅰ
		0802	新闻出版用地	0.8	Ⅱ
		0803	教育用地	1	Ⅰ
		0804	科研用地	1	Ⅰ
		0805	医疗卫生用地	1	Ⅰ
		0806	社会福利用地	1	Ⅰ
		0807	文化设施用地	0.6	Ⅱ
		0808	体育用地	0.6	Ⅱ
		0809	公共设施用地	0.7~0.9	Ⅱ~Ⅰ
		0810	公园与绿地	0.4	Ⅲ

(续表)

一级类	脆弱性范围	二级类地类代码	二级类地类名称	脆弱性范围	脆弱性等级
特殊用地	0.5~1	0901	军事设施用地	0.5~1	Ⅲ~Ⅰ
		0902	使领馆用地	1	Ⅰ
		0903	监教场所用地	1	Ⅰ
		0904	宗教用地	1	Ⅰ
		0905	殡葬用地	0.5	Ⅲ
		0906	风景名胜设施用地	0.5	Ⅲ
交通运输用地	0.6~1	1001	铁路用地	0.6~0.9	Ⅱ~Ⅰ
		1002	轨道交通用地	0.6~0.9	Ⅱ~Ⅰ
		1003	公路用地	0.6~0.8	Ⅱ
		1004	城镇村道路用地	0.7~1	Ⅱ~Ⅰ
		1005	交通服务场站用地	0.8	Ⅱ~Ⅰ
		1006	农村道路用地	0.6	Ⅱ
		1007	机场用地	0.8~1	Ⅱ~Ⅰ
		1008	港口码头用地	0.6~1	Ⅱ~Ⅰ
		1009	管道运输用地	0.6~1	Ⅱ~Ⅰ
水域及水利设施用地	0.1~0.8	1101	河流水面	0.1	Ⅳ
		1102	湖泊水面	0.1	Ⅳ
		1103	水库水面	0.2	Ⅳ
		1104	坑塘水面	0.3	Ⅳ
		1105	沿海滩涂	0.1	Ⅳ
		1106	内陆滩涂	0.1	Ⅳ
		1107	沟渠	0.1	Ⅳ
		1108	沼泽地	0.1	Ⅳ
		1109	水工建筑用地	0.5~0.8	Ⅲ~Ⅱ
		1110	冰川及永久积雪	0.1	Ⅳ
其他土地	0.1~0.5	1201	空闲地	0.1	Ⅳ
		1202	设施农用地	0.2~0.5	Ⅳ~Ⅲ
		1203	田坎	0.1	Ⅳ
		1204	盐碱地	0.1	Ⅳ
		1205	沙地	0.1	Ⅳ
		1206	裸土地	0.1	Ⅳ
		1207	裸岩石砾地	0.1	Ⅳ

第 1 章 绪论

第二,参照《规范》附录 C.2 对重要及易发次生灾害承灾体脆弱性进行赋值。

第三,对《规范》附录 C.1 中没有明确脆弱性取值范围的土地利用现状分类以及难以按照《规范》附录 C.2 确定等级的土地利用现状分类,参考相近的土地利用类型确定脆弱性范围的取值,并根据其典型属性指标进行了脆弱性等级赋值(表 1-6—表 1-8)。

第四,选取同一乡镇(街道)所辖的同一土地利用现状一级类下脆弱性等级相同的二级类图斑进行合并。

表 1-6 重要及易发次生灾害承灾体脆弱性等级补充参考(一)

土地利用现状		重要承灾体示例		承灾体脆弱性范围			
编码	二级类	重要承灾体示例	指标、单位	0.5	0.6	0.7	0.8
1109	水工建筑用地	堤坝、闸、泵站	类别	一般坑塘附属设施	河流支流附属设施	主要河流、水库附属设施	标准海堤坝及附属设施

表 1-7 重要及易发次生灾害承灾体脆弱性等级补充参考(二)

土地利用现状		重要承灾体示例		承灾体脆弱性范围			
编码	二级类	重要承灾体示例	指标、单位	0.2	0.3	0.4	0.5
1202	设施农用地	畜禽养殖场及附属设施、作物栽培或水产养殖场及附属设施、晾晒场或农机存放场地	类别	小型	中型	大型	特大型
			面积/m²	≤1 000	1 000~5 000	5 000~10 000	>10 000

表 1-8 重要及易发次生灾害承灾体脆弱性等级补充参考(三)

土地利用现状		重要承灾体示例		承灾体脆弱性范围			
编码	二级类	重要承灾体示例	指标、单位	0.6	0.7	0.8	0.9
0508	物流仓储用地	—	类别	小型	中型	大型	危化品
			面积/m²	≤1 000	1 000~10 000	>10 000	危化品仓库

在确定土地利用现状一级类图斑脆弱性的基础上,根据不同图斑所占面积比例确定脆弱性等级,以面积最大的脆弱性等级作为乡镇(街道)脆弱性等级,此外,如高于该脆弱性等级的区域面积之和大于该脆弱性等级所占面积,则脆弱性等级取高一级。在此基础上绘制市尺度脆弱性等级分布图。

③ 风险评估与区划

风暴潮市尺度风险评估即以沿海乡镇(街道)为单元,基于风暴潮灾害危险性等级和脆弱性等级评估结果,依据表 1-9 确定评估单元风险等级;风暴潮市尺度风险区划即根据风险评价结果,将风暴潮灾害风险区划分为高风险区(Ⅰ级)、中高风险区(Ⅱ级)、中风险区(Ⅲ级)、中低风险区(Ⅳ级)、低风险区(Ⅴ级)5 级,并绘制风险区划图。

表 1-9 风暴潮灾害风险等级与危险性等级及脆弱性范围对应关系

危险性	脆弱性			
	低（Ⅳ级）值域 [0.1, 0.3]	中低（Ⅲ级）值域（0.3, 0.5]	中高（Ⅱ级）值域（0.5, 0.8]	高（Ⅰ级）值域（0.8, 1]
低（Ⅳ级）	低风险（Ⅴ级）	低风险（Ⅴ级）	中低风险（Ⅳ级）	中低风险（Ⅳ级）
中低（Ⅲ级）	低风险（Ⅴ级）	中低风险（Ⅳ级）	中风险（Ⅲ级）	中风险（Ⅲ级）
中高（Ⅱ级）	中低风险（Ⅳ级）	中风险（Ⅲ级）	中高风险（Ⅱ级）	中高风险（Ⅱ级）
高（Ⅰ级）	中低风险（Ⅳ级）	中风险（Ⅲ级）	中高风险（Ⅱ级）	高风险（Ⅰ级）

(2) 区尺度

① 危险性评估

风暴潮区尺度危险性评估需要建立风暴潮数值模拟系统，在对模型进行验证后对不同等级台风风暴潮、可能最大台风风暴潮、不同等级温带风暴潮、可能最大温带风暴潮（以下简称"四大类风暴潮"）进行模拟，作潮位分布图、增水分布图和淹没水深分布图分析，利用可能最大台风风暴潮和可能最大温带风暴潮的漫堤淹没结果开展最终的区尺度危险性等级评价（图1-5）。以沿海社区（村）为评估单元，选取社区（村）边界内最大淹没水深危险性等级（表1-10），绘制风暴潮区尺度危险性区划图。

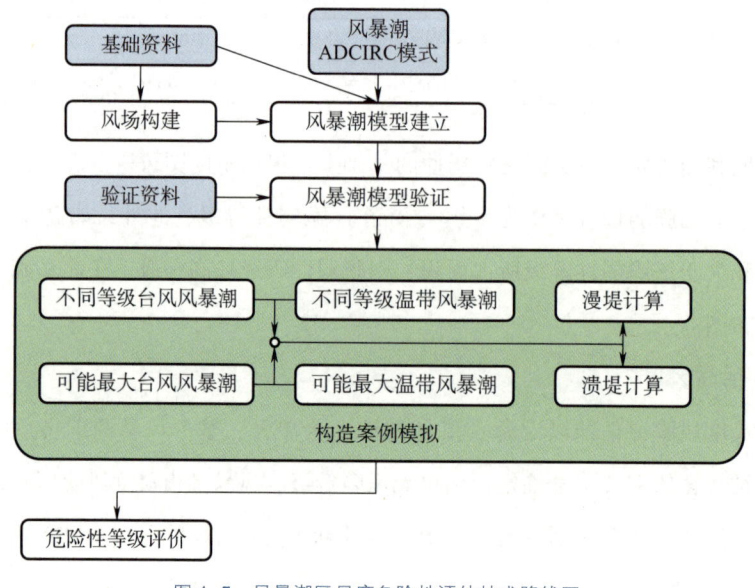

图 1-5 风暴潮区尺度危险性评估技术路线图

第1章 绪论

表 1-10 区尺度淹没水深危险性等级划分标准

危险性等级	淹没水深（cm）
Ⅰ（红）	[300，+∞)
Ⅱ（橙）	[120~300)
Ⅲ（黄）	[50~120)
Ⅳ（蓝）	[15~50)

区尺度风暴潮数值模型系统在市尺度模型系统的基础上考虑了与SWAN海浪模型的耦合计算。天文高潮位叠加选取研究区域内的代表性潮（水）位站的连续21年的月最大天文潮10%超越高潮位数，宝山区、崇明区选取2017年4月的天文潮高潮位进行叠加，浦东新区、奉贤区、金山区选取2015年9月的天文潮高潮位进行叠加，应用于"四大类风暴潮"构造案例中。

② 脆弱性评价

风暴潮区尺度脆弱性评估以土地利用现状二级类区块单元作为脆弱性评估空间单元，将收集到的国土"三调"与《规范》附录C.1中（国土"二调"）土地利用现状分类对应转换后（表1-5），对土地利用图斑进行脆弱性赋值，确定二级类空间单元的脆弱性等级。根据不同二级土地利用类型斑块所占面积比例确定社区（村）脆弱性等级。若评估单元内有重要的承灾体，或者有因风暴潮灾害产生严重次生灾害的承灾体，根据《规范》附录C.2调整评估单元脆弱性等级。对《规范》附录C.1中没有明确脆弱性取值范围的土地利用现状分类以及难以按照附录C.2确定等级的土地利用现状分类，参考相近的土地利用类型确定脆弱性范围的取值，并根据其典型属性指标进行了脆弱性等级赋值（表1-6~表1-8）。

在确定土地利用现状二级类图斑脆弱性的基础上，根据不同图斑所占面积比例确定脆弱性等级，以面积最大的脆弱性等级作为社区（村）脆弱性等级，此外，如高于该脆弱性等级的区域面积之和大于该脆弱性等级所占面积，则脆弱性等级取高一级。在此基础上绘制区尺度脆弱性等级分布图。

③ 风险评估与区划

风暴潮区尺度风险评估以社区（村）为单元，基于风暴潮灾害危险性等级和脆弱性等级评估结果；风暴潮区尺度风险区划依据表1-9确定评估单元风险等级，根据风险评价结果，将风暴潮灾害风险区划分为高风险区（Ⅰ级）、中高风险区（Ⅱ级）、中风险区（Ⅲ级）、中低风险区（Ⅳ级）、低风险区（Ⅴ级）5级。

④ 应急疏散图

根据风暴潮淹没水深、人口集聚区、交通道路分布特点，采用合适的疏散模型编制该淹没情景下应急疏散方案并规划最优应急疏散路径，为沿海区避灾点选址、物资配置提供决策依据。应急疏散图编制主要包括数据准备、淹没统计、疏散方案选择、疏散方案优化、符号配置和整饰出图 6 个步骤（图 1-6）。疏散路径计算采用网络分析法，通过建立避灾点、道路网、行政村聚居点等矢量地理数据库，构建网络数据集，采用迪杰斯特拉算法（Dijkstra）分析聚居点至避灾点的最短路径。

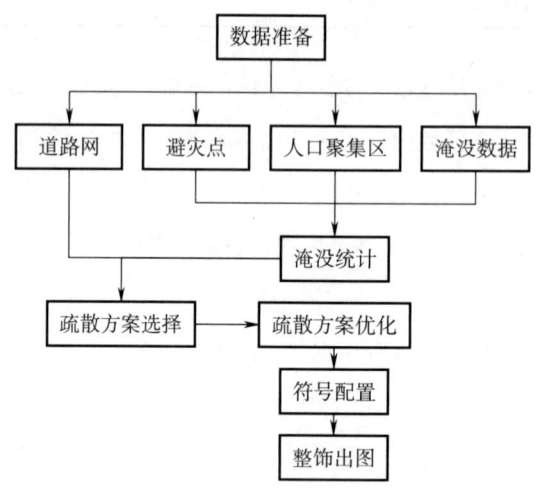

图 1-6　应急疏散图编制技术路线图

2）海浪

根据《海浪灾害风险评估和区划技术规范》（FXPC/ZRZY P-06），近岸海浪灾害风险评估与区划已包含在风暴潮灾害风险评估中，上海市尺度海浪灾害只进行危险性区划。

（1）危险性评估

海浪灾害危险性评估需要建立由气象模型和海浪模型构成的海浪数值模型，采用海浪实测数据对数值模型进行充分验证，对 30 年历史海浪过程反演，对模型结果进行分析得到上海海域典型重现期海浪等值线分布图、海浪频率分布饼图、海浪玫瑰图等重要图集(图 1-7)。其中风场驱动数据采用 ECMWF1991—2000 年历史风场数据及本项目建立的 WRF 风场模型反演的 2001—2020 年的风场数据；水位和流场采用 FVCOM 三维潮汐潮流模型反演计算的 30 年潮汐潮流结果。

重现期波高采用 SWAN 波浪模型反演上海海域 1991—2020 年共计 30 年的波浪场，采用 P-Ⅲ型曲线分析 2 年、5 年、10 年、20 年、50 年、100 年一遇有效波高分布。波高频率分布主要由模型反演得到的近 30 年的海浪计算结果，提取每个 0.25°×0.25°网格内的逐时有效波高计算结果，分别计算网格内的Ⅰ级、Ⅱ级、Ⅲ级、Ⅳ级浪高出现的次数，根据近岸海浪强度等级划分标准（表 1-11），绘制海浪调查范围内出现Ⅰ级、Ⅱ级、Ⅲ级、Ⅳ级浪高的月平均频率和年

第1章 绪论

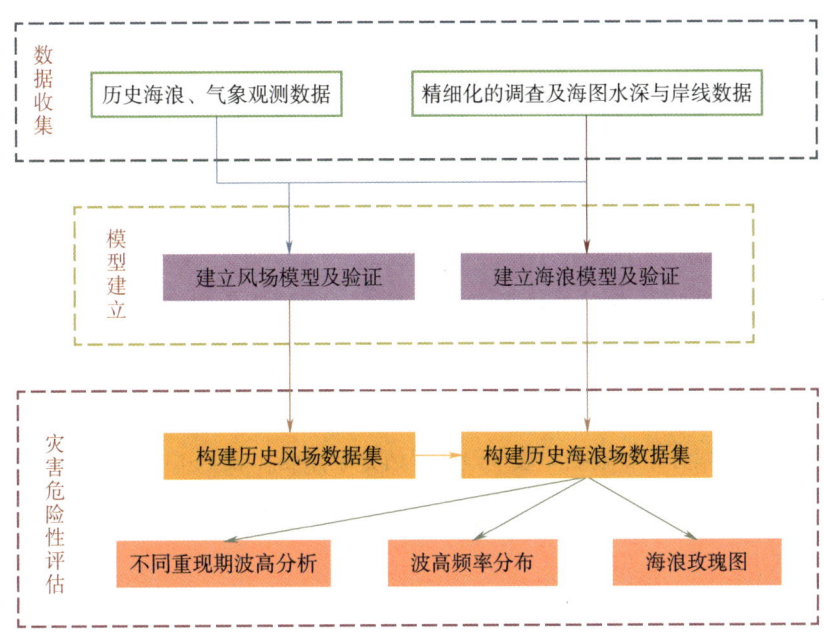

图 1-7 海浪灾害危险性评价分析技术路线

表 1-11 近岸海浪强度等级划分标准

海浪强度等级	Ⅰ级（狂涛）	Ⅱ级（狂浪）	Ⅲ级（巨浪）	Ⅳ级（大浪）
有效波波高（m）	$9.0 \leq H_s$	$6.0 \leq H_s < 9.0$	$4.0 \leq H_s < 6.0$	$2.5 \leq H_s < 4.0$

注：轻浪 $0.5 \leq H_s < 1.3$，中浪 $1.3 \leq H_s < 2.5$。

平均频率分布图。海浪玫瑰图通过对每一个 0.25°×0.25° 网格内的模拟结果进行统计，得到各个方向（16 方位）出现不同等级波高的次数，计算各方向、各等级波高出现的百分比，以及不同等级浪高频率分布与波向波高联合出现频率分布，绘制各个格点上的玫瑰图。

（2）危险性区划

海浪灾害危险性区划根据公式（1-3），对每一个 0.1°×0.1° 网格上的危险性进行计算，并对危险性参数 H_w 进行归一化处理得到 H_{wn}，根据表 1-12，确定每个格点上的海浪灾害危险等级。基于 GIS 系统，制作完成上海市管辖海区的海浪灾害危险性区划图。

表 1-12 海浪灾害危险等级划分标准

危险等级	Ⅰ	Ⅱ	Ⅲ	Ⅳ
危险指数	$0.75 \leq H_{wn} \leq 1.0$	$0.5 \leq H_{wn} < 0.75$	$0.25 \leq H_{wn} < 0.5$	$0 \leq H_{wn} < 0.25$

海浪灾害危险性参数 H_w 计算公式为：

$$H_w = 0.6N_1 + 0.25N_2 + 0.1N_3 + 0.05N_4 \tag{1-3}$$

式中　N_1——Ⅰ级有效波波高的年平均出现次数；

N_2——Ⅱ级有效波波高的年平均出现次数；

N_3——Ⅲ级有效波波高的年平均出现次数；

N_4——Ⅳ级有效波波高的年平均出现次数。

3）海啸

（1）市尺度

① 危险性评估

海啸市尺度危险性评估基于基础地理水文数据，采用康奈尔多网格耦合海啸（Cornell Multi-grid Coupled Tsunami，COMCOT）模型建立海啸数值计算模型（模型分辨率不低于1′），并进行验证，确定可能影响评估区域的海啸源类型、位置及最大震级，输入模型进行模拟计算，得到最大海啸波幅分布，根据岸段危险性评估分级标准（表1-13），分析海啸危险性，以沿海乡镇（街道）为评估单元，选取评估单元内危险性最高等级岸段为该单元危险性等级（图1-8），绘制市尺度危险性分布图。

表1-13 海啸岸段危险性等级划分标准

等级	最大波幅（m）	潜在影响
Ⅰ	(3.0, +∞)	大范围淹没
Ⅱ	(1.0, 3.0]	局部淹没
Ⅲ	(0.3, 1.0]	无淹没
Ⅳ	(0.0, 0.3]	无威胁

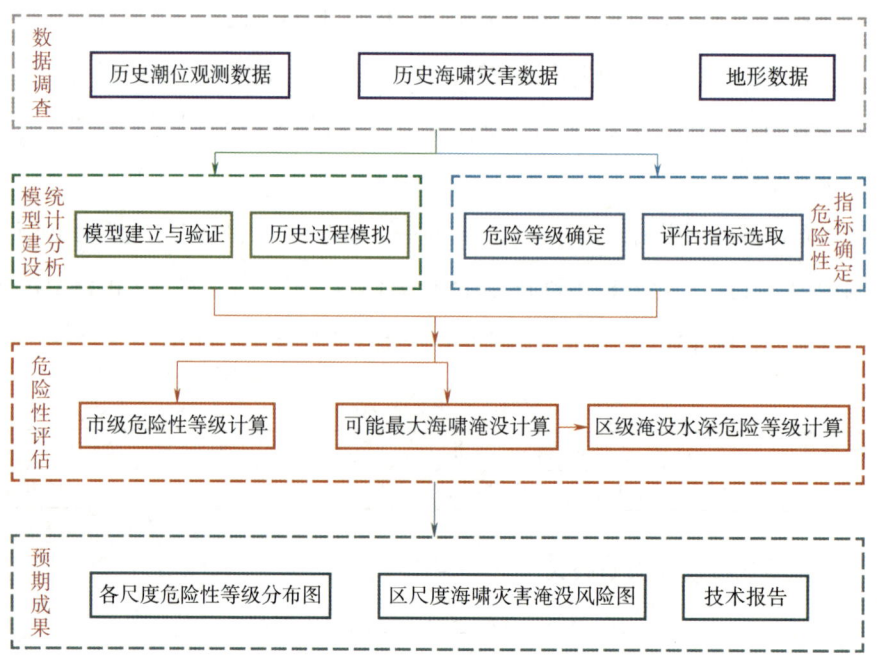

图1-8 海啸灾害危险市尺度评估技术路线图

第1章 绪论

② 脆弱性评价

海啸市尺度脆弱性评价同风暴潮市尺度脆弱性评价。

③ 风险评估与区划

海啸市尺度风险评估以沿海乡镇为单元，基于风暴潮灾害危险性等级和脆弱性等级评估结果，依据表1-14确定评估单元风险等级；根据风险评价结果，将海啸灾害风险区划分为高风险区（Ⅰ级）、较高风险区（Ⅱ级）、较低风险区（Ⅲ级）、低风险区（Ⅳ级）4级，并绘制市尺度海啸风险区划图。

表1-14 海啸灾害风险等级与危险性及脆弱性等级对应关系表

危险性	脆弱性			
	低（Ⅳ级）值域[0.1, 0.3]	较低（Ⅲ级）值域(0.3, 0.5]	较高（Ⅱ级）值域(0.5, 0.8]	高（Ⅰ级）值域(0.8, 1]
低（Ⅳ级）	低风险（Ⅳ级）	低风险（Ⅳ级）	较低风险（Ⅲ级）	较低风险（Ⅲ级）
较低（Ⅲ级）	低风险（Ⅳ级）	较低风险（Ⅲ级）	较高风险（Ⅱ级）	较高风险（Ⅱ级）
较高（Ⅱ级）	较低风险（Ⅲ级）	较高风险（Ⅱ级）	较高风险（Ⅱ级）	高风险（Ⅰ级）
高（Ⅰ级）	较低风险（Ⅲ级）	较高风险（Ⅱ级）	高风险（Ⅰ级）	高风险（Ⅰ级）

（2）区尺度

① 危险性评估

海啸区尺度危险性评估基于基础地理水文数据，采用COMCOT海啸数值计算模型建立海啸漫滩数值计算模型（近岸分辨率不低于50 m），并进行验证，确定可能影响评估区域的海啸源类型、位置及最大震级，输入模型进行漫滩计算，得到海啸淹没范围、淹没深度等，根据海啸淹没深度或淹没区域内海啸流速分级标准（表1-15），分析海啸危险性，若无淹没，按照上海市级尺度评估方法做相应岸段危险性评估（图1-8）。海啸漫滩计算选用干湿网格法进行。

表1-15 海啸灾害淹没危险性等级划分标准

等级	淹没深度（m）	流速（m/s）
Ⅰ	(3.0, +∞)	(3.0, +∞)
Ⅱ	(1.2, 3.0]	(1.5, 3.0]
Ⅲ	(0.5, 1.2]	(0.5, 1.5]
Ⅳ	(0.0, 0.5]	(0.0, 0.5]

② 脆弱性评价

海啸区尺度脆弱性评价同风暴潮区尺度脆弱性评价。

③ 风险评估与区划

海啸区尺度风险评估以沿海社区（村）为单元，基于风暴潮灾害危险性等级和脆弱性等级评估结果，依据表1-14确定评估单元风险等级；海啸区尺度风险根据风险评价结果，将海啸灾害风险区划分为高风险区（Ⅰ级）、较高风险区（Ⅱ级）、较低风险区（Ⅲ级）、低风险区（Ⅳ级）4级，并绘制区尺度海啸风险区划图。

④ 应急疏散图

应急疏散图以受灾害影响的沿海乡镇（街道）为单元，结合避灾点分布，根据预计到达时间，确定以水平疏散或垂直疏散方式选取避灾点进行绘制。对可能最大海啸淹没情景下的避灾点进行适用性评价，规划可行的最优疏散路径。

4）海平面上升

（1）危险性评估

海平面上升灾害的危险性评估是在对潮汐特征、海岸状况、地面高程状况等数据分析的基础上，建立海平面上升预测模型，进行海平面上升变化和预测分析，基于海平面上升风险形成机制，主要考虑自然因素评估海平面上升对沿海地区造成的潜在危险，以沿海乡镇（街道）为评估单元，计算海平面上升危险性指数，评价海平面上升风险程度，绘制危险性分布图（图1-9）。

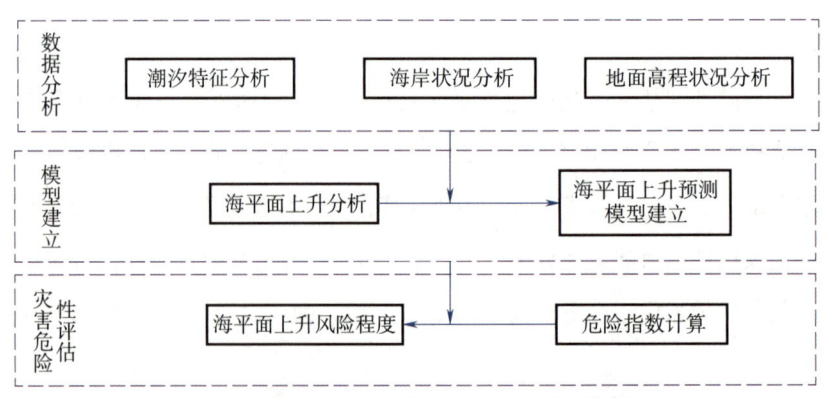

图1-9 海平面上升危险性评估技术路线图

潮汐特征分析根据验潮站实测资料，计算平均潮差。依据地面高程状况分析计算各镇级评估单位地面高程低于5 m的沿海地区面积占镇级评估单元总面积的比例。海岸状况分析采用分级赋值法对以镇为单元的各评估单元的所辖岸段海岸线类型和稳定性进行分析。海平面上升预测主要分析海平面上升变化趋势及特征，通过历史验潮站资料分析，构建随机动态分析预测模

第1章 绪论

型,获得上升速度结果(图 1-10)。危险性指数计算根据获取的各镇级行政单元的潮汐特征(当地平均潮差)、海平面变化(海平面上升速率)、地面高程状况(高程低于5 m面积占比)、海岸状况(海岸线类型和稳定性)指标数值,根据式(1-4),利用分级赋值法和加权平均法(指标权重见表 1-16)计算,评估单元危险性程度的高低(表 1-17)。在进行危险性指数计算前,按式(1-5)对各评估单元间的评估指标进行标准化处理,形成的标准化量值反映海平面上升对评估因子在不同评估单元间的影响程度,将各评估单元某指标数值排列成一个数据序列 $p=\{p_1, p_2, \cdots, p_n\}$,$n$ 为评估单元的个数。

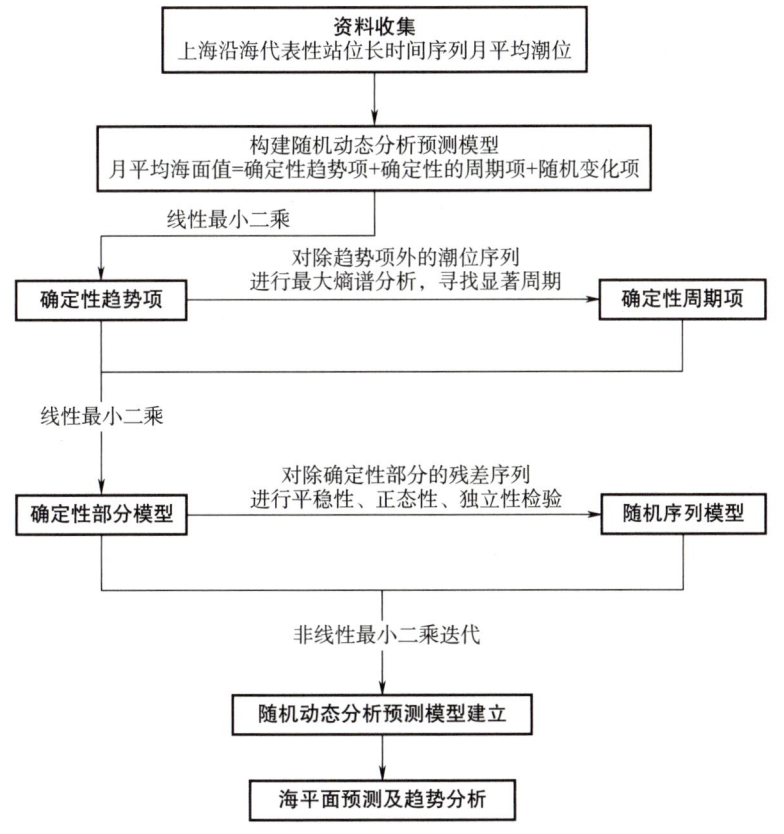

图 1-10 海平面变化分析与预测技术路线

表 1-16 海平面上升危险性评估指标

评估因子	评估指标	指标权重
危险性 H	海平面上升速率(mm/a)	0.3
	平均潮差(cm)	0.1
	高程低于5m的沿海地区面积占比(%)	0.3
	海岸线类型和稳定性(无量纲)	0.3

$$H = \sum_{i=1}^{m} H_i a_i \qquad (1-4)$$

式中　H——危险性指数；

　　　H_i——危险性评估的第 i 个指标；

　　　a_i——第 i 个危险性指标的权重系数；

　　　m——危险性指标的个数。

$$A_i = \frac{N[p_i - \min(p)]}{\max(p) - \min(p)} + 1 \qquad (1-5)$$

式中　A_i——第 i 个评估单元的指标标准化量值；

　　　i——评估单元序号，$i=1, 2, \cdots, n$；

　　　N——量化参数；

　　　p_i——第 i 个评估单元的指标数值。

一般将量化参数 N 取为 4，即 A_i 的取值范围应介于 1~5 之间。

表 1-17　危险性指数等级划分

指数值	$H \geqslant 4$	$3 \leqslant H < 4$	$2 \leqslant H < 3$	$1 \leqslant H < 2$
危险性等级	Ⅰ级	Ⅱ级	Ⅲ级	Ⅳ级

（2）脆弱性评价

海平面上升脆弱性评价采用人口密度和地均国内生产总值作为评估指标（表 1-18），按式（1-6）计算脆弱性指数。在计算前，按式（1-5）对各评估单元间的评估指标进行标准化处理，形成的标准化量值反映海平面上升对评估因子在不同评估单元间的影响程度。

$$V = \sum_{j=1}^{n} V_j b_j \qquad (1-6)$$

式中　V——脆弱性指数；

　　　V_j——脆弱性评估的第 j 个指标；

　　　b_j——第 i 个脆弱性指标的权重系数；

　　　n——脆弱性指标的个数。

表 1-18　海平面上升脆弱性评估指标

评估因子	评估指标	指标权重
脆弱性 V	人口密度（万人/km²）	0.5
	地均国内生产总值（亿元/km²）	0.5

（3）风险评估与区划

海平面上升风险评估以沿海乡镇（街道）为单元，基于海平面上升灾害危险性等级和脆

第1章 绪论

弱性等级评估结果,依据风险指数计算公式(1-7)确定评估单元风险等级;根据风险评价结果,按照海平面上升风险等级标准(表1-19),将海平面上升灾害风险区划分为高风险区(Ⅰ级)、较高风险区(Ⅱ级)、中等风险区(Ⅲ级)、低风险区(Ⅳ级)四级。

$$SLRI = H^{\alpha} \times V^{\beta} \tag{1-7}$$

式中 $SLRI$——海平面上升的风险指数;

H——危险度指数;

V——脆弱性指数;

α——危险性指数的权重系数(0.7);

β——脆弱性指数的权重系数(0.3)。

$SLRI$ 取值越大,该评估单元的海平面风险越大。

表1-19 海平面上升风险等级划分标准

指数值	$SLRI \geqslant 1.0$	$0.9 \leqslant SLRI < 1.0$	$0.8 \leqslant SLRI < 0.9$	$SLRI < 0.8$
风险等级	Ⅰ级(高风险)	Ⅱ级(较高风险)	Ⅲ级(中等风险)	Ⅳ级(低风险)

第 2 章 调查与评估

2.1 致灾调查与评估

按照国家要求,结合上海市易遭受海洋灾害情况,致灾调查与评估覆盖风暴潮、海浪、海啸、海平面上升、海岸侵蚀、咸潮入侵、赤潮和"多碰头"8个灾种的致灾调查、危险性评估或分析,其中前4个灾种的危险性评估内容调整至第3章风险评估与区划中。

2.1.1 风暴潮

风暴潮调查涉及14个代表站点,其中有30年以上连续序列数据的验潮站10个,建站时间不足30年的验潮站4个(表2-1)。验潮站分布如图2-1所示。

表2-1 历史潮位观测数据收集情况表(排列顺序按纬度由北至南)

序号	代表站	位置[经度(°E),纬度(°N)]	数据起始年份	缺测情况	数据总年限	来源
1	连兴港	121.88,31.69	2016年	—	5年	国家海洋局东海预报中心
2	堡镇	121.61,31.52	1978年	—	43年	上海海事测绘中心
3	佘山	122.24,31.42	2003年	—	18年	国家海洋局东海预报中心
4	吴淞	121.5,31.38	1984年	1978—1983年	37年	上海市水文总站、上海海事测绘中心
5	高桥	121.55,31.38	1978年	—	43年	上海市水文总站
6	长兴	121.68,31.38	1984年	1978—1983年	37年	上海海事测绘中心
7	横沙	121.85,31.29	1984年	1978—1983年、2002年	36年	上海海事测绘中心
8	三甲港	121.76,31.22	1985年	2002—2013年	23年	上海市水文总站
9	中浚	121.84,31.12	1984年	—	37年	上海海事测绘中心
10	芦潮港	121.85,30.84	1978年	1978—2005年逐时	43年	上海市水文总站
11	金汇港南闸	121.62,30.83	2011年	—	10年	上海市水文总站
12	大戢山	122.17,30.82	1978年	1986—1989年	43年	国家海洋局东海预报中心
13	金山嘴	121.36,30.71	1978年	1986年、1992年、2002—2006年高低潮和逐时;1993—1999年、2007—2008年局部逐时	36年	上海市水文总站
14	滩浒岛	121.63,30.61	1978年	1980—1981年高低潮、1981—1982年逐时潮位、1985—1989年	38年	国家海洋局东海预报中心

第 2 章 调查与评估

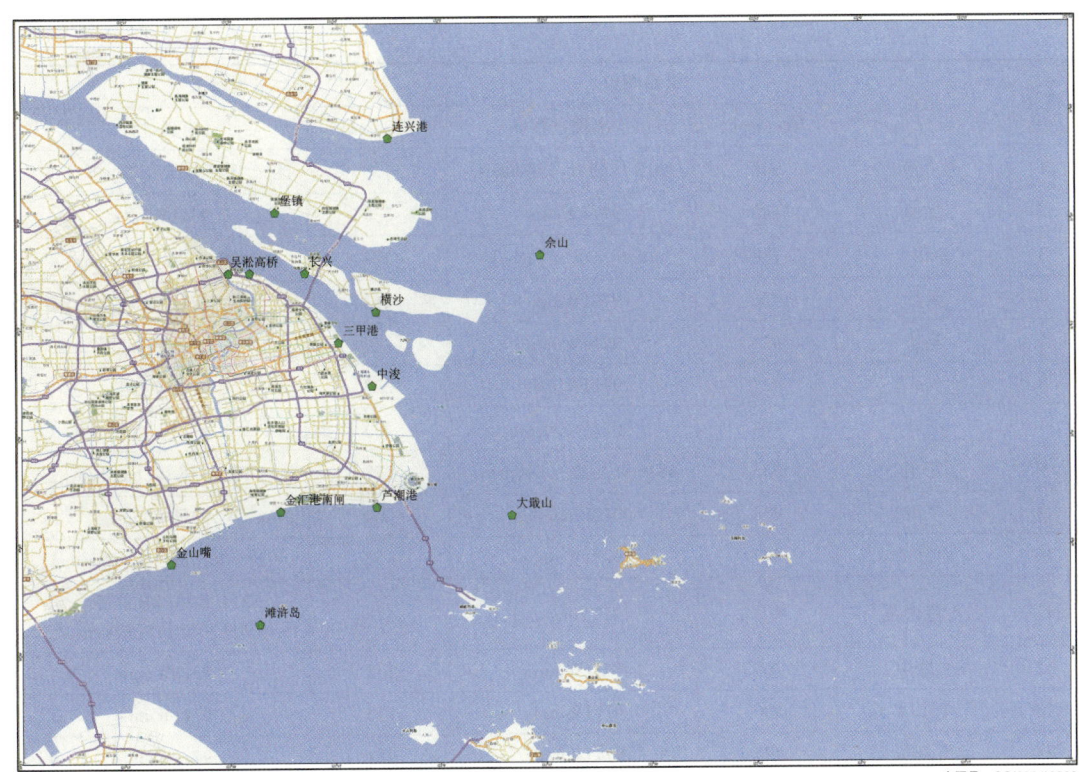

图 2-1 本次普查涉及上海沿海验潮站分布图①

调查内容包括上海市风暴潮过程名称、发生时间、次数、类型、历史最高潮位、最大增水及各岸段的警戒潮位等。潮位数据根据《上海市国家基本水文测站水准考证与水位高程基准订正表》进行标准化处理。

(1) 风暴潮过程次数和类型

以芦潮港站高潮位超警或增水超 50 cm 为风暴潮过程统计标准（299 cm，2016 年核定）。1978—2020 年，上海沿海共发生风暴潮过程 504 次，年均 11.7 次，其中高潮位超警 319 次，82.5% 发生在 6—10 月。

从风暴潮成因看，台风风暴潮过程 63 次（登陆上海台风诱发的过程 6 次），年均 1.47 次，以 7—9 月居多，单次过程持续时间平均 2~3 d；温带风暴潮过程 441 次，年均 10.26 次，全年均有发生，单次过程持续时间平均 1~2 d。

(2) 历史最高潮位和增水

上海沿海多数验潮站历史最高潮位值出现在台风风暴潮过程中，大部分出现在 9711Winnie 台风过程中，上海沿海各站历史最高潮位信息见表 2-2。

---

① 本书所有地图的底图均来自天地图·在线地图（http：//map.tianditu.gov.cn）。

表 2-2 上海市沿海各站历史最高潮位信息表（1978—2020 年）

序号	站点	最高潮位		最大增水	
		值（cm）	出现过程	值（cm）	出现过程
1	连兴港*	326	1616 马勒卡（Malakas）	139	1917 塔巴（Tapah）
2	堡镇	442	9711Winnie	238	9711Winnie
3	佘山*	288	1216 三巴（Sanba）	177	1419 黄蜂（Vongfong）
4	吴淞	426	9711Winnie	262	9711Winnie
5	高桥	427	9711Winnie	214	9711Winnie
6	长兴	427	9711Winnie	227	9711Winnie
7	横沙	404	0012Prapiroon	223	9711Winnie
8	三甲港*	333	1816 贝碧嘉（Bebinca）	128	1509 灿鸿（Chan-hom）
9	中浚	434	0012Prapiroon	204	9711Winnie
10	芦潮港	407	9711Winnie	158	0205 威马逊（Rammasun）
11	金汇港南闸*	407	1419Vongfong	118	1211 海葵（Haikui）/ 1909 利奇马（Lekima）
12	大戢山	369	9711Winnie	112	9711Winnie
13	金山嘴	490	9711Winnie	253	9711Winnie
14	滩浒岛	424	9711Winnie	181	9711Winnie

* 标示该站数据时间序列较短，下同。

（3）岸段警戒潮位

堡镇、吴淞、高桥、芦潮港、金山嘴 5 个站点警戒潮位值来自《上海市防汛指挥部关于调整颁布高桥等 46 个防汛代表站警戒水位值的通知》，其余 9 个站点目前没有的警戒潮位值。源数据为吴淞高程，减去 161 cm，得到基于 1985 国家高程基准的警戒潮位值（表 2-3）。

表 2-3 站点警戒潮位值

站点	四色警戒潮位值（cm）				代表岸段
	蓝色	黄色	橙色	红色	
堡镇	309	339	374	404	崇明岸段
吴淞	319	354	394	434	宝山岸段
高桥	329	364	399	434	浦东长江口岸段
芦潮港	319	339	359	379	浦东杭州湾岸段
金山嘴	379	404	429	459	金山岸段

（4）重点风暴潮过程

风暴潮有台风风暴潮和温带风暴潮两类，其中台风风暴潮对上海市影响较大，且有两类过程值得关注。

一是本身增水强度较大，上海市范围内出现台风、暴雨、高潮"三碰头"的情况。此类

第 2 章　调查与评估

风暴潮过程通常会对上海沿海造成大范围的灾害影响。1978—2020年增水强度前十的台风风暴潮过程大都是这种情况。如9711Winnie台风风暴潮过程是典型的强台风风暴潮和天文大潮叠加的过程，加上强降雨造成的径流影响，以及上海沿海地处长江口和杭州湾北岸受到的增水影响，多个验潮站的增水和高潮位记录创下了历史纪录，过程特征值见表2-4。

表 2-4　9711Winnie 过程风暴潮特征值表

序号	站点	最高潮位（cm）	最大增水（cm）
1	堡镇	442	238
2	长兴	427	227
3	横沙	395	223
4	吴淞	426	262
5	高桥	427	214
6	中浚	408	204
7	芦潮港	407	131
8	金山嘴	490	253
9	大戢山	369	112
10	滩浒岛	424	181

二是台风登陆上海诱发的台风风暴潮过程，此类过程可能总体强度不大，但在登陆点附近会造成较大增水，对局部区域影响较大。1978—2020年间6次登陆上海台风诱发的风暴潮特征值见表2-5。

表 2-5　直接登陆上海的台风风暴潮潮位特征值情况（1978—2020 年）　　（单位：cm）

潮位站点	8913 肯（Ken）登陆川沙		9507 杰妮丝（Janis）登陆金山		1416 凤凰（Fung-wong）登陆奉贤		1810 安比（Ampil）登陆崇明		1812 云雀（Jongdari）登陆金山		1818 温比亚（Rumbia）登陆浦东	
	最大增水	最高潮位	最大增水	最高潮位	最大增水	最高潮位	最大增水	最高潮位	最大增水	最高潮位	最大增水	最高潮位
连兴港*	—	—	—	—	—	—	117	166	49	232	114	274
堡镇	104	365	86	297	84	262	60	185	48	267	91	356
佘山*	—	—	—	—	72	221	100	137	76	207	106	233
吴淞	119	368	115	275	85	270	44	185	52	267	88	296
高桥	—	—	82	255	85	271	—	241	57	266	92	290
长兴	100	363	81	288	116	276	67	187	78	268	112	353
横沙	126	353	84	284	100	269	72	192	75	265	105	338
三甲港*	—	—	—	—	88	270	46	234	54	264	85	280
中浚	112	370	58	300	102	292	80	265	88	295	121	306
芦潮港	—	332	23	269	79	311	35	277	41	297	45	297
金汇港南闸*	—	—	—	—	—	369	—	245	—	310	—	319

(续表)

潮位站点	8913 肯（Ken）		9507 杰妮丝（Janis）		1416 凤凰（Fung-wong）		1810 安比（Ampil）		1812 云雀（Jongdari）		1818 温比亚（Rumbia）	
	登陆川沙		登陆金山		登陆奉贤		登陆崇明		登陆金山		登陆浦东	
	最大增水	最高潮位	最大增水	最高潮位	最大增水	最高潮位	最大增水	最高潮位	最大增水	最高潮位	最大增水	最高潮位
大戢山	54	—	32	263	62	275	66	206	55	271	64	305
金山嘴	73	379	—	—	88	383	30	269	41	336	49	385
滩浒岛	—	336	64	266	75	303	81	252	55	271	80	333

2.1.2 海浪

海浪调查涉及6个海洋站（浮标站），分布如图2-2所示，其中有30年以上连续序列数据的站点3个，建站时间不足30年的站点3个（均为浮标），见表2-6。海洋站波浪要素为每天4个时次（8时、11时、14时、17时）整点观测数据，观测数据为1/10大波波高；浮标资料为每日逐时海浪观测有效波高数据。按照《港口与航道水文规范》（JTS 145—2015）的不同累积波高转换关系，将海洋站观测的1/10大波波高统一转换为有效波高。调查精度精确到0.1 m。

图2-2 上海海域海面风、海浪观测站点分布图

第 2 章　调查与评估

表 2-6　上海沿海海域海面风、波浪观测资料站点汇总

序号	站点	位置［经度（°E），纬度（°N）］	数据起始年份	缺失情况	数据总年限	来源
1	佘山	122.24，31.42	1978	—	43 年	国家海洋局东海预报中心
2	大戟山	122.17，30.82	1978	—	43 年	
3	滩浒岛	121.63，30.61	1985	—	36 年	
4	长江口外浮标	123.30，31.14	2006.08	2007.02—06、2008.01—2009.08、2011.06—08、2012、2020.07—12	12 年	
5	崇明外浮标	122.61，31.73	2017.09	其间多次中断	3 年	
6	佘山三米标	122.27，31.39	2015.04	2018.07 缺测、2019.08 后	4 年	

调查内容包括上海市灾害性海浪次数及原因、浪高情况、年均分布等。

（1）灾害性海浪次数及原因

以上海海域各观测站点有效波高达到 4.0 m 及以上为灾害性海浪统计标准。1978—2020 年，上海海域共发生灾害性海浪过程 98 次，平均每年 2.3 次。灾害性海浪过程主要由热带气旋和冷空气引起，其中由热带气旋所引起的灾害性海浪过程 46 次，占总数的 47%；由冷空气引起的 51 次，占总数的 52%；由温带气旋引起的灾害性海浪过程较少，仅出现 1 次，占总数的 1%。

（2）灾害性海浪月分布特征

灾害性海浪过程发生次数的月分布特征比较明显，集中在 1 月、8—12 月。其中，8 月份发生的灾害性海浪过程最多，为 19 次，占 1978—2020 年所有灾害性海浪过程总数的 19.4%（图 2-3）。

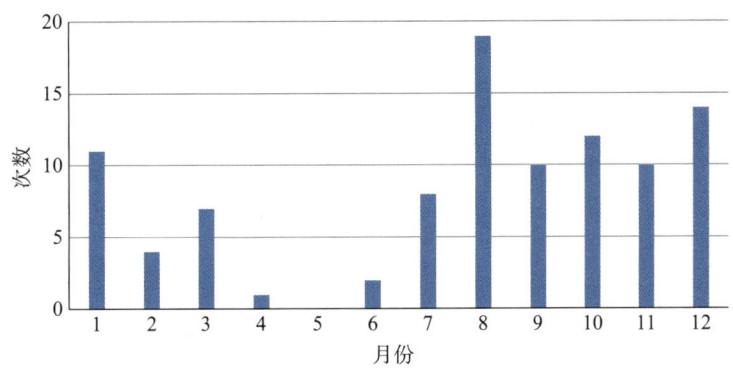

图 2-3　上海近海海域灾害性海浪过程发生次数月分布图

（3）典型过程波高极值

典型灾害性海浪过程有 5 个，具体特征值见表 2-7。海洋站最大有效波高 5.5 m，最大波高 8.0 m；浮标站最大有效波高 9.4 m，最大波高 14.7 m，均由热带气旋引起。可见，由热带气旋引起的灾害性海浪特征值最大。

表 2-7 典型灾害性海浪过程相关特征值情况

名称	站点	最大有效波高（m）	最大波高（m）	备注
8615 维娜（Vera）台风	大戢山	5.5	8.0	由热带气旋引起的海洋站最大
1109 梅花（Muifa）台风	长江口外浮标	9.2	12.9	—
1215 布拉万（Bolaven）台风	长江口外浮标	9.4	14.7	由热带气旋引起近海浮标最大
2013 年 6 月 8 日温带气旋	长江口外浮标	5.0	7.1	由温带气旋引起的最大
2018 年 3 月 8 日冷空气	长江口外浮标	6.7	9.7	由冷空气引起的最大

2.1.3 海啸

海啸主要由地震引起，统计时段内地震震源信息来自美国国家海洋和大气管理局（NOAA）的国家地球物理数据中心（National Geophysical Data Center，NDGC）与国家地震中心（National Energy Information Center，NEIC）；历史海啸潮位观测资料来自上海市沿海 8 个潮位观测站点，数据时间分辨率为分钟级，潮位数据调查精确到 1 cm，对数据进行格式标准化处理和质量控制（表 2-8）。

表 2-8 历史潮位观测代表站点数据信息表

序号	区县	代表站	经纬度（°E,°N）	数据频率	来源
1	宝山区	吴淞口	121.5，31.38	5 min	上海市水文总站东海预报中心
2	崇明区	堡镇	121.61，31.52	1 min	
3	崇明区	南门	121.4，31.62	5 min	
4	浦东新区	高桥	121.55，31.38	5 min	
5	浦东新区	芦潮港（海洋）	128.83，30.83	1 min	
6	浦东新区	芦潮港（水文）	128.83，30.83	5 min	
7	金山区	金山嘴	121.36，30.71	5 min	
8	奉贤区	滩浒岛	121.63，30.61	1 min	

上海周边观测到一定海啸波的过程有 2 个，为 2010 年智利 2.27 海啸和 2011 年日本 3.11 海啸（表 2-9）。上海沿海海啸波幅较小，最大值 17.5 cm（日本 3.11 地震海啸，芦潮港海洋站），其次为 14.7 cm（日本 3.11 地震海啸，芦潮港水文站）。日本 3.11 地震海啸，在杭州湾北岸产生的波幅明显大于在长江口海域产生的；智利 2.27 地震海啸，在杭州湾北岸产生的波幅与长江口内生成的波幅差异较小。

第 2 章　调查与评估

表 2-9　上海观测到的 2 次海啸信息表

序号	地震信息							海啸波观测信息			
	名称	发生区域	时间	位置(°E,°N)	震级(里氏级)	震源深度(km)	海啸起止时间	影响区域范围	站点名称	最大海啸波幅(cm)	出现时间
1	智利2.27地震海啸	东南太平洋	北京时间2010年2月27日14:34	-72.7,-35.8	8.8	33.0	2010年2月28日—3月2日	金山区	金山嘴	11.2	2010-03-02 21:40:00
								奉贤区	滩浒岛	6.1	2010-03-01 07:50:00
								浦东新区	芦潮港（水文）	7.4	2011-03-01 07:00:00
									芦潮港（海洋）	6.5	2010-03-01 06:49:00
									高桥	8.4	2010-03-01 22:20:00
								宝山区	吴淞口	9.0	2010-03-02 22:30:00
								崇明区	堡镇	5.8	2010-02-28 21:27:00
2	日本3.11地震	日本东部海域	北京时间2011年3月11日13:46	142.6,38.1	9.0	20.0	2011年3月12日—3月13日	金山区	金山嘴	12.4	2011-03-12 00:40:00
								奉贤区	滩浒岛	12.2	2011-03-12 00:09:00
								浦东新区	芦潮港（水文）	14.7	2011-03-12 10:44:00
									芦潮港（海洋）	17.5	2011-03-12 10:45:00
								宝山区	吴淞口	3.8	2011-03-12 01:40:00
								崇明区	堡镇	4.3	2011-03-12 13:18:00
									南门	3.2	2011-03-12 20:10:00

2.1.4 海平面上升

海平面上升以滩浒岛、大戢山和堡镇站为研究代表站，收集1978—2020年月平均潮位数据。其中滩浒岛和大戢山有30年以上连续序列数据，堡镇站建站时间不足30年（表2-10）。

表2-10 潮位数据基本情况

序号	站点	位置（经度°E，纬度°N）	数据起始年份	缺失情况	数据年限	来源
1	滩浒岛	121.63，30.61	1978	1980.01—1981.12、1985.01—12	40	东海预报中心
2	大戢山	122.17，30.82	1978	—	43	东海预报中心
3	堡镇	121.61，31.52	2005	—	16	崇明区水文站

（1）潮汐特征

海平面的上升会导致高潮位的上升值大于海平面上升值，而低潮位的上升值小于海平面上升值，潮差变大。上海佘山以东海域为正规半日潮，杭州湾内滩浒岛潮差最大，平均高潮位最高，长江口大戢山站次之，长江口南支内堡镇站平均高潮位与潮差均最小（表2-11）。

表2-11 上海沿海各站潮汐特征值统计

站名	潮汐类型	平均高潮位（cm）	平均低潮位（cm）	平均潮差（cm）	统计时段
滩浒岛	半日潮	203.6	−154.4	358	1978.01—2020.12
大戢山	半日潮	181.4	−110.6	291	1978.01—2020.12
堡镇	半日潮	172.5	−63.4	236	2005.01—2020.12

上海沿海平均海面有明显的季节变化。滩浒岛、大戢山和堡镇站年较差分别为39.7 cm、38.9 cm和49.7 cm，堡镇站年较差值较高，一定程度上受到季节性变化的长江径流影响，各站海平面年最高值出现在9月份，最低值出现在1月份或2月份（表2-12、图2-4）。8—10月是热带气旋影响上海的高峰期，异常气候事件若发生于季节性高海平面期间，季节性高海平面、天文大潮和异常天气过程叠加易加重海洋灾害。

表2-12 上海沿海平均海面的月变化

站位	最高月份	最低月份	年较差（cm）
滩浒岛	9	2	39.7
大戢山	9	2	38.9
堡镇	9	1	49.7

第 2 章 调查与评估

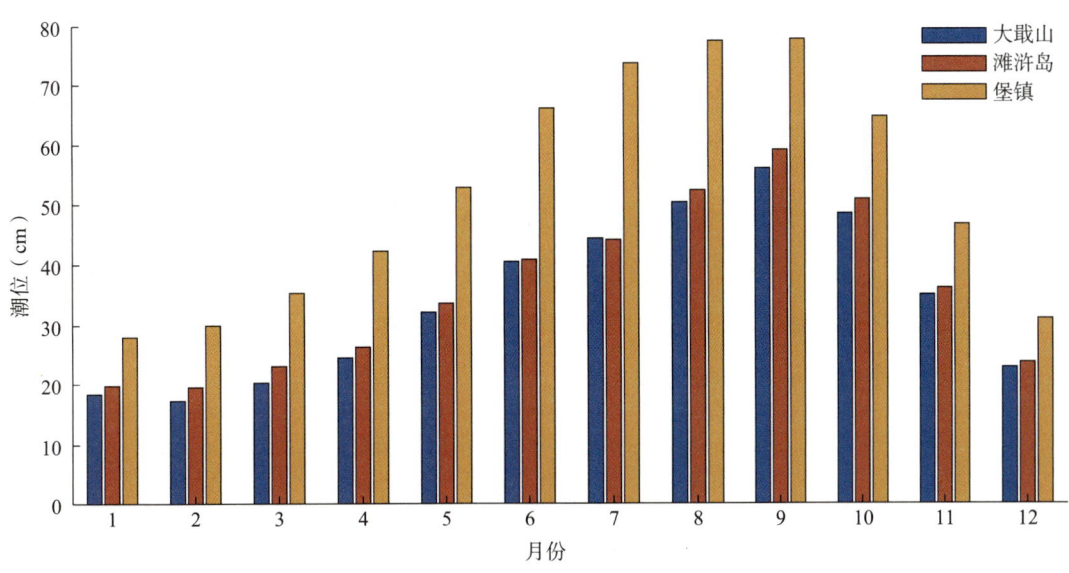

图 2-4　3 个验潮站海平面月变化

（2）海平面变化

利用建立的随机动态预测模型，对 3 个长期验潮站进行分析。根据分析结果，近几十年上海附近海平面变化速率为 3~9 mm/a，未来海平面将继续缓慢上升（表 2-13）。

表 2-13　上海沿海各站海平面上升速率

站位	预测采用资料年份	海平面上升速率（mm/a）
滩浒岛	1986—2020 年	4.6
大戢山	1978—2020 年	3.3
堡镇	2005—2020 年	9.3

2.1.5　海岸侵蚀

参照《海岸侵蚀监测与评价技术规程（试行）》开展海岸侵蚀致灾调查和风险分析。

1）致灾调查

海岸侵蚀的致灾调查需要充分收集已有相关文献资料、监测资料、遥感影像资料，结合现场补充调查，对数据进行一致性和基面统一处理。调查内容主要包括海岸侵蚀基本特征、长江口入海泥沙量变化、重点岸段侵蚀情况和滩涂资源变化情况等。

（1）海岸侵蚀基本特征

上海市海岸侵蚀在空间上主要表现为岸滩滩面和周边水道刷低、刷深，在时间上存在多年变化的长周期、季节性变化的年周期以及风暴潮作用的短周期现象。构造沉降与气候变化导致的海平面上升、河流改道、流域来沙、主流摆荡、入海汊道水沙分配是控制长周期变化的主要原因;受风向及岸段走向控制,潮滩存在季节性变化;历时短、破坏力强的风暴潮作用形成海岸侵蚀短周期变化。

(2) 输沙量变化特征

20世纪80年代中叶以来,长江大通站输沙量呈现阶段性减小趋势。1951—1985年平均年输沙量为4.70亿t,1986—2002年平均年输沙量为3.40亿t,2003—2020年平均年输沙量为1.34亿t,2020年输沙量仅1.64亿t。三峡水库蓄水后2003—2020年与1951—2002年相比,大通站输沙量减小幅度为69%(图2-5)。

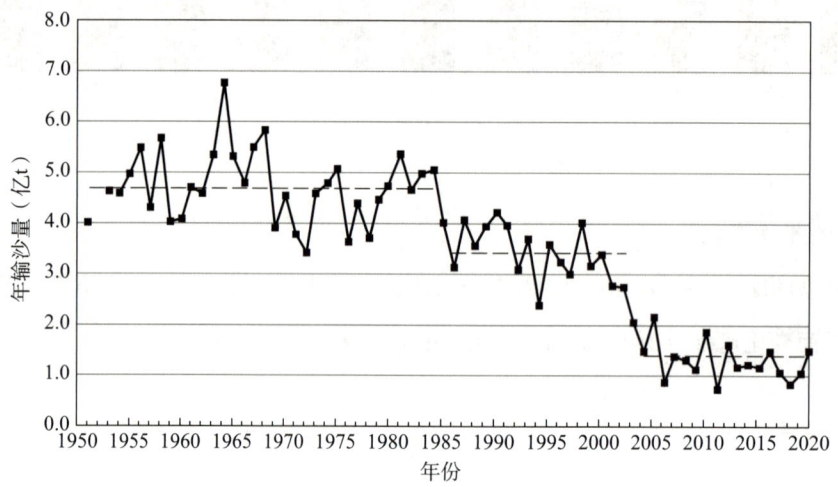

图2-5 长江大通站年输沙量变化过程(1950—2019年)

(3) 重点岸段侵蚀情况

重点岸段选取崇明东滩和大金山岛进行分析。

① 崇明东滩

2011—2016年,崇明东滩侵蚀总面积、侵蚀总长度、年平均侵蚀宽度、最大侵蚀宽度均呈波动下降趋势,最终趋于平稳(表2-14、图2-6)。

表2-14 崇明东滩海岸侵蚀历年数据

年份	侵蚀总面积 (km²)	侵蚀总长度 (km)	年平均侵蚀宽度 (m)	最大侵蚀宽度 (m)
2011—2012	0.075 6	3.42	22.1	47
2012—2013	0.025 3	2.51	10.1	25
2013—2014	0.012 7	2.90	4.4	22
2014—2015	0.021 4	2.70	7.9	24
2015—2016	0.013 7	2.70	5.1	20

第 2 章　调查与评估

（a）2011—2012年　　　　　　　　　　（b）2012—2013年

（c）2013—2014年　　　　　　　　　　（d）2014—2015年

（e）2015—2016年

图 2-6　2011—2016 年崇明东滩岸段侵蚀位置图

② 大金山岛

2015 年，用 ArcGIS 软件量算大金山岛岸线总长 2 397 m（基岩海岸 2 023 m，人工岸线 374 m）；2016 年，大金山岛岸线总长 2 332 m（基岩海岸 1 095 m，人工岸线 1 237 m）。2016 年大金山岛新建防波堤工程，海岸侵蚀得到了有效控制，已不存在海岸侵蚀岸段。

(4) 滩涂资源情况

滩涂资源情况是反映上海市海岸侵蚀总体情况的重要参照。2016—2020 年，上海市 0 m 线以上滩涂面积增加，-5 m 线及-2 m 线以上面积减少。

表 2-15　2016—2020 年上海市滩涂资源面积累计变化统计表

区域		3 m 线以上（km²）	2 m 线以上（km²）	0 m 线以上（km²）	-2 m 线以上（km²）	-5 m 线以上（km²）
崇明岛	崇明北支边滩	5.6	8.6	3.1	4.9	-6.3
	崇明南沿滩	6.8	10.3	4.6	7.3	7.1
	崇明东滩	1.6	-5.4	-1.3	0.4	17.8
	北港北沙	0.0	1.9	1.4	-3.5	7.4
横沙岛	横沙东滩	9.3	13.6	0.6	-36.5	-69.2
	其他边滩	0.0	-1.2	-0.2	0.0	-0.4
长兴岛	中央沙和青草沙	0.1	0.1	0.7	0.3	-3.7
	其他边滩	-1.0	-0.3	-1.1	-1.9	-0.7
长江口南沿边滩	南汇东滩	33.9	66.6	56.5	12.7	-23.7
	其他边滩	0.0	0.0	-2.8	-2.9	-3.7
长江口北沿边滩	九段沙	49.9	15.8	6.7	19.8	-9.4
	其他边滩	0.0	10.4	12.7	-1.6	7.4
杭州湾北沿边滩		-0.3	-1.1	0.4	0.9	-1.4
合计		105.8	119.4	81.2	-0.1	-78.9

2）风险分析

（1）分析方法

风险分析的方法主要是基于一定的量化规则（表 2-16），对各评价指标进行量化，构建风险计算模型，计算风险指数 R 值，根据海岸侵蚀等级划分标准（表 2-17），对海岸侵蚀现状进行评价，评估海岸侵蚀灾害等级。

表 2-16　海岸侵蚀风险评价指标体系

评价指标		权重值	划分标准	量化分级
自然因素（A）	海岸类型（g）	0.10	平直软质海岸	3
			弧形软质海岸	2
			受保护软质海岸	1
	海平面相对上升（s）	0.05	≥2 cm	3
			1.5~2.0 cm	2
			≤1.5 cm	1

第 2 章　调查与评估

(续表)

评价指标		权重值	划分标准	量化分级
自然因素 (A)	风暴潮最大增水 (h)	0.07	≥3.0 m	3
			1.5~3.0 m	2
			≤1.5 m	1
	平均波高 (H_w)	0.08	≥1.0 m	3
			0.4~1.0 m	2
			≤0.4 m	1
海岸动态变化 (B)	海岸动态变化因子（海岸侵蚀变化速率）(r)	0.70	严重侵蚀、强侵蚀	3
			侵蚀、微侵蚀	2
			稳定、淤涨	1

表 2-17　海岸侵蚀风险等级划分标准

侵蚀风险指数	2.5≤R<3	1.5≤R<2.5	1≤R<1.5
风险等级	高风险	中风险	低风险

其中，风险性 R 计算模型为：

$$R = g \times 0.10 + s \times 0.05 + h \times 0.07 + H_w \times 0.08 + r \times 0.70 \tag{2-1}$$

式中　g——海岸类型；

　　　s——海平面相对上升；

　　　H——风暴潮最大增水；

　　　H_w——平均波高；

　　　r——海岸动态变化因子（海岸侵蚀变化速率）。

（2）评价要素

海岸侵蚀风险评价要素值见表 2-18。

表 2-18　海岸侵蚀风险评价要素值

行政区	乡镇（街道）	海岸类型（g）	海平面相对上升 s（cm）	风暴潮最大增水 h（m）	平均波高 H_w（m）	海岸动态变化
宝山区	月浦镇	受保护软质海岸	0.93	2.14	0.20	稳定、淤涨
	罗泾镇	受保护软质海岸	0.93	2.14	0.20	稳定、淤涨
	友谊路街道	受保护软质海岸	0.93	2.14	0.21	稳定、淤涨
	吴淞镇街道	受保护软质海岸	0.93	2.14	0.13	稳定、淤涨
	淞南镇	受保护软质海岸	0.93	2.14	0.13	稳定、淤涨

(续表)

行政区	乡镇（街道）	海岸类型（g）	海平面相对上升 s (cm)	风暴潮最大增水 h (m)	平均波高 H_w (m)	海岸动态变化
浦东新区	高桥镇	受保护软质海岸	0.33	2.14	0.23	稳定、淤涨
	高东镇	受保护软质海岸	0.33	2.14	0.25	稳定、淤涨
	曹路镇	受保护软质海岸	0.33	2.14	0.27	稳定、淤涨
	合庆镇	受保护软质海岸	0.33	2.14	0.27	稳定、淤涨
	祝桥镇	受保护软质海岸	0.33	2.04	0.33	稳定、淤涨
	老港镇	受保护软质海岸	0.33	2.04	0.31	稳定、淤涨
	南汇新城镇	受保护软质海岸	0.33	2.04	0.53	稳定、淤涨
奉贤区	海湾镇	受保护软质海岸	0.46	1.58	0.43	稳定、淤涨
	柘林镇	受保护软质海岸	0.46	1.58	0.43	稳定、淤涨
金山区	漕泾镇	受保护软质海岸	0.46	1.22	0.42	稳定、淤涨
	山阳镇	受保护软质海岸	0.46	1.22	0.41	稳定、淤涨
	石化街道	受保护软质海岸	0.46	1.22	0.41	稳定、淤涨
崇明区	新村乡	受保护软质海岸	0.93	2.38	0.12	稳定、淤涨
	新海镇	受保护软质海岸	0.93	2.38	0.39	稳定、淤涨
	绿华镇	受保护软质海岸	0.93	2.38	0.13	稳定、淤涨
	三星镇	受保护软质海岸	0.93	2.38	0.14	稳定、淤涨
	庙镇	受保护软质海岸	0.93	2.38	0.14	稳定、淤涨
	城桥镇	受保护软质海岸	0.93	2.38	0.18	稳定、淤涨
	新河镇	受保护软质海岸	0.93	2.38	0.21	稳定、淤涨
	竖新镇	受保护软质海岸	0.93	2.38	0.22	稳定、淤涨
	堡镇镇	受保护软质海岸	0.93	2.38	0.19	稳定、淤涨
	向化镇	受保护软质海岸	0.93	2.38	0.19	稳定、淤涨
	中兴镇	受保护软质海岸	0.93	2.38	0.19	稳定、淤涨
	陈家镇	受保护软质海岸	0.93	2.38	0.19	侵蚀、微侵蚀
	长兴镇	受保护软质海岸	0.93	2.27	0.23	稳定、淤涨
	横沙乡	受保护软质海岸	0.93	2.27	0.34	侵蚀、微侵蚀

（3）风险评价

海岸侵蚀风险评价需要根据海岸侵蚀风险性 R 计算模型评估上海市各区海岸侵蚀风险等级（表2-19）。上海市沿海海岸线除崇明区陈家镇岸段、崇明横沙乡岸段为中风险外，其余岸段海岸侵蚀均为低风险等级（图2-7）。结合上海市海岸侵蚀现状、滩涂资源变化现状等，最终

第 2 章　调查与评估

确定上海市海岸侵蚀中风险岸段为崇明区陈家镇（崇明东滩）和横沙乡（东北侧）岸段。其中，陈家镇海岸侵蚀岸段分布在奚家港水闸东侧的崇明东滩，长度约 2.9 km；横沙乡岸段分布在东北侧反帝圩附近，长度约 3.5 km。

表 2-19　5 区海岸侵蚀风险评价结果

行政区	乡镇	量化分级					风险性 R	风险等级
		海岸类型 (g)	海平面相对上升 s (cm)	风暴潮最大增水 h (m)	平均波高 H_w (m)	海岸动态变化因子		
宝山区	月浦镇	1	1	2	1	1	1.07	低风险
	罗泾镇	1	1	2	1	1	1.07	低风险
	友谊路街道	1	1	2	1	1	1.07	低风险
	吴淞镇街道	1	1	2	1	1	1.07	低风险
	淞南镇	1	1	2	1	1	1.07	低风险
浦东新区	高桥镇	1	1	2	1	1	1.07	低风险
	高东镇	1	1	2	1	1	1.07	低风险
	曹路镇	1	1	2	1	1	1.07	低风险
	合庆镇	1	1	2	1	1	1.07	低风险
	祝桥镇	1	1	2	1	1	1.07	低风险
	老港镇	1	1	2	1	1	1.07	低风险
	南汇新桥镇	1	1	2	2	1	1.15	低风险
奉贤区	海湾镇	1	1	2	2	1	1.15	低风险
	柘林镇	1	1	2	2	1	1.15	低风险
金山区	漕泾镇	1	1	1	2	1	1.08	低风险
	山阳镇	1	1	1	2	1	1.08	低风险
	石化街道	1	1	1	2	1	1.08	低风险
崇明区	新村乡	1	1	2	1	1	1.07	低风险
	新海镇	1	1	2	1	2	1.07	低风险
	绿华镇	1	1	2	1	1	1.07	低风险
	三星镇	1	1	2	1	1	1.07	低风险
	庙镇	1	1	2	1	1	1.07	低风险
	城桥镇	1	1	2	1	1	1.07	低风险
	新河镇	1	1	2	1	1	1.07	低风险
	竖新镇	1	1	2	1	1	1.07	低风险
	堡镇	1	1	2	1	1	1.07	低风险
	向化镇	1	1	1	1	1	1.07	低风险
	中兴镇	1	1	2	1	1	1.07	低风险

（续表）

行政区	乡镇	量化分级					风险性 R	风险等级
		海岸类型 (g)	海平面相对上升 s（cm）	风暴潮最大增水 h（m）	平均波高 H_w（m）	海岸动态变化因子		
崇明区	陈家镇	1	1	2	1	2	1.77	中风险
	长兴镇	1	1	2	1	1	1.07	低风险
	横沙乡	1	1	2	1	2	1.77	中风险

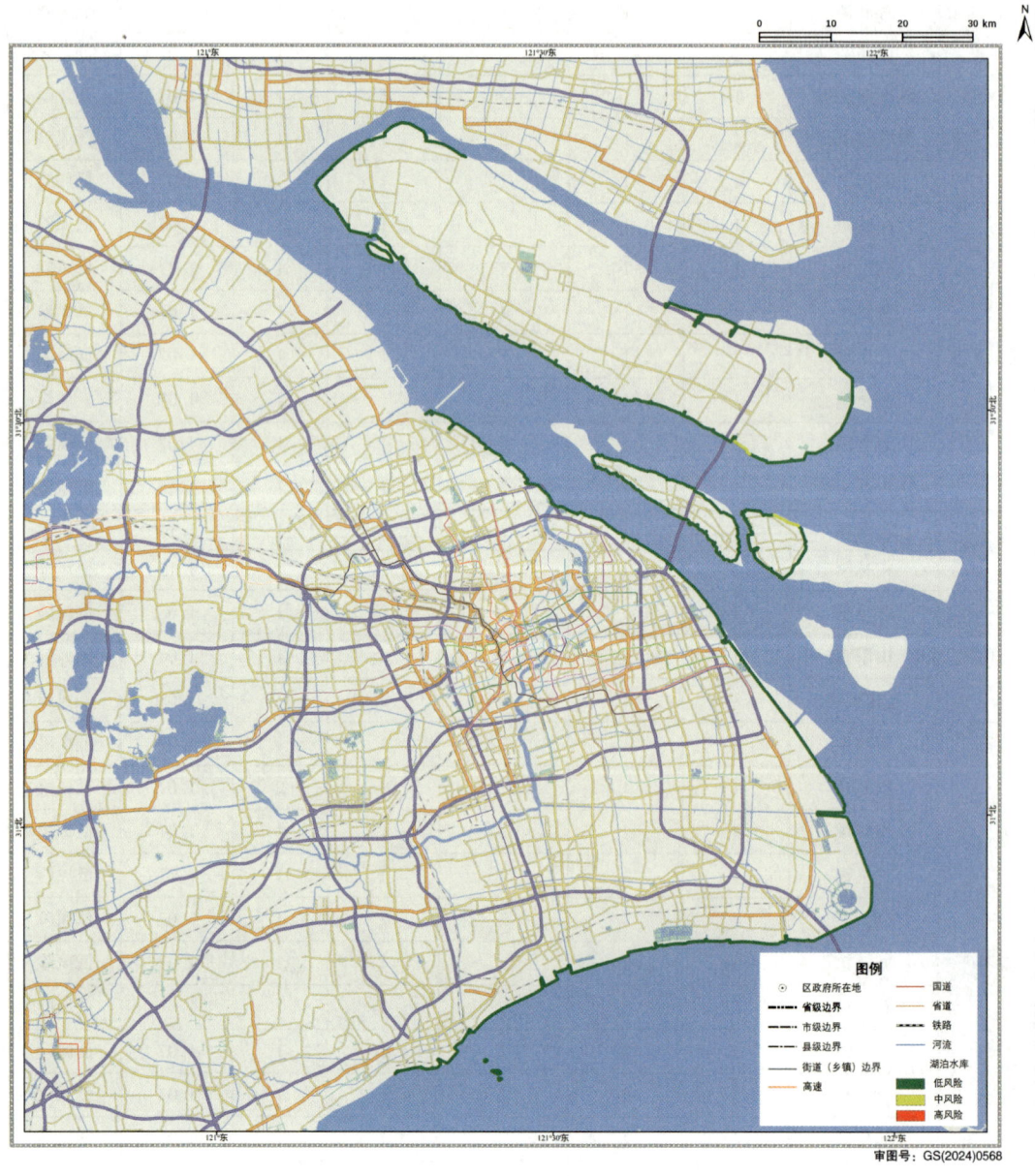

图 2-7 上海市海岸侵蚀分布图

第 2 章　调查与评估

2.1.6　咸潮入侵

咸潮入侵灾害主要影响陈行水库、青草沙水库、东风西沙水库 3 个长江口水源地的取水安全。

1）致灾调查

本次调查收集陈行水库、青草沙水库、东风西沙水库 3 个水库建库以来至 2020 年的咸潮入侵历史灾害过程。

（1）咸潮入侵开始和结束的定义

① 陈行水库

咸潮入侵，以陈行水库第一取水泵站长江侧人工检测的氯化物浓度大于或等于 250 mg/L 为标准。取水口氯化物浓度第一次超标后，连续 2 h（每小时 1 次，共连续 3 次）大于或等于 250 mg/L，作为咸潮入侵开始的依据。咸潮结束，以长江系统陈行水库第一取水泵站长江侧人工检测的氯化物浓度为标准。取水口氯化物浓度第一次恢复正常后，连续 2 h（每小时 1 次，连续 3 次）小于 250 mg/L，且连续检测 12 h（即一个潮周期）内无连续 2 h 大于或等于 250 mg/L，作为咸潮结束的依据。

② 青草沙水库

咸潮入侵，以青草沙水库上游泵闸站长江侧人工检测的氯化物浓度大于或等于 250 mg/L 为标准。北支倒灌，以取水口氯化物浓度第一次超标后，连续 2 h（每小时 1 次，连续 3 次）大于或等于 250 mg/L，作为咸潮入侵开始的依据；正面上溯以取水口氯化物浓度第一次超标后，连续 12 h（每小时 1 次，连续 13 次）大于或等于 250 mg/L 作为咸潮入侵开始的依据。咸潮结束，以青草沙水库上游泵闸站长江侧人工检测的氯化物浓度小于 250 mg/L 为标准。北支倒灌和正面上溯均以取水口氯化物浓度第一次恢复正常后，连续 2 h（每小时 1 次，连续 3 次）小于 250 mg/L，且连续检测 12 h 内无连续 2 h 大于或等于 250 mg/L，作为咸潮结束的依据。

③ 东风西沙水库

东风西沙水库咸潮入侵，以取水泵站（取水闸）的氯化物浓度大于或等于 250 mg/L 为标准。取水泵站（取水闸）的氯化物浓度第一次超标后，连续 2 h（每小时 1 次，连续 3 次）大于或等于 250 mg/L，作为咸潮入侵开始的依据。咸潮结束，以取水泵站（取水闸）氯化物浓度第一次恢复正常后，连续 2h（每小时 1 次，连续 3 次）小于 250 mg/L，且连续检测 12 h 内无连续 2 h 大于或等于 250 mg/L，作为咸潮结束的依据。

（2）咸潮入侵时间定义

对于一个咸潮周期，取入侵起始第一个大于或等于 250 mg/L 的时间作为起始时间，取结束终止第一个低于 250 mg/L 的时间作为结束时间，以统计一个咸潮入侵周期的小时数。如北支倒灌与正面上溯或正面上溯与北支倒灌相连接则作为一次咸潮周期进行统计。

（3）三大水源地咸潮入侵次数

2000—2020 年，长江口 3 个水库共发生咸潮入侵 138 次，北支盐水倒灌是主要来源。陈行水库于 2000 年建库，2000—2020 年共发生咸潮入侵 101 次，前 10 年 78 次，后 10 年 23 次，后 10 年咸潮事件发生次数明显减少（图 2-8）。从入侵路径看，100 次为北支倒灌，1 次为正面上溯与北支倒灌的双重影响（2014 年 2 月）。

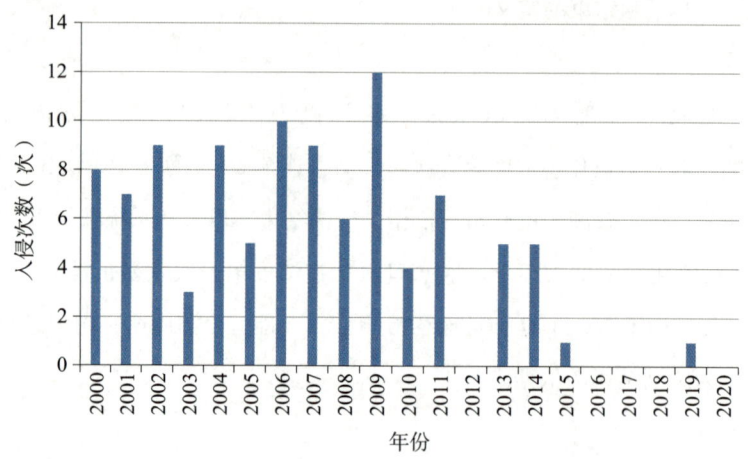

图 2-8　陈行水库 2000—2020 年咸潮入侵发生次数统计图

青草沙水库于 2011 年建成，2011—2020 年，青草沙水库共有 23 次咸潮入侵，多集中在 2011—2015 年间（图 2-9）。从咸潮入侵路径看，11 次为正面上溯，10 次为北支倒灌，2 次为正面上溯与北支倒灌的双重影响（2014 年 2 月和 2019 年 11 月）。

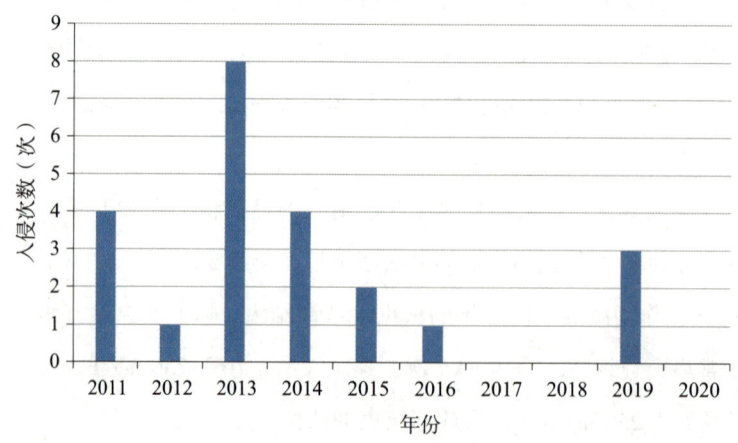

图 2-9　青草沙水库 2011—2020 年咸潮入侵发生次数统计图

东风西沙水库于 2015 年建库，2015—2020 年，共发生 14 次咸潮入侵，均为北支倒灌（图 2-10）。

第 2 章　调查与评估

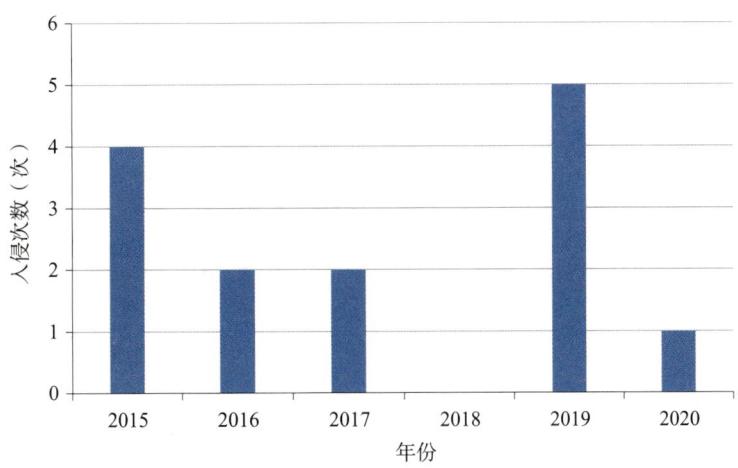

图 2-10　东风西沙水库 2015—2020 年咸潮入侵发生次数统计图

（4）咸潮入侵特征

咸潮入侵主要发生在每年的 11—12 月至次年的 1—4 月，少数发生在 10 月和次年的 5 月，极少数发生在 9 月（图 2-11）。2006 年 9 月丰水期出现了罕见的咸潮入侵，2014 年 2 月发生的咸潮入侵事件是统计时间范围内最严重的咸潮入侵事件。

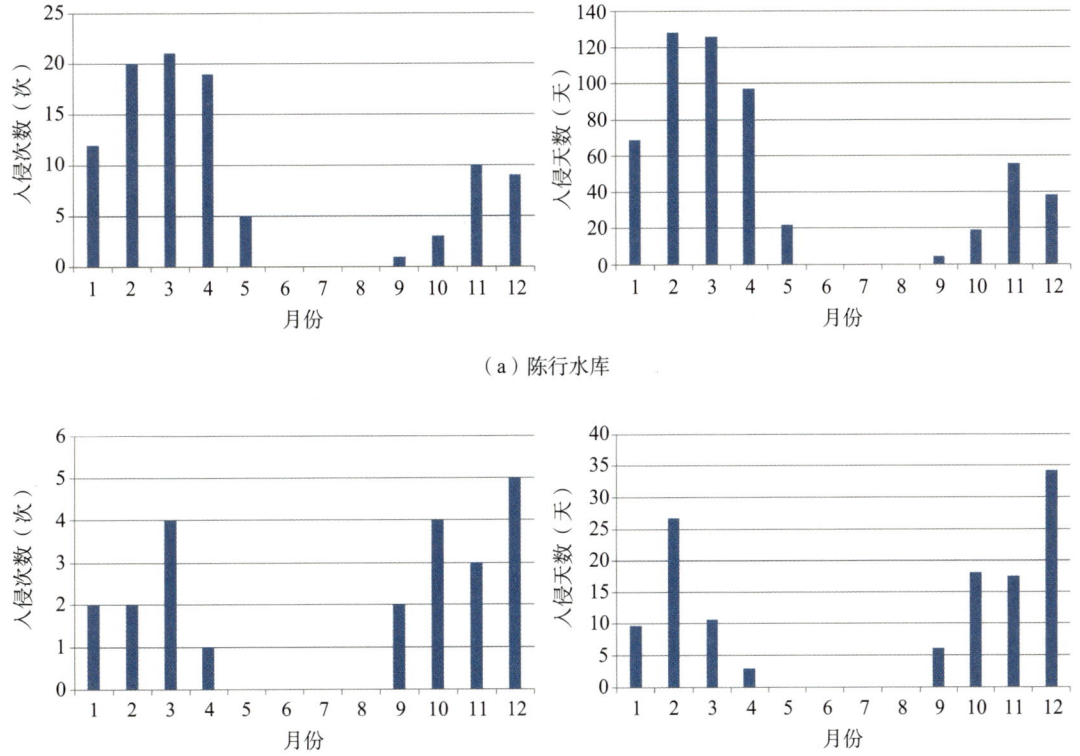

（a）陈行水库

（b）青草沙水库

057

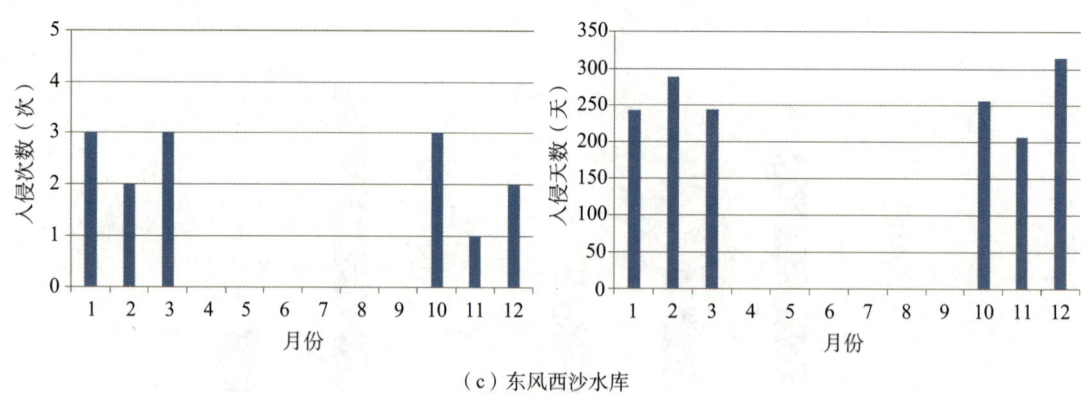

（c）东风西沙水库

图 2-11　三个水库建库时间至 2020 年各月咸潮入侵累计发生次数、天数统计

（5）极端咸潮入侵灾害

1978—2020 年，上海市咸潮入侵极端灾害有 2 次，分别为 1978—1979 年枯季和 2014 年 2 月，具体见 2.3.1 节。

此次工作期间，2022 年 9 月起长江口发生了严重的咸潮入侵灾害，这也是继 2006 年之后又一次在 9 月份发生的咸潮入侵事件，受长江来水大幅减少及近期台风风暴潮的双重影响，此次较上次更为严重，陈行水库、青草沙水库和东风西沙水库多次盐度超标，单次最长超标时间分别达到了 26 d12 h、97 d8 h 和 27 d19 h，均超过水库设计连续不可取水天数，严重影响上海市供水保障。

2）危险性分析

在咸潮入侵致灾孕灾要素调查成果的基础上，综合分析长江口三大水源地水库历史上各次咸潮入侵灾害过程以及最强咸潮灾害过程，统计分析历史咸潮过程中极值盐度与持续时间的相关关系。经研究认为大通径流量、潮汐和风等是影响上海市咸潮灾害的主要因子。通过复核大通站枯季来水保证率，采用 1978—1979 年设计典型年，利用已有长江口盐度数值模型，计算长江口主要取水口可能出现最大盐度及不可取水持续时间。根据实际计算情况，分析各取水口咸潮灾害危险性。

（1）典型咸潮入侵灾害分析

2014 年 2 月咸潮入侵过程是统计时段内最强的咸潮入侵事件。陈行水库从 2 月 12—26 日，连续 13 d23 h 遭遇咸潮入侵，最大氯度值为 1 069 mg/L；青草沙水库从 2 月 4—26 日，连续 22 d6 h 遭遇咸潮入侵，最大氯度值为 5 479 mg/L，外海盐水正面入侵与长江口北支倒灌相连，青草沙水库水位从 3.65 m 最低降至 1.11 m，两个水库均暂停取水（图 2-12）。

咸潮入侵发生的主要原因有四方面：一是长江径流量减小，2 月大通流量平均值仅为

第 2 章 调查与评估

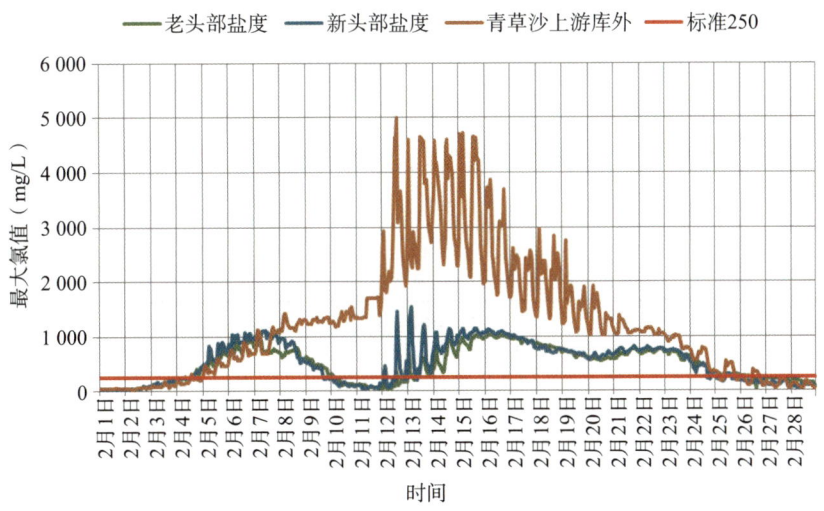

图 2-12 2月1—28日氯化物变化过程

11 500 m³/s，较前 3 年同期大通流量平均值均低；二是外海潮动力增强，以近年来罕见的外海正面咸潮入侵为主，盐锋最远上溯至太仓石化，较一般情况向上推移了约 30 km；三是风应力作用增强，咸潮期间长江口经历了长达 14 d 的偏北大风，使得黄海苏北沿岸产生增水波，向南传播至长江口外的水位上升量达 55 cm，促使大量外海高盐水向北港入侵；四是河势变化，三峡工程建成通水后致上游来沙减少，加之长江口深水航道建设等因素，使得长江口河势发生较大变化。

（2）咸潮入侵主要影响因子相关性分析

长江口的咸潮过程受径流、海平面、增减水等因素的综合影响，呈明显的跷跷板结构，此消彼长。1—4月长江口的咸潮入侵过程主要受增减水的影响；5—7月由于长江径流作用变强，所以6—7月不会发生咸潮入侵；8月长江口呈现明显的减水过程，一般较难发生咸潮入侵；9月长江口处于季节高海平面期，伴有增水，会发生咸潮入侵；10—12月，长江口处于枯水季，长江径流量小，季风作用明显，易发生咸潮入侵。除了上述因素外，天文大潮会加剧咸潮入侵的影响程度。

根据 138 次历史咸潮入侵事件过程，分析咸潮持续时间与大通站日均流量、与咸潮入侵时氯度极值的相关关系，分析潮差对咸潮持续时间的影响、不同流量范围氯度与潮差以及不同潮差范围氯度与流量的相关关系。

大体上，咸潮入侵发生前 4 d 大通平均日流量越小，咸潮持续时间越长；咸潮入侵过程氯度极值越大，咸潮持续时间越长；咸潮持续时间与潮差单因素相关关系不明显，主要是因为咸潮持续时间是大通流量、潮差共同作用的结果；在不同的流量范围内，潮差对氯度的影响是不同的，流量越小，发生氯度超标所需的潮差也就越小；在不同的潮差范围内，流量对氯度的影响是不同的，潮差越小，发生氯度超标所需的流量也就越小。

（3）历史咸潮事件危险性分析

参照《长江口咸潮应对工作预案》的咸潮预警等级划分标准作为长江口咸潮入侵灾害危险性等级划分标准（表2-20）。

表2-20 咸潮入侵等级划分

预警级别	对应颜色	预报条件（满足下列情况之二）
Ⅳ级	蓝色	长江大通流量实测≤15 000 m³/s，且持续时间达6d及以上；当崇头连续3 d内氯化物浓度≥500 mg/L的累计时间≥50 h，且≥1 000 mg/L的累计时间≥10 h；预报咸潮入侵时间，长江陈行水库6~8 d（不含8 d），或者青草沙水库12~16d（不含16d）
Ⅲ级	黄色	长江大通流量实测≤13 000 m³/s，且持续时间达6 d及以上；当崇头连续5 d内氯化物浓度≥500 mg/L的累计时间≥80 h，且≥1 000 mg/L的累计时间≥40 h；预报咸潮入侵时间，长江陈行水库8~10 d（不含10 d），或者青草沙水库16~30 d（不含30 d）
Ⅱ级	橙色	预报长江大通流量≤12 000 m³/s，且持续时间达6 d及以上；当崇头连续7 d内氯化物浓度≥500 mg/L的累计时间≥140 h，且≥1 000 mg/L的累计时间≥80 h；预报咸潮入侵时间，长江陈行水库10~12 d（不含12 d），或者青草沙水库30~68 d（不含68 d）
Ⅰ级	红色	预报长江大通流量≤10 000 m³/s，且持续时间达6 d及以上；当崇头连续9 d内氯化物浓度≥500 mg/L的累计时间≥180 h，且≥1 000 mg/L的累计时间≥100 h；预报咸潮入侵时间，长江陈行水库12 d及以上，或者青草沙水库68 d及以上

经评估分析，2000—2020年间长江口危险性达到Ⅳ级及以上等级的咸潮入侵事件共计46次，年均2.19次，其中危险性达到Ⅰ级的1次，Ⅲ级的16次，Ⅳ级的29次（图2-13）。危险性达到Ⅰ级的1次咸潮入侵事件发生于2014年2月，为统计时间段内最强咸潮入侵过程。

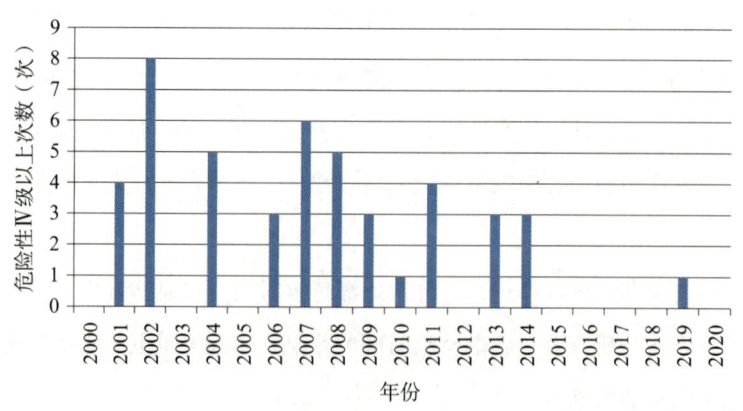

图2-13 2000—2020年长江口危险性Ⅳ级及以上咸潮次数统计图

从三大水库来看，陈行水库最易遭受咸潮入侵影响，发生Ⅳ级及以上咸潮入侵次数最多，年均2.1次；其次是青草沙水库，年均0.5次；东风西沙水库发生Ⅳ级及以上咸潮入侵年均次

第 2 章 调查与评估

数最少,年均 0.17 次(图 2-14)。青草沙水库发生Ⅱ级咸潮入侵,陈行水库同一时期等级为Ⅰ级,故上述长江口区域咸潮入侵危险性等级综合为Ⅰ级。

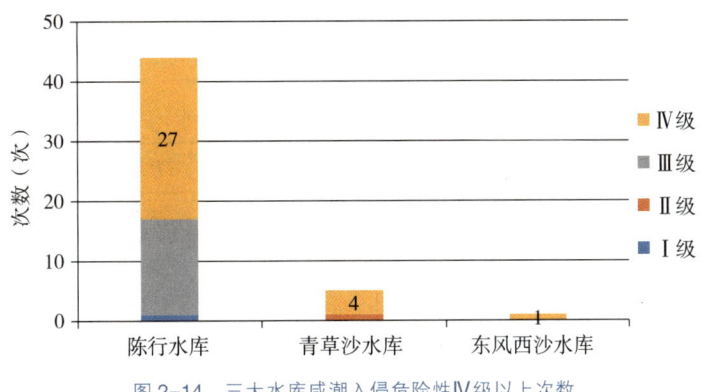

图 2-14 三大水库咸潮入侵危险性Ⅳ级以上次数

(4)连续不可取水天数及可能最大盐度计算

① 大通站枯水期来水保证率复核

以 2003 年为节点对比分析三峡水库蓄水前后大通站枯水径流设计值的变化,建库前资料序列采用 1950—2003 年,建库后资料序列为 2004—2020 年。由于建库后仅 17 年实测资料,不满足长系列资料要求,因此按每年取最小日流量、次小日流量方式进行处理。

采用 P-Ⅲ型曲线进行适线分析,计算建库前后各设计频率下的枯水流量。建库后均值比建库前大 2 595 m³/s,三峡水库建成后大通枯水期来水保证率已有所提升,建库前原水源地设计频率 97% 下大通枯水流量 6 309 m³/s,在建库后已上升到 99.9% 以上(表 2-21)。

表 2-21 三峡建库前后枯水设计频率值统计表

时间序列	均值 (m³/s)	设计频率				
		50%	75%	95%	97%	99.9%
三峡建库前频率值(m³/s)	8 537	8 410	7 560	6 528	6 309	5 368
三峡建库后频率值(m³/s)	11 132	10 985	10 093	9 027	8 805	7 869

② 连续不可取水天数计算

以 1978—1979 年作为计算水文年,经长江口三维水动力盐度模型数值计算得到陈行水库最长连续不宜取水天数为 24.36 d,最大盐度约为 2.0 psu;青草沙水库最长连续不宜取水天数为 54.40 d,最大盐度约为 3.45 psu;东风西沙水库最长连续不宜取水天数为 21.25 d,最大盐度约为 1.74 psu。

③ 可能最大盐度分析

采用模型计算成果与实际最大盐度取大值作为水源地取水口可能最大盐度,因 2022 年长江口发生极端咸潮事件，因此可能最大盐度采用历史与2022年之间的大值，即陈行水库可能最大氯度值为 2 276 mg/L，即盐度约为 4.1 psu；青草沙水库可能最大氯度值为 5 479 mg/L，即盐度约为 9.86 psu；东风西沙水库可能最大氯度值为 2 176 mg/L，即盐度约为 3.92 psu（表 2-22）。

表 2-22　历史咸潮灾害事件过程最大盐度情况统计表

序号	名称	入侵时间	结束时间	持续时间	最大氯度值（mg/L）
1	陈行水库	2002/2/28	2002/3/8	7 d 8 h	2 276
2	青草沙水库	2014/2/4	2014/2/26	22 d 6 h	5 479
3	东风西沙水库	2022/9/20	2022/10/18	27 d 19 h	2 176

④ 危险性分析

根据表 2-20 咸潮入侵等级划分标准，以及复核后的连续不可取水天数来分析三大水库的危险性。

陈行水库连续不可取水天数 24.36 d，超过 12 d，达到危险性等级 I 级。陈行水库目前有效库容为 962 万 m^3/s，在咸潮入侵期间，只能保证约连续 6 d 的正常供水（供水规模约 150 万 m^3/d）；如咸潮持续时间超过 6 d，则需通过向宝钢水库调水、流域调水、内河河网取水等应急处置方式来解决受水水厂的原水供应。

青草沙水库连续不可取水天数 54.4 d，介于 30~68 d 之间，达到危险性等级 Ⅱ 级。青草沙水库有效库容 4.38 亿 m^3，供水规模逾 719 万 m^3/d。水库蓄满水时，可在不取水的情况下连续供水 68 d，现状运行水位条件下可连续供水 35 d，基本可确保咸潮期的原水供应。

东风西沙水库连续不可取水天数为 24.15 d，小于水库 97% 供水保证率（1978 年冬至 1979 年春典型年）设计工况下，水库设计库容能够保证的最大取水天数为 26 d，因此水库蓄满水时，能满足现状咸潮期供水要求，暂未分析东风西沙水库危险性等级。

2.1.7　赤潮

1）致灾调查

参考《海洋赤潮监测技术规程》（HY/T 069—2005）和《赤潮灾害应急预案》，收集上海沿海海域观测、监测、浮标等历史赤潮、水文要素观测资料，调查精度精确到 0.1 km^2。

（1）赤潮事件次数及面积

本次共收集到 1982—2020 年有经纬度记录且在上海市海域范围内的赤潮共 37 次，各年份发生次数基本在 0~4 次之间，单次影响面积基本在 0~100 km^2，以中小型赤潮为主。2003 年赤

第 2 章 调查与评估

潮发生次数最多,达 8 次;赤潮累计影响面积在 2016 年达到最大,为 2 820 km²。具有发生时间、消亡时间、最大面积、藻种密度等完整记录的赤潮事件共 19 次,其中 2005 年 5 月 30 日至 31 日暴发的赤潮优势藻种为米氏凯伦藻,为有毒赤潮;剩余 18 次为无毒赤潮事件。

(2) 时间变化特征

① 年变化特征

1982—2000 年间,上海海域偶有赤潮事件发生;自 2001 年起,上海海域进入赤潮高发期,赤潮发生频次高,单次影响面积相对较大;2013 年以后,除了 2016 年发生 2 次大规模赤潮外,上海海域基本没有赤潮发生(图 2-15)。

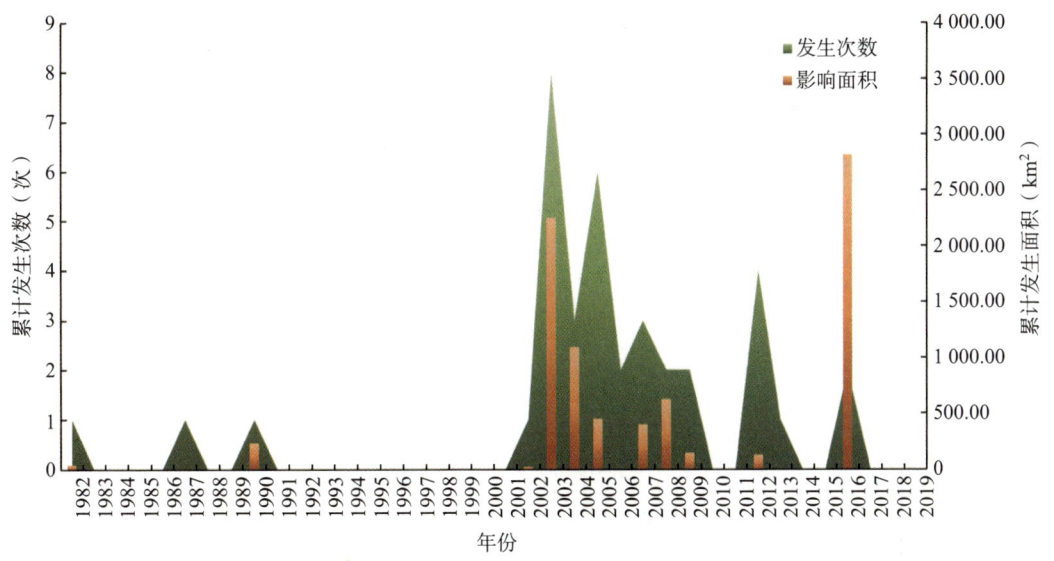

图 2-15 1982—2020 年上海海域赤潮发生次数与影响面积年度变化

② 季节变化特征

上海海域赤潮多发于春季和夏季。夏季(6—8 月)赤潮发生次数约占全年的 59.5%,影响面积为全年之最;春季(3—5 月)发生次数次之,约占 37.8%,影响面积略小于夏季;秋季(9—11 月)有个别小型赤潮事件发生,约占 2.7%;冬季(12—2 月)未发生过赤潮事件(图 2-16)。

③ 月变化特征

赤潮月变化特征明显。1—3 月,上海及其附近海域无赤潮发生;4 月起,随着温度逐渐升高,水中营养物质增多,上海海域逐渐有赤潮过程发生;5—6 月,赤潮事件频发期,赤潮发生次数和面积均达到一年中的巅峰;7—8 月正值盛夏,赤潮发生的次数和面积略有震荡;9 月起,上海海域进入赤潮事件的快速回落期,并于 10 月降至低点,此后不再有赤潮过程发生

（图2-17）。对比各月赤潮发生次数与面积变化情况发现，二者线性相关性较高，计算相关系数为0.81。

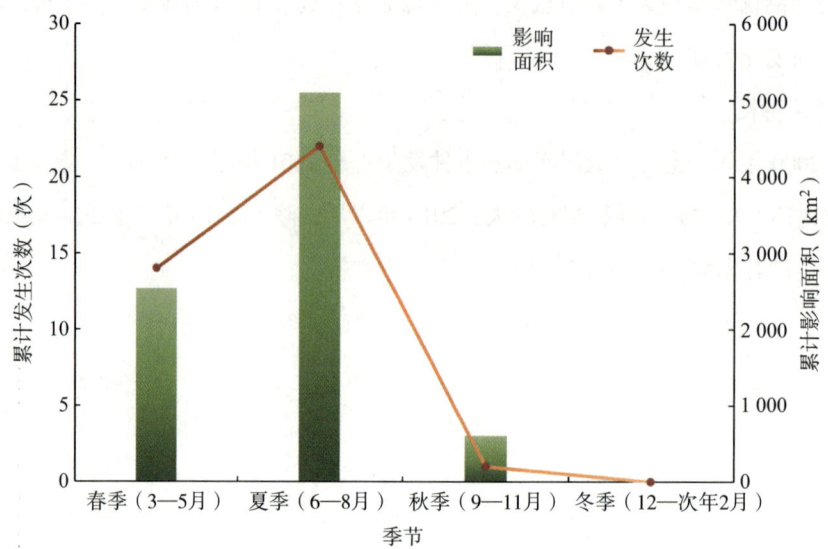

图2-16　1982—2020年上海海域赤潮发生次数、影响面积季节变化

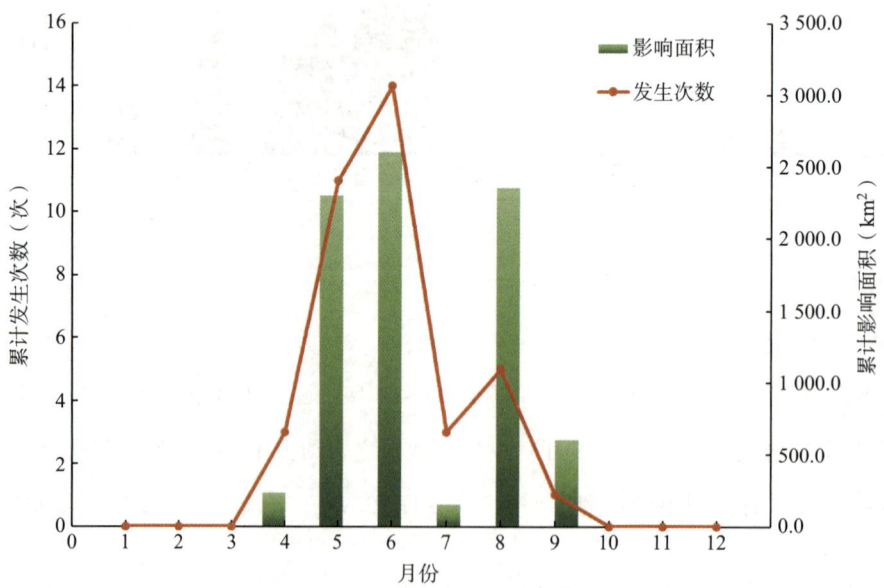

图2-17　1982—2020年上海海域赤潮发生次数、影响面积月变化

（3）空间分布特征

上海海域赤潮发生区域相对集中，主要位于长江口外122°E~123°E、30.75N~31.7°N之间，杭州湾北岸金山、奉贤、浦东新区南岸水域以及长江口南北支水域发生赤潮次数较少，仅分别有1次（图2-18）。

第 2 章 调查与评估

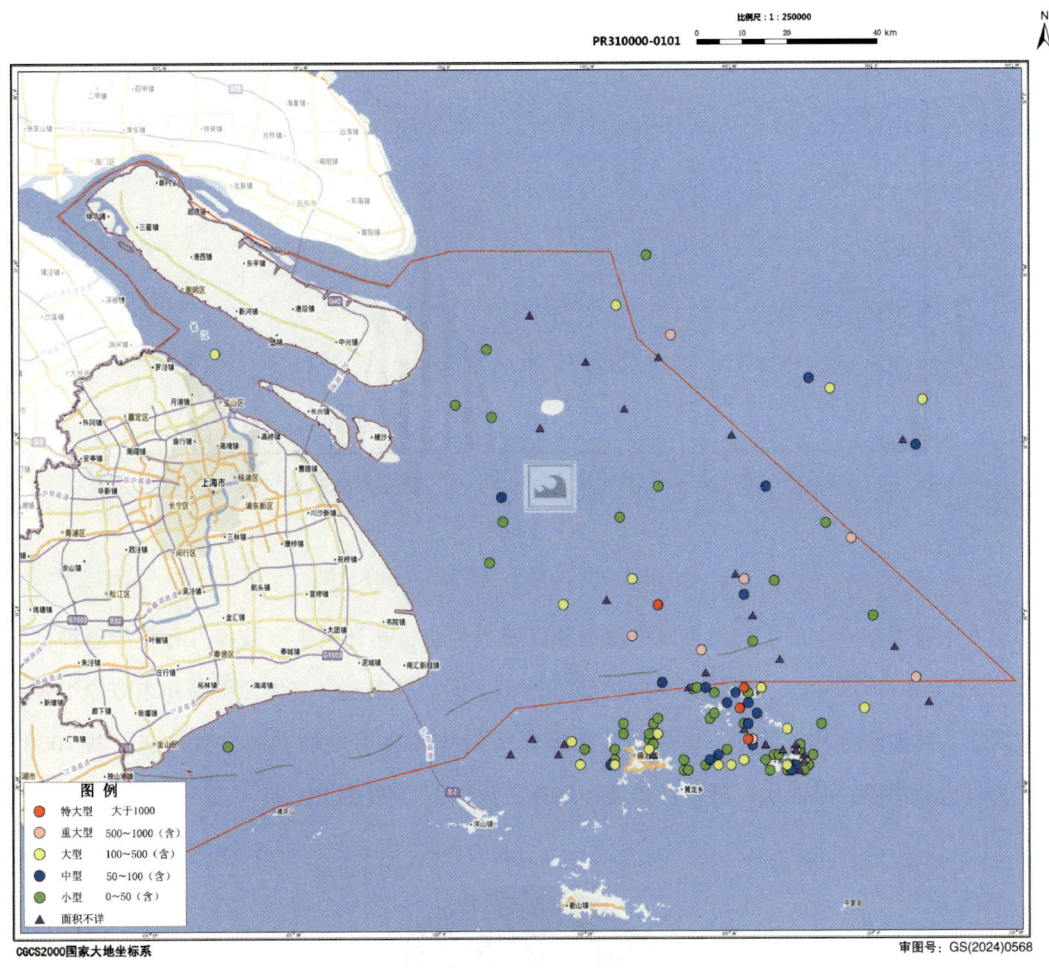

图 2-18 上海海域赤潮发生地点空间分布（1982—2020 年）

（4）生物种类及变化特征

1982—2020 年间上海海域发生的 37 次赤潮过程中有 23 次过程有优势藻种的记录，优势藻种共 8 种，其中甲藻类的藻种 6 种，硅藻类和绿藻类各 1 种（表 2-23、图 2-19）。

表 2-23 1982—2020 年上海海域赤潮优势藻种统计

序号	门类	中文名
1	硅藻	中肋骨条藻
2	甲藻	东海原甲藻
3		具齿原甲藻
4		米氏凯伦藻
5		夜光藻
6		异甲藻
7		长崎裸甲藻
8	绿藻	微型绿藻

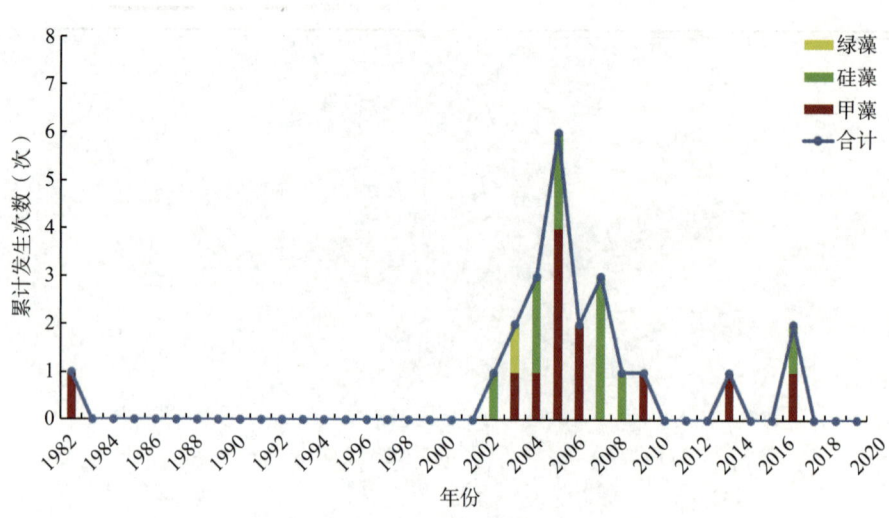

图 2-19 1982—2020 年赤潮生物门类的年变化

引发上海海域赤潮的生物门类以甲藻类和硅藻类为主，累计发生次数各占有优势藻种记录次数的 52.17% 和 43.48%。引发赤潮的优势藻种中，中肋骨条藻、具齿原甲藻和东海原甲藻是最主要的 3 种赤潮生物。其中，由中肋骨条藻作为优势藻种引发的赤潮次数最多，共 10 次；其次为具齿原甲藻，共 5 次，其他优势藻种均在 2 次以下（图 2-20）。

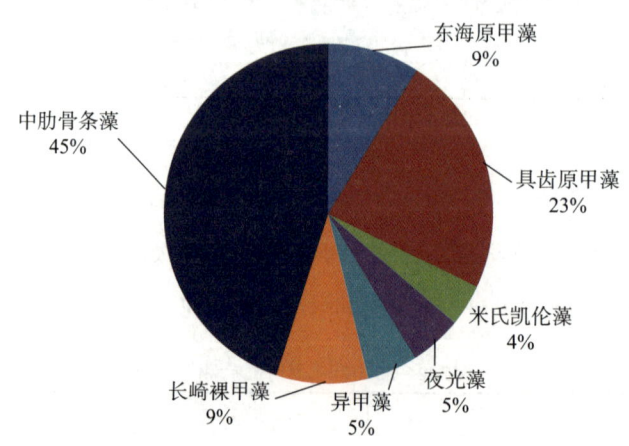

图 2-20 1982—2020 年优势藻种引发赤潮的占比

（5）典型赤潮过程

根据《赤潮灾害应急预案》规定，国家赤潮灾害应急响应按照赤潮灾害的影响范围、性质和危害程度分为Ⅰ级、Ⅱ级、Ⅲ级，分别对应最高至最低应急响应级别，具体划分标准如下。

赤潮灾害Ⅰ级应急响应：近岸海域发现有毒赤潮面积 1 000 km² 以上，或有害赤潮面积

第 2 章　调查与评估

$3\,000\text{ km}^2$ 以上，或其他赤潮面积 $5\,000\text{ km}^2$ 以上。

赤潮灾害Ⅱ级应急响应：近岸海域发现有毒赤潮面积 $500\sim1\,000\text{ km}^2$，或有害赤潮面积 $1\,000\sim3\,000\text{ km}^2$，或其他赤潮面积 $3\,000\sim5\,000\text{ km}^2$。

赤潮灾害Ⅲ级应急响应：近岸海域发现有毒赤潮面积 $200\sim500\text{ km}^2$，或有害赤潮面积 $500\sim1\,000\text{ km}^2$，或其他赤潮面积 $1\,000\sim3\,000\text{ km}^2$。

对以达到启动应急预案标准的赤潮事件为典型赤潮事件进行统计，典型事件有4个。

① 2001年5月10日—5月17日

在长江口至舟山群岛中街山列岛海域爆发赤潮，赤潮影响面积达 $1\,000\text{ km}^2$，主要赤潮生物为褐红色条带状的尖叶原甲藻和酱褐色片状的具齿原甲藻，优势藻种的密度为 3.1×10^6 个/L。该次赤潮过程中风力以4级偏东或东南风为主，浪高以1 m左右为主，在赤潮爆发中期有一次增大过程，过程持续1 d，波高最大不足2 m。整个过程中的水温与气温都呈现出上升的趋势。赤潮爆发当日有微量降水，在赤潮爆发后期出现一次较大的降水过程，赤潮趋于消亡。

② 2005年5月30日—6月1日

在长江口至花鸟山、嵊山、中街山、朱家尖、虾峙岛、六横岛等海域爆发大规模赤潮，赤潮影响面积达 $7\,000\text{ km}^2$，主要赤潮生物为米氏凯伦藻、长崎裸甲藻、具齿原甲藻，部分赤潮生物有毒。该次赤潮过程中风力以4级风为主，风向主要以南到西南风为主，波高维持在1 m左右，整个过程中的气温呈现出平稳上升的趋势，赤潮爆发前几日都有一次微量降水，在赤潮爆发后直到赤潮消亡仅出现了一次降水量在2 mm左右的弱降水过程。

③ 2016年5月17日—5月20日

在长江口外海域（122.7°E，31.07°N）发生一次赤潮事件，最大面积为 820 km^2，优势藻种为东海原甲藻，海水呈褐色，优势藻种最大细胞浓度为 8.40×10^5 个/L。5月17日长江口外主要受高压中心控制，小风小浪的天气形势，有利于赤潮藻类的生长繁殖；5月18日，随着高压中心向东北移动，长江口主要转受高压后部影响；5月19日，台湾东部有低压发展，5月30日逐渐北上以及地面倒槽的发展配合，长江口海域风浪逐渐增大，且有降雨发生，赤潮逐渐消亡。

④ 2016年8月16日—8月21日

在长江口海域（122.5°E，31.02°N）发生一次赤潮事件，最大面积为 $2\,000\text{ km}^2$，优势藻种为中肋骨条藻，海水呈褐色，最大细胞浓度为 5.40×10^7 个/L。8月17日至20日，长江口海域天气形势以鞍形场为主，风平浪静，气温适宜，非常适宜赤潮藻类的大面积爆发。

2）危险性分析

基于赤潮历史资料、浮标观测资料等数据，选取赤潮灾害危险性评价指标，利用风险评估模型中的定权模型确定各指标的权重量化，采用层次分析法进行赤潮事件危险性分析，进而进行赤潮灾害危险性等级划分（图2-21）。评价指标主要包括赤潮的面积、持续时间、藻种类型、细胞浓度等；定权模型以定性与定量相结合决定评价指标权重，以定性分析结果作为约束形成定权模型框架；采用层次分析法（Analytic Hierarchy Process，AHP）通过计算求解，将各影响因素进行权重相加，得出最后赤潮事件的危险度。

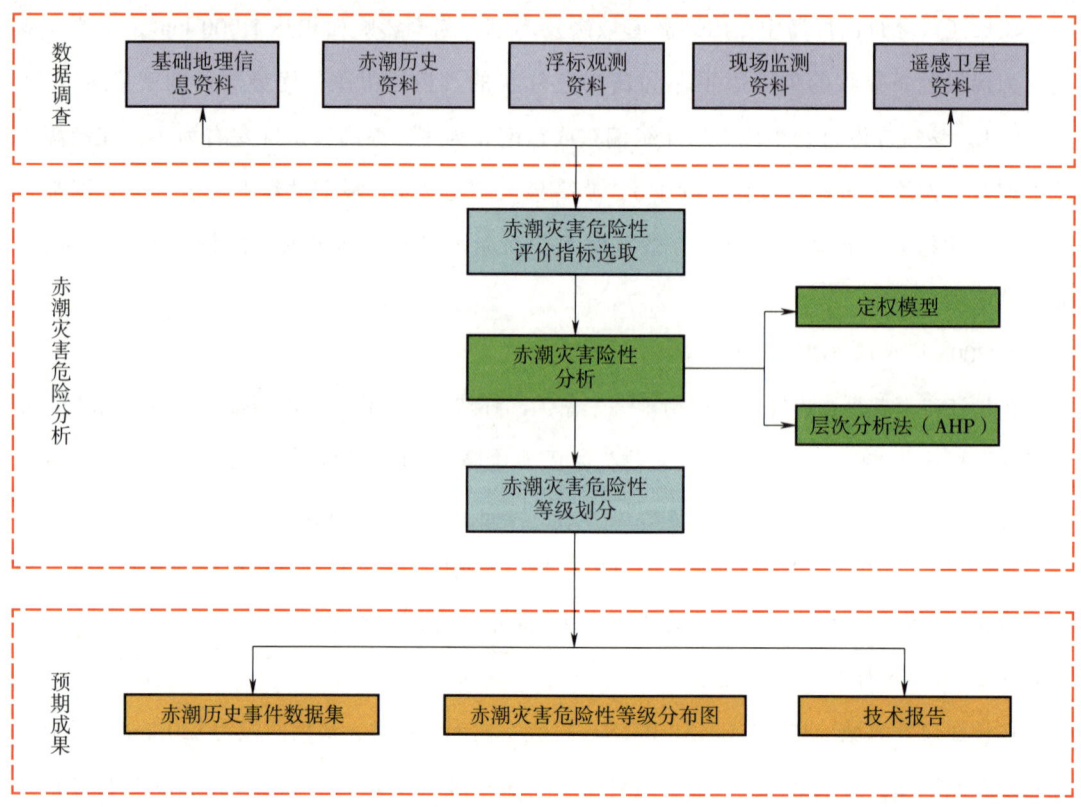

图2-21　赤潮危险性分析技术路线图

（1）赤潮事件发生频次危险性分析

对分析区域进行经纬度0.1°E×0.1°N的精度网格划分，将赤潮事件文件处理为赤潮事件分布点图层文件，统计赤潮发生次数，根据危险性等级划分标准（表2-24）进行危险性等级计算和危险性分析。

表2-24　赤潮事件发生频次危险性等级划分标准

赤潮发生次数	5及以上	4	3	2	1
危险等级	Ⅰ级	Ⅱ级	Ⅲ级	Ⅳ级	Ⅴ级

第 2 章　调查与评估

根据计算分析，上海海域的赤潮最严重的危险区域主要位于长江口外深水航道前端，向南直至嵊泗列岛、马鞍列岛和花鸟岛周边海域（图 2-22）。

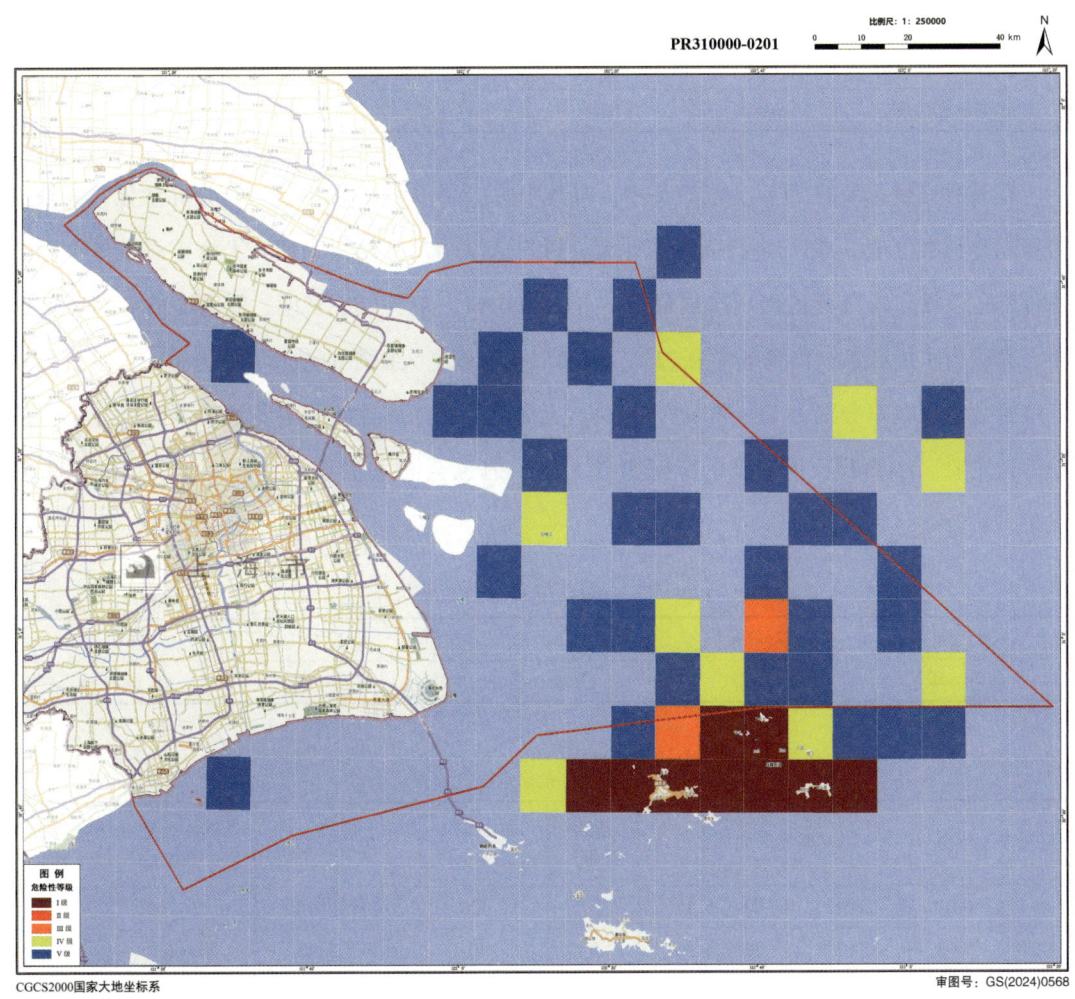

图 2-22　上海市海域赤潮出现频次危险性分布图

（2）赤潮事件量化危险性分析

采用风险评估模型中的定权模型，将"赤潮事件强度"看作风险评价中的"综合目标层"，"赤潮事件强度等级区划"对应风险评价中"风险评估与区划"，对赤潮事件进行量化，同时采用"模糊综合判断"和"层次分析法"相结合的方式，弥补单一赋权法的不足。单次赤潮事件的量化主要考虑赤潮发生时生物最高密度（B1）、持续天数（B2）和面积的大小（B3）3 个判断指标，根据专家分析，确定指标相对于赤潮事件影响程度的重要性之比，结合权重赋值表，对指标进行等级划分（表 2-25），并进行权重赋值及归一化处理，将各影响因素进行权重相加，得出赤潮事件发生概率数值量化表。

表 2-25 指标等级划分标准

权值	1	3	5	7	9
等级划分	小型	中型	大型	重大型	特大型
赤潮面积（km^2）	≤50	50~100	100~500	500~1 000	>1 000
赤潮持续天数（d）	1~3	4~6	7~10	11~20	>20
赤潮细胞浓度	≤0.5	0.5~1	1~1.5	1.5~2	>2

在具有完整记录的19次赤潮事件中，对其中的18次无毒赤潮事件进行指标量化，并根据等级划分标准（表2-26）进行危险性等级分析（表2-27）。结果表明：上海市海域单次赤潮事件的危险性以Ⅳ级蓝色出现次数最多，占比约61%，主要以小密度、低密度的赤潮事件为主；其次为Ⅰ级红色，出现概率为22%，主要以高密度、大面积的赤潮事件为主；Ⅲ级黄色和Ⅱ级橙色出现概率分别为11%和6%。可见，上海海域赤潮事件的影响度呈现"两极分化"的趋势，主要以小面积、低密度的赤潮事件为主，但也会有大面积、高密度的严重赤潮事件发生。

表 2-26 赤潮事件危险性评估等级划分标准

量化值	[7, +∞)	[5, 7)	[3, 5)	[1, 3)
危险等级	Ⅰ级（红）	Ⅱ级（橙）	Ⅲ级（黄）	Ⅳ级（蓝）

表 2-27 赤潮事件量化危险性分析计算表

序号	年份	发生时间	持续时间	最大面积（km^2）	生物种类	最高密度（个/L）	危险性等级
1	2001	2001.5.10—2001.5.17	8	2 400	尖叶原甲藻	$0.436×10^7$	3
2	2003	2003.4.28—2003.4.30	3	100	微型绿藻	$1.0×10^7$	2.68
3	2003	2003.6.16	1	30	具齿原甲藻	$0.104×10^7$	2.34
4	2003	2003.6.25	1	1 000	中肋骨条藻	$1.64×10^7$	6.04
5	2003	2003.6.26—2003.6.27	2	30	中肋骨条藻	$1×10^7$	2.34
6	2004	2004.6.11—2004.6.13	3	1 000	中肋骨条藻	$4.0×10^7$	7.38
7	2004	2004.8.20	1	50	中肋骨条藻	$0.4×10^7$	1
8	2006	2006.5.11—2006.5.17	6	30	具齿原甲藻	$0.49×10^7$	1.32
9	2007	2007.5.3—2007.5.6	4	300	中肋骨条藻	$2.4×10^7$	7.36
10	2007	2007.7.1—2007.7.3	3	100	中肋骨条藻	$0.044×10^7$	1.34
11	2007	2007.7.10—2007.7.16	7	100	中肋骨条藻	$0.852×10^7$	3.32
12	2008	2008.9.24	1	600	中肋骨条藻	$3.29×10^7$	7.38
13	2009	2009.5.6	1	20	中肋骨条藻	$0.884×10^7$	2.34
14	2009	2009.8.19—2009.8.21	3	80	圆海链藻	$0.59×10^7$	2.68

(续表)

序号	年份	发生时间	持续时间	最大面积（km²）	生物种类	最高密度（个/L）	危险性等级
15	2010	2010.5.11—5.17	7	60	东海原甲藻	$0.25×10^7$	1.98
16	2010	2010.6.8—6.11	4	300	中肋骨条藻	$0.68×10^7$	3.34
17	2016	2016.5.17—2016.5.20	4	820	东海原甲藻	$0.084×10^7$	2.34
18	2016	2016.8.16—2006.8.21	5	2000	中肋骨条藻	$5.4×10^7$	8.04

2.1.8 "多碰头"

1) 致灾调查

"多碰头"灾害事件指的是台风、暴雨、天文高潮和洪水中有两种、三种或四种灾害同时影响的事件，本节重点介绍上海市发生影响较大的"三碰头"和"四碰头"事件。

根据"多碰头"事件信息，收集相关的降雨、潮位、气象等数据，经复核与完整性审查，形成"多碰头"事件及数据集。主要调查内容包括历史"多碰头"事件发生的原因、特征及单因子重现期等。本节太湖水位采用镇江吴淞高程，其他为上海佘山吴淞高程。

1978—2020年，上海发生"三碰头"灾害事件10次，其中台风、暴雨、高潮"三碰头"5次［8114阿格尼丝（Agnes）、9216波莉（Polly）、9711 Winnie、0012 Prapiroon、0509麦莎（Matsa）］；暴雨、高潮、洪水"三碰头"3次［1991梅雨期、1999梅雨期、2004黑格比（Hagupit）］；台风、暴雨、洪水"三碰头"2次［0716罗莎（Krosa）、1211海葵］。"四碰头"灾害事件1次［1323菲特（Fitow）］。

（1）台风、暴雨、高潮"三碰头"

① 8114 Agnes

1981年8月30日—9月2日8114 Agnes台风影响上海，阵风10~11级，黄浦公园站、吴淞站分别增水1.24 m和1.59 m，普降暴雨。恰逢天文大潮，吴淞站潮位5.74 m（约35年一遇），黄浦公园5.22 m，横沙5.52 m，高桥5.64 m（约25年一遇），米市渡3.70 m。市区吴淞、军工路、浦东、龙华等地区沿江、沿河有10余处防汛墙溃决，造成周围地区受淹；郊区有主海塘和新围海塘溃决，主要在崇明、长兴、横沙三岛，造成附近0.47万多 hm²农田和一些村宅受淹；全市死亡6人，伤42人。

② 9216 Polly

1992年8月30日—9月1日9216 Polly台风影响上海，沿海地区出现6~9级大风，外海产生较大的风暴增水，普降暴雨和大暴雨，局部特大暴雨。恰逢天文大潮，吴淞站潮位

5.26 m，黄浦公园 5.04 m，米市渡 3.92 m。海塘损坏 5.3 km，护坡损坏 89 处。

③ 9711 Winnie

1997 年 8 月 18—19 日 9711 Winnie 台风影响上海，最大 12 级阵风，沿海增水明显，吴淞站增水 1.45 m，黄浦公园 1.49 m，米市渡 0.96 m。普降暴雨和大暴雨，时段分布较均匀，最大 24 h 降雨 134.8 mm（约 5 年一遇）。适逢农历七月半天文大潮，吴淞站潮位 5.99 m（约 100 年一遇），黄浦公园 5.72 m（约 100 年一遇），米市渡 4.27 m，金山嘴 6.57 m（约 100 年一遇），高桥 5.99 m（约 65 年一遇）。全市受洪涝面积 49 600 hm^2，其中成灾 19 800 hm^2；受灾人口 15.34 万人，死亡 7 人；倒塌房屋 540 间；经济损失约 6.35 亿元，其中水利工程水毁 2.23 亿元。一线海塘损坏 511 处，总损坏长度 69 km，其中主海塘损坏 329 处，总损坏长度 30.1 km。市区防汛墙有一处溃决，有 20 多处漫溢，累计长约 6~7 km，主要集中在徐汇区和闵行区。

④ 0012 Prapiroon

2000 年 8 月 30—31 日 0012 Prapiroon 台风影响上海，阵风 13 级以上，引起增水明显。普降暴雨，最大 1 h 雨量 37 mm。恰逢天文大潮，吴淞站潮位 5.87 m（约 60 年一遇），黄浦公园 5.70 m（约 90 年一遇），米市渡 4.15 m。遭受洪涝面积 17 900 hm^2，成灾 12 200 hm^2；受灾人口 41 100 人，死亡 1 人；倒塌房屋 200 间；市区有 100 多条段路段积水，3 000 多户居民家中进水；全市经济损失约 1.22 亿元。市中心黄浦江防汛墙有 1 处溃决，另有 40 多处有不同程度漫溢、渗水、漏水、冒水等险情，总长约 3.3 km。市区黄浦江防汛墙中溃决 6 处，合计长 50 m。奉贤 22.6 km 黄浦江江堤发生不同程度险情，西渡镇有 60 m 土堤坍塌。

⑤ 0509 Matsa

2005 年 8 月 5—7 日 0509 Matsa 台风影响上海，最大阵风 13 级以上，大风时间长，增水明显，米市渡增水 1.32 m。普降大暴雨，局部特大暴雨，最大 1 h 雨量 42.0 mm，最大 24 h 降雨 292.0 mm（超 200 年一遇），西部郊区和南部郊区雨大。恰逢天文大潮汛，吴淞站潮位 5.04 m，黄浦公园 4.94 m，米市渡 4.38 m，黄浦江上游和内河水位较高。全市受灾人口 94.6 万人，52 万棵树木倒伏，753 条 10 000 V 伏以上高压线受损，15 600 间房屋倒塌，郊区 55 800 hm^2 农田受灾；市区 200 余条马路积水，5 万余户居民家中进水；浦东、虹桥两机场取消起降航班约 1 000 架次，受阻旅客 10 万人左右，直接经济损失 13.58 亿元。

(2) 暴雨、高潮、洪水"三碰头"

① 1991 年梅雨

梅雨期，上游太湖流域出现大面积洪涝灾害，上海梅雨期内连降暴雨。米市渡站水位为 3.90 m，金泽为 3.52 m，洙泾为 3.73 m；太湖水位为 4.79 m，超警戒水位 1.29 m。上海西部 53 300 hm^2 农田受淹，超过 280 hm^2 鱼塘被冲毁；1 087 家企业进水，853 家企业停产，5 419 户民房进

第 2 章 调查与评估

水，300 余户农民搬迁；各种经济损失合计达 10 亿多元，青浦、松江、金山遭受损失最大。

② 1999 年梅雨

梅雨期，太湖流域发生特大洪水，上海梅雨期平均梅雨量 815.4 mm，2 次大暴雨。由于上游洪水，恰逢大潮期，上海金泽站水位为 4.09 m，米市渡为 4.12 m，青浦南门为 3.77 m，太湖最高水位是 5.08 m。上海市区累计积水路段 220 条段，居民住宅进水 4.7 万户（次），遭淹农田 84 500 hm^2，受灾人口 16.17 万人，郊区倒房 690 间，全市经济损失约 8.7 亿元。

③ 2004 Hagupit

2020 年 8 月 4 日 2004 Hagupit 台风影响上海，全市普降暴雨到大暴雨，局部特大暴雨，最大 1 h 降雨 67.5 mm（约 10 年一遇），金山、奉贤、松江雨量较大。恰逢天文大潮，吴淞站潮位为 4.35 m，黄浦公园为 4.38 m，米市渡为 4.11 m，洙泾为 4.05 m，芦潮港为 4.69 m，金山嘴为 5.24 m。上游太湖流域水位持续超警，太湖最高水位是 4.23 m，黄浦江上游省市边界、苏州河及水利控制片均出现超警戒水位。

(3) 台风、暴雨、洪水"三碰头"

① 0716 Krosa

2007 年 10 月 7—9 日 0716 Krosa 台风与南下的较强冷空气相遇，影响上海，最大阵风 12 级，引起明显风暴增水，幅度是 0.6 m（芦潮港站）~1.42 m（高桥站）。普降大到暴雨，局部大暴雨，最大 48 小时累计雨量 333.5 mm，最大 24 小时 192.5 mm（约 15 年一遇），西部和南部郊区雨量较大。杭嘉湖水位超保，吴淞站潮位为 4.61 m，黄浦公园为 4.57 m，米市渡为 4.21 m，太湖水位为 3.93 m，均超警。全市受灾人口 3.68 万人，受灾农田 20 500 hm^2，经济损失 1.57 亿元。

② 1211 海葵

2012 年 8 月 8 日 1211 海葵台风影响上海，最大阵风 12 级，杭州湾、长江口及黄浦江 50~160 cm 风暴增水，金山嘴高潮增水 1.17 m。普降暴雨到大暴雨，局部特大暴雨，最大 1 h 雨量 58.9 mm（约 5 年一遇），中心城区较大，崇明、长江口和杭州湾沿线较小。上游太湖流域大暴雨，导致杭嘉湖水位普遍超警 0.1~0.6 m，米市渡站水位为 4.05 m，泖甸为 3.60 m，洙泾为 3.88 m，太湖水位为 3.86 m。台风造成 400 多条段马路积水，全市受灾人口 40.83 万人，造成直接经济损失 6.64 亿元。

(4) 台风、暴雨、高潮、洪水"四碰头"

2013 年 10 月 7—11 日 1323 Fitow 台风影响上海，阵风 9 级，高潮增水明显，黄浦公园站增水 1.1 m，吴淞站 0.87 m，芦潮港 0.67 m，米市渡 1.26 m。普降暴雨，最大 1 d 降雨达 332 mm（超 200 年一遇），最大 1 h 141 mm（超 100 年一遇）。恰逢天文大潮，吴淞站潮位为 5.15 m，黄浦公园为5.17 m，米市渡为4.61 m，芦潮港为4.99 m，金山嘴为5.57 m。上游杭嘉湖来水量大，黄浦江最低潮位3 d超3 m。全市受灾人口12.4万人，倒塌房屋27间，死亡2人，紧急转移安置近7 549人，直接经济损失约9.53亿元。

表2-28 "多碰头"灾害事件特征表

序号	名称	碰头类型	特征
1	8114 Agnes	风、暴、潮	台风：影响上海时12级风，出现1 m以上风暴增水
			暴雨：普降暴雨
			高潮：吴淞5.74 m，黄浦公园5.22 m
2	1991年梅雨	暴、潮、洪	暴雨：梅雨期内多次暴雨
			高潮：黄浦江上游水位突破历史纪录
			洪水：太湖水位4.79 m，历史第二
3	9216 Polly	风、暴、潮	台风：浙江登陆时8级风，外海产生较大的风暴增水
			暴雨：上海普降暴雨和大暴雨，局部特大暴雨
			高潮：吴淞5.26 m，黄浦公园5.04 m
4	9711 Winnie	风、暴、潮	台风：强度大，沿海增水明显
			暴雨：最大24 h降雨134.8 mm
			高潮：吴淞5.99 m，黄浦公园5.72 m，米市渡4.27 m
5	1999年梅雨	暴、潮、洪	暴雨：梅雨期内2次大暴雨，平均梅雨量815.4 mm
			高潮：金泽4.09 m，米市渡4.12 m，南门3.77 m
			洪水：太湖最高水位5.08 m
6	0012 Prapiroon	风、暴、潮	台风：影响上海时12级以上，引起增水明显
			暴雨：上海普降暴雨，最大1 h雨量37 mm
			高潮：吴淞5.87 m，黄浦公园5.70 m，米市渡4.15 m
7	0509 Matsa	风、暴、潮	台风：风力强，增水明显，米市渡增水1.32 m
			暴雨：最大1 h 42.0 mm，最大24 h 292.0 mm
			高潮：吴淞5.04 m，黄浦公园4.94 m，米市渡4.38 m
8	0716 Krosa	风、暴、洪	台风：风暴增水幅度0.6~1.42 m
			暴雨：最大24 h 192.5 mm
			洪水：杭嘉湖水位超保证水位
9	1211 海葵	风、暴、洪	台风：杭州湾、长江口及黄浦江50~160 cm风暴增水
			暴雨：最大1 h雨量58.9 mm
			洪水：杭嘉湖水位普遍超警，超警幅度0.1~0.6 m
10	2004 Hagupit	暴、潮、洪	暴雨：最大1 h降雨67.5 mm
			高潮：米市渡4.11 m，洙泾4.05 m
			洪水：太湖最高水位4.23 m，流域水位持续超警

第 2 章 调查与评估

(续表)

序号	名称	碰头类型	特征
11	1323 Fitow	风、暴、潮、洪	台风:高潮增水明显 0.87~1.26 m
			暴雨:最大 1 d 降雨达 332 mm
			高潮:吴淞 5.15 m,黄浦公园 5.17 m,米市渡 4.61 m
			洪水:杭嘉湖来水量大,黄浦江最低潮位 3 d 超 3 m

2)致灾分析

基于致灾调查,分析"多碰头"各因子之间相互影响关系,分析单因子的时空变化规律,开展"多碰头"灾害危险性分析,评估主要承灾体的设防能力。

(1)因子变化规律分析

① 因子遭遇关系

上海市受特定地理环境和气候因素的影响,热带风暴、暴雨等灾害性天气时有发生,加之上游太湖流域洪水下泄过境,造成上海市的水灾频繁,损失严重。对上海市威胁最大的主要有台风风暴潮叠加天文大潮造成的高潮位、暴雨、区域性洪水等水灾,也就是常说的台风、暴雨、高潮及洪水。台风、暴雨、高潮和上游洪水可以单一发生,但更多的是相伴而生、重叠影响。

从历史"多碰头"事件过程来看,"多碰头"发生时,各因子相互影响,但同时遭遇时间并不完全一致。例如,0509 Matsa 期间,只有 8 月 5 日晚到 8 月 7 日早上风、暴、潮三因子同时遭遇(表 2-29);0716 Krosa 期间,只有 10 月 8 日到 10 月 9 日早上风、暴、洪三因子同时遭遇(表 2-30);1211 海葵期间,只有 8 月 8 日白天和晚上,风、暴、洪三因子同时遭遇(表 2-31);2004 Hagupit 期间,只有在 8 月 4 日到 5 日中午暴、潮、洪三因子同时遭遇(表 2-32);1323 Fitow 期间,只有在 7 日和 8 日,四因子同时遭遇(表 2-33)。

表 2-29 致灾因子影响上海时间示意表(0509 Matsa 期间)

致灾因子	8 月 5 日	8 月 6 日	8 月 7 日	8 月 8 日
风				
暴雨				
天文高潮				

表 2-30 致灾因子影响上海时间示意表(0716 Krosa 期间)

致灾因子	10 月 7 日	10 月 8 日	10 月 9 日
风			
暴雨			
上游洪水			

表 2-31 致灾因子影响上海时间示意表（1211 海葵期间）

致灾因子	8月7日	8月8日	8月9日
风		██████	
暴雨		██████	██
上游洪水		████	██████

表 2-32 致灾因子影响上海时间示意表（2004 Hagupit 期间）

致灾因子	8月3日	8月4日	8月5日	8月6日
暴雨		████	██████	
天文高潮			██████	████
上游洪水			██████	████

表 2-33 致灾因子影响上海时间示意表（1323 Fitow 期间）

致灾因子	10月6日	10月7日	10月8日	10月9日	10月10日	10月11日
风	████	████	██			
暴雨	████	████				
天文高潮	████	████	████	████	████	
上游洪水		████	████	████	████	████

② 时空变化规律

台风：在时间上，发生"多碰头"的台风大部分生成在 8 月，偶有在 7 月、9 月和 10 月，台风能影响上海时也多数在 8 月份，如，对上海有严重影响的"三碰头" 8114 Agnes 和 9711 Winnie 均发生在 8 月份；1323 Fitow 是 1978 年以来第一次发生的"四碰头"事件，发生在 10 月份。

在空间上，影响上海的热带气旋三条路径（路径一在浙江省或福建省北部登陆、路径二在长江口以东近海北上、路径三正面登陆上海市）中，绝大多数"多碰头"事件台风为路径一，少数为路径二，无路径三。如，对上海有严重影响的"三碰头" 8114 Agnes 和 9711 Winnie 分别为路径一和路径二，"四碰头" 1323 Fitow 为路径一，故在浙江省和福建北部登陆的台风引起"多碰头"的可能性较高。

暴雨："多碰头"事件暴雨因子主要是由台风带来或者梅雨期产生的，台风雨总体来说有强度大、历时短、范围小的特征；梅雨型暴雨总体来说有总量大、历时长、范围广的特征。在时间上，台风雨通常产生于台风登陆时及登陆后，登陆时强度很大，会带来高强度的降雨；登陆后，若维持时间较长，或由于地形作用，或与冷空气结合，都会产生大暴雨。暴雨在梅雨期

第 2 章 调查与评估

内可多次发生，一旦与高潮碰头会产生较大涝灾。在空间上，梅雨期暴雨大致呈上海西部地区较大，东部地区较小的特征。"多碰头事件"的暴雨集中区域无明显规律，但根据暴雨分布区域，推测其可能与台风路径有关。

高潮：由于月球、太阳等天体引力导致的海面水位周期性升降的现象称为天文潮，太阳和月亮的引潮合力的最大时期之潮为天文大潮，一般为农历的初二、初三和十七、十八。在时间上，自 20 世纪 50 年代起，黄浦江、苏州河口的最高潮位呈抬高趋势，高潮位出现的频率也越来越高。历次"三碰头""四碰头"事件中，吴淞站和黄浦公园站最高潮位主要是与台风引起的风暴增水大小有关；米市渡站最高潮位有明显抬高趋势，主要与上游来水有关。在空间上，从单个"多碰头"事件来看，潮位的高低主要与碰头因子有关，同时也受水利工程、下垫面等多因素的影响。当台风前期引起的风暴增水较大，又恰逢天文大潮时，黄浦江下游高潮位较高，9711 Winnie 和 0012 Prapiroon 台风期间黄浦江下游潮位明显高于 0509 Matsa、0716 Krosa、1211 海葵以及 2004 Hagupit；当前期暴雨较大，内河水位猛涨，排水困难时，黄浦江上游潮位较高，0509 Matsa 台风明显高于其他"三碰头"。

洪水：在时间上，上游洪水主要出现在 6 月中旬到 7 月中旬的梅雨期以及前期暴雨明显的台风期。梅雨期内高强度暴雨或者台风前期大范围强降雨，遇上天文大潮，下游潮汛顶托，会导致黄浦江上游水位抬升，太湖或杭嘉湖区域、阳澄淀泖区域水位超警，发生洪水，如 1991 年梅雨、1999 年梅雨、0716 Kros、1211 海葵和 2004 Hagupit 等。在空间上，以西部地区较为严重，东部地区较轻。如，1991 年梅雨期，上海郊区涝灾较重，市区较轻；1999 年梅雨期，在强暴雨、江浙雨洪下泄及天文大潮共同作用下，上海西部地区（青浦区、松江区、金山区、嘉定区）17 个水位站水文突破历史最高纪录，太浦河金泽站最高水位约为 500 年一遇，大蒸塘三和水文站重现期 200 年一遇；金山境内枫围站重现期也超过 100 年一遇；其余各主要支流水文站重现期一般在 50~100 年。

（2）"多碰头"灾害分析

① 灾害类型

"多碰头"事件发生时，产生的灾害主要有三种类型：一是风暴潮灾害导致的堤防、海塘等水利工程的溃决、损毁、渗水等潮灾；二是台风过境导致的树木倒伏，高压线受损，房屋倒塌等风的次生灾害；三是暴雨导致的农田、民房、企业等受淹，道路、下立交等积水的涝灾。

② 危险性等级计算

根据台风、暴雨、潮位和洪水预警等级作为"多碰头"事件的危险性等级，其中台风和暴雨等级参照上海市人民政府发布的《上海市气象灾害预警信号发布与传播规定》（表 2-34），黄浦江潮位等级根据上海市地方标准《黄浦江高潮位预警图形符号》（DB31/T 372—2006）

（表2-35），洪水等级根据《太湖流域管理局防汛抗旱应急预案》（表2-36）进行分析计算。由于"多碰头"期间长江口杭州湾潮位均未超过现行200年一遇潮位标准，故对长江口杭州湾潮位不进行危险性等级计算。

表2-34 台风、暴雨等级判定表

预警等级	台风	暴雨
Ⅳ（蓝色）	24 h 内可能或者已经受热带气旋影响，沿海或者陆地平均风力达6级以上，或者阵风8级以上并可能持续	1 h 降雨量达 35 mm 以上/6 h 降雨量达 50 mm 以上
Ⅲ（黄色）	24 h 内可能或者已经受热带气旋影响，沿海或者陆地平均风力达8级以上，或者阵风10级以上并可能持续	1 h 降雨量达 50 mm 以上/6 h 降雨量达 80 mm 以上
Ⅱ（橙色）	12 h 内可能或者已经受热带气旋影响，沿海或者陆地平均风力达10级以上，或者阵风12级以上并可能持续	1 h 降雨量达 80 mm 以上/6 h 降雨量达 100 mm 以上
Ⅰ（红色）	6 h 内可能或者已经受热带气旋影响，沿海或者陆地平均风力达12级以上，或者阵风14级以上并可能持续	1 h 降雨量达 100 mm 以上/6 h 降雨量达 150 mm 以上

表2-35 黄浦江潮位等级判定表

预警等级	黄浦江苏州河口高潮位（达到或超过）	吴淞高潮位（达到或超过）	米市渡高潮位（达到或超过）
Ⅳ（蓝色）	4.55 m	4.80 m	3.80 m
Ⅲ（黄色）	4.91 m	5.26 m	4.04 m
Ⅱ（橙色）	5.10 m	5.46 m	4.13 m
Ⅰ（红色）	5.29 m	5.64 m	4.25 m

表2-36 洪水等级判定表

预警等级	预警等级对应的太湖水位
Ⅳ（蓝色）	3.80 m
Ⅲ（黄色）	4.20 m
Ⅱ（橙色）	4.50 m
Ⅰ（红色）	4.65 m

根据计算，影响上海的"多碰头"事件中，台风等级最高为Ⅱ级，除1323 Fitow（Ⅳ级）和8114 Agnes（Ⅲ级）外，其余均为Ⅱ级；潮位等级最高为Ⅰ级，吴淞和黄浦公园站潮位各有3次Ⅰ级，米市渡站发生Ⅰ级的次数较多，达到5次；暴雨等级最高为Ⅰ级，为1323 Fitow期间，其余为Ⅲ~Ⅳ级；洪水等级最高为Ⅰ级，为1999年梅雨期，其余为Ⅲ~Ⅳ级。

③ 危险性分析

根据历史"多碰头"期间致灾情况、灾害类型及危险性等级，进行"多碰头"事件危险性

第 2 章 调查与评估

分析。

上海市发生的 11 次"多碰头"事件中,不论是哪种类型的"多碰头",嘉定区和宝山区受灾影响最小,西部松江区、金山区受灾较为严重,中心城区在"多碰头"期间影响较大,主要影响为由于沿江堤防发生漫溢、渗漏等导致的潮灾。崇明区海塘在早期易发生损坏,随着海塘达标建设,防御能力越来越强,后很少发生灾害事件。

从"多碰头"发生灾害的类型来看,"多碰头"灾害类型与碰头因子有关,风、暴、潮"三碰头"时易发生涝灾和风暴潮灾害,暴、潮、洪"三碰头"和风、暴、洪"三碰头"均易发生涝灾,"四碰头"发生时易发生涝灾和风暴潮灾害。风引起的次生灾害与风速有关,13 级以上风速的台风期易发生风引起的次生灾害;暴雨和洪水易引起涝灾。

从"多碰头"发生灾害的区域来看,发生风暴潮灾害时,影响区域为沿江沿海堤防周边区域;发生涝灾时,影响区域较大的为青浦区、嘉定区、松江区、金山区等西南部区域;发生风引起的次生灾害时,影响区域较大的为风速较大的区域,与台风路径有关。

从"多碰头"因子碰头影响时长来看,"三碰头"事件中,三碰头重叠影响时长约为 1 天半;"四碰头"事件中,"四碰头"重叠影响时长约为 1~1 天半,"三碰头"影响时长约为 2 天半~3 天。

从"多碰头"发生的时间来看,2010 年以前"三碰头"发生的概率大,2010 年后"四碰头"有频繁发生的趋势。当"多碰头"事件可能发生时要及时做好预防和保障工作。

(3) 主要承灾体设防能力评估

① 防洪(潮)设施

千里海塘:上海市主海塘由"1 弧 3 环"构成("1 弧"指上海市大陆弧形主海塘,"3 环"指崇明三岛环形主海塘),全长 498.8 km。根据《上海市海塘规划(2011—2020 年)》标准"到 2020 年,上海大陆及长兴岛主海塘防御标准将提升为 200 年一遇高潮位加 12 级风,崇明岛及横沙岛主海塘防御标准将提升为 100 年一遇高潮位加 11 级风";至 2020 年年末,全市主海塘达标率约为 87.6%。根据《上海市防洪除涝规划(2020—2035 年)》标准,"到 2035 年,全市主海塘按 200 年一遇标准设防,即 200 年一遇高潮位加 12 级风(不低于同频风)";至 2020 年年末,全市主海塘达标率约为 52.7%。

千里江堤:黄浦江、苏州河堤防覆盖黄浦江干流(吴淞口—三角渡)、苏州河、拦路港、红旗塘、太浦河、大泖港,堤防全长 605 km。其中,黄浦江干流及其支流堤防全长 479 km,下游段 285 km 已全面达 1 000 年一遇潮位设计标准(84 潮位),上游干流及支流段全长 194 km,已达流域 100 年一遇标准、区域 50 年一遇标准;苏州河干流上海境内堤防全长 126 km,下游段(河口—外环)堤防中的河口至真北路已达标(堤防高程 5.2 m),真北路至外环以及苏州河中游段（外环—规划苏西闸）堤防达标结合苏四期工程已实施完成；苏州河上游段（规划苏西闸—省界）堤防达标已被列入吴淞江工程实施。

尽管上海市已建成千里海塘、千里江堤防洪（潮）体系，但海塘还未按照最新的规划标准全面达标，苏州河也有部分堤防未达标。黄浦江中下游虽然已达 1 000 年一遇标准，但其采用的是 84 标准，水文系列延长后，黄浦江堤防安全实际防御能力不足。

② 区域除涝设施

根据《2021 年上海市河道（湖泊）报告》，2020 年年底，全市河湖面积共 649.21 km^2，河湖水面率 10.24%；圩区共有 309 个，外围水闸 281 座，总净宽 2 948 m，外围除涝泵站 46 座，总规模 1 146 m^3/s。按照全市达到 15~20 年一遇的除涝能力（现行标准），上海市水利片除涝能力基本达 15 年一遇标准。但仍然有部分水利控制片外围水闸和除涝泵站未按规划实施，有超过一半圩区未达到规划要求的 20 年一遇除涝标准。《上海市防洪除涝规划（2020—2035 年）》提出，治涝标准为 20 年和 30 年一遇，即主城区等重要地区按 30 年一遇、其他地区按 20 年一遇最大 24 h 面雨量，1963 年 9 月设计暴雨雨型及相应同步潮型，24 h 排除，不受涝。按照该标准，区域除涝能力需进一步提高。

③ 城镇排水设施

截至 2020 年年底，全市共有 365 个排水系统，城镇排水泵站 369 座，排水能力 4 378 m^3/s，服务面积 816 km^2，中心城区排水空白点已于 2018 年基本消除，已建的排水系统基本达到规划的 1 年一遇排水标准（每小时 36 mm），机场、中央商务区等重点地区达到 3~5 年一遇排水标准（每小时 50~56 mm），目前 3 年一遇以上标准的排水系统约 50 个。《上海市城镇雨水排水规划（2020—2035 年）》提出，上海市城镇排水基本达到 3~5 年一遇能力。目前，中心城区特别是老旧城区部分雨水排水系统尚未达到 3~5 年的标准，部分城乡接合部的建成区未建排水系统。

上海市以"千里海塘、千里江堤、区域除涝、城镇排水"系统共同组成的防汛工程体系构架日趋完善，洪涝灾害减轻，城镇积水状况得到改善，保障了人民生命财产的安全和城市的正常运行。但应对超标准灾害和"多碰头"灾害能力不足，韧性防御能力仍有待提升。

2.2 承灾体调查与评估

承灾体调查与评估主要包括对海岸防护工程、海水养殖区、渔港、滨海旅游区和海上风电工程 5 类承灾体的调查与评估，其中前 4 个为自然资源部规定的任务，后 1 个为上海市结合海洋灾害实际情况在完成规定任务的基础上增加的自选任务。参照《海洋灾害承灾体调查技术规

第 2 章　调查与评估

程》、《海洋灾害承灾体调查指南》(HY/T 0313—2021)等相关技术规范开展工作。

承灾体具体调查工作由上海市的沿海 5 区开展，通过资料收集、遥感信息提取和现场调查相结合的方式开展调查，对数据缺失、信息不满足填表要求或与遥感影像资料有明显位置差异的承灾体开展现场补充调查，对已经完成资料收集的区域进行人工检查和抽样核查。上海市堤防泵闸建设运行中心和上海市海洋管理事务中心组织其技术支撑单位对各自负责内容的沿海 5 区相应调查数据进行审核，同时开展调查成果评估等工作。其中，质检审核主要采用了人工检查与遥感比对交互的方式进行，人工主要对数据的完整性、规范性、准确性进行检查，采用遥感比对主要检查填报坐标的准确性，采用统计分析方法主要对调查成果准确性进行纵向分析。

2.2.1　海岸防护工程

本次调查的上海市海岸防护工程主要为一线海塘，是抵御风暴潮灾害的第一道防线；各出海口门处（除黄浦江外）建设有水（泵）闸，为海岸防护工程的重要节点，与海塘共同形成封闭防线，发挥挡潮、排涝等综合功效。海岸防护工程分布于长江口和杭州湾沿线宝山区、浦东新区、奉贤区、金山区和崇明区 5 个沿海行政区，是上海市主要的海洋灾害承灾体。

1) 海堤

调查内容包括海堤的位置、分布、类型、长度、设防标准及建设年代等；水闸、泵站的位置、设计标准、类型等。

（1）海堤长度

上海市海岸防护工程总长为 575.09 km，其中大陆占 37.55%，三岛占 62.45%（表 2-37），具体位置如图 2-23 所示。

表 2-37　上海市各行政区海堤分布一览表

行政区		海堤长度（km）	各区占比
宝山区		28.92	5.03%
浦东新区		122.66	21.33%
奉贤区		40.38	7.02%
金山区		23.98	4.17%
崇明区	崇明	204.99	35.64%
	长兴	78.39	13.63%
	横沙	75.77	13.18%
合计		575.09	100%

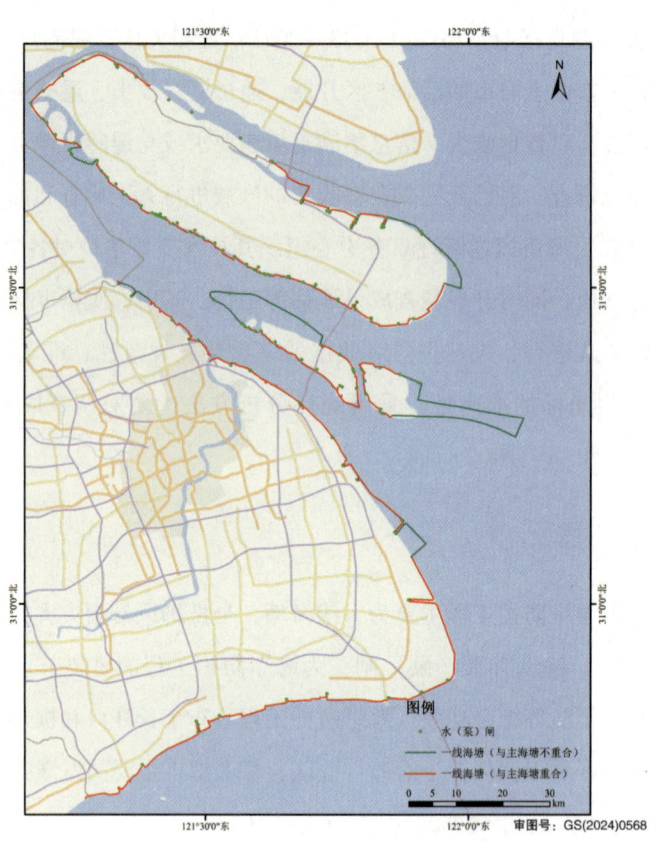

图 2-23　上海市海堤、泵闸位置分布图

（2）海堤结构

上海市海塘堤身主要为土石结构，多采用充泥管袋构筑。早年修建的海塘断面形式以单坡斜坡式堤为主（图 2-24），近年来修建的以复合式斜坡堤为主（图 2-25）。近年来新建的海堤临海侧外坡设置消浪平台，堤顶多设有防浪墙，临海侧结构多采用栅栏板或人工块体等护面结构，崇明岛上还存在大量以灌砌块石、干砌块石等作为护面结构的老海堤；内坡一般为土坡或拱肋结构并种植绿化，堤内大部分有 10~20 m 宽的青坎作为护堤地（图 2-26）。各行政区海塘现场典型照片如图 2-27 所示。

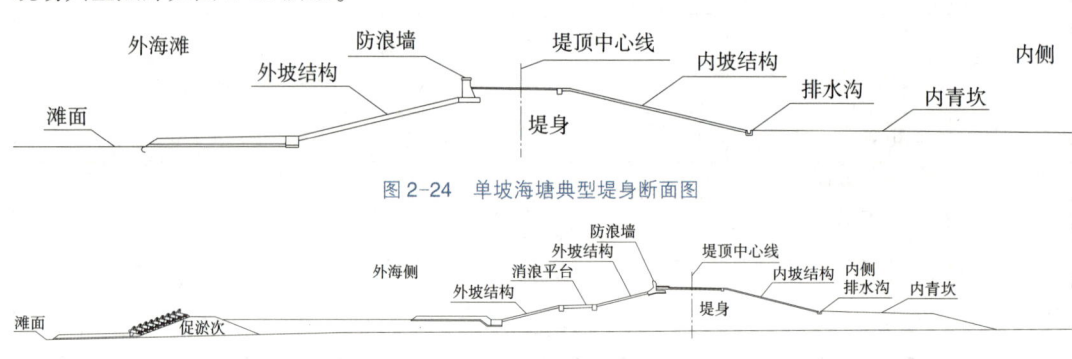

图 2-24　单坡海塘典型堤身断面图

图 2-25　复式坡堤身断面图

第 2 章 调查与评估

(a) 螺母块体护坡　　(b) 混凝土框格护坡
(c) 翼型块体护坡　　(d) 栅栏板护坡
(e) 四脚空心方块护坡　　(f) 灌砌块石护坡
(g) 灌砌块石拱肋草皮护坡　　(h) 彩道砖拱肋草皮护坡

图 2-26　上海市典型海塘内外护坡

(a)宝山区—罗泾港区　　　　　　　　(b)浦东新区—东滩四期大堤

(c)奉贤区　　　　　　　　　　　　　(d)金山区

(e)崇明区崇明岛—崇明北沿

(f)崇明区长兴岛—长兴北沿　　　　　　(g)崇明区横沙岛—横沙东滩

图 2-27　上海市沿海 5 区海塘现状图

第 2 章 调查与评估

（3）海堤堤顶高程

全市海堤堤顶高程、墙顶高程范围存在一定跨度，较高的岸段堤顶高程接近 10 m、墙顶高程接近 11 m（如横沙七期东堤），低的部位堤顶高程不足 4 m（如浦东新区机场泵闸侧堤）、墙顶高程不足 5 m（如浦东新区南汇东滩五期大堤南侧堤）（表 2-38）。由于防潮标准、海堤走向、护面结构形式、堤前滩地高程的不同，导致各海塘堤顶高程差异较大（图 2-28）。

表 2-38　各行政区海堤高程情况一览表

序号	行政区		海堤堤顶高程（m）	海堤挡浪墙高程（m）
1	崇明区	崇明	6.31~8.4	7.05~9.22
2		长兴	5.87~8.82	7.31~9.8
3		横沙	6.0~9.5	6.43~10.77
4	宝山区		4.06~8.95	5.6~8.95
5	浦东新区		3.84~8.39	4.97~8.74
6	奉贤区		5.16~7.58	6~8.97
7	金山区		5.97~8.99	7.05~9.19

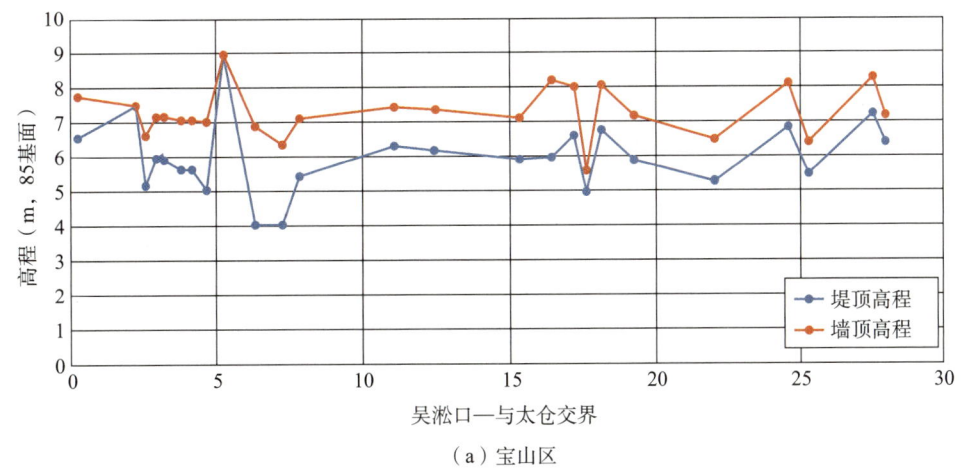

（a）宝山区

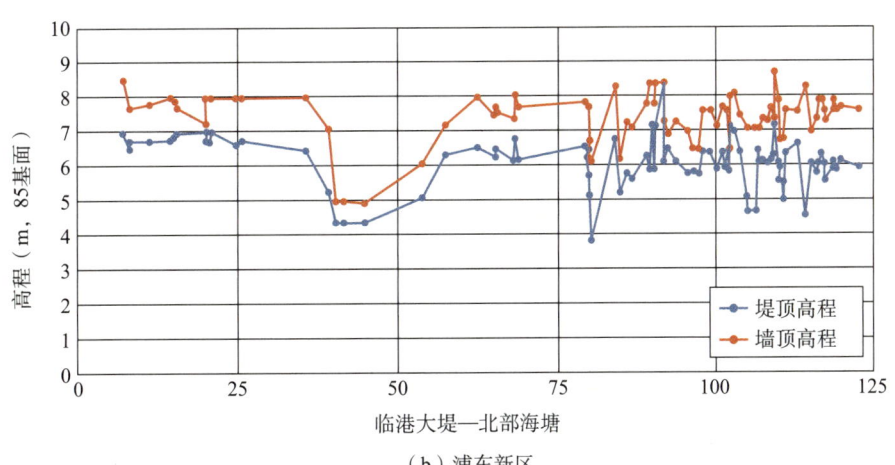

（b）浦东新区

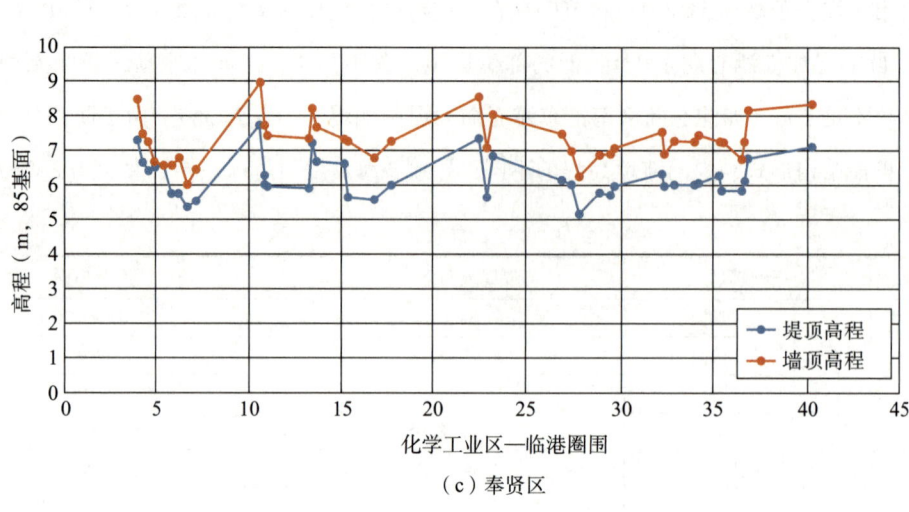

(c)奉贤区

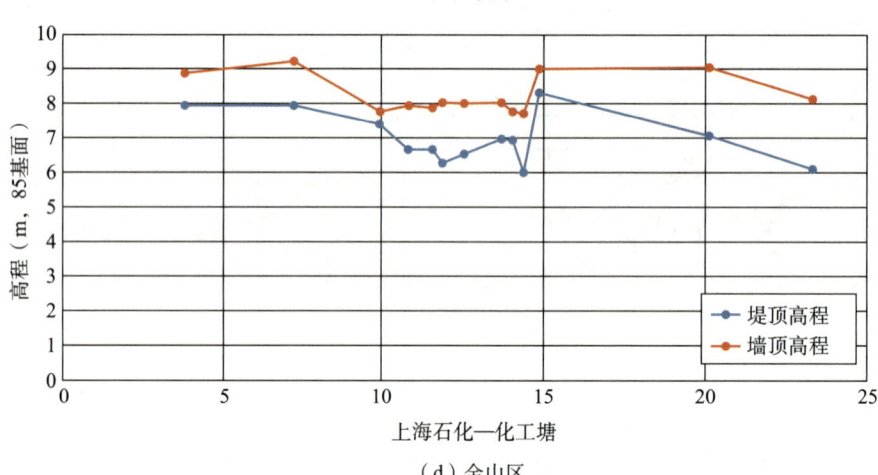

(d)金山区

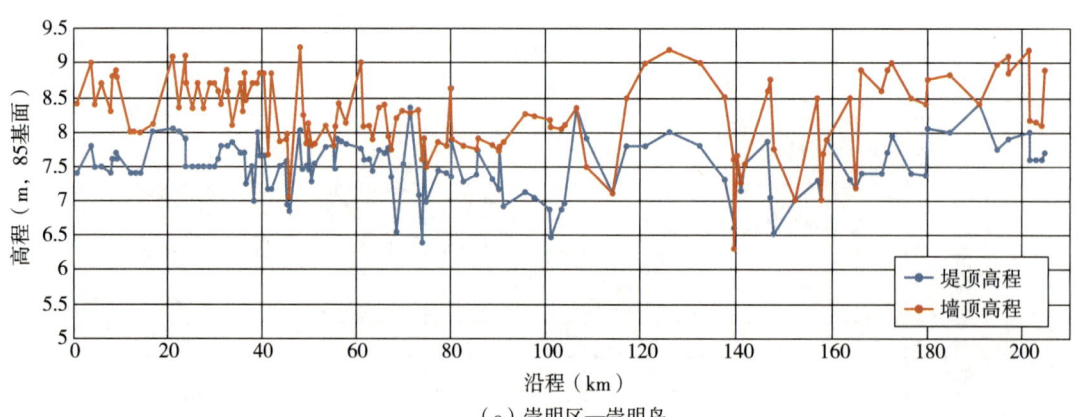

(e)崇明区—崇明岛

第 2 章　调查与评估

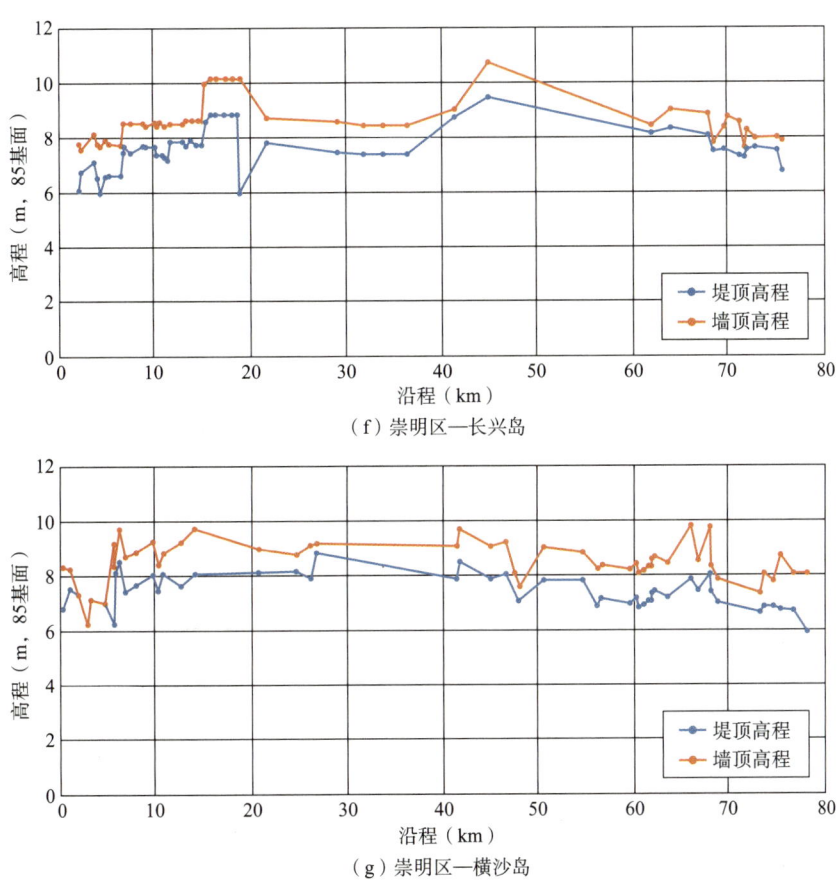

（f）崇明区—长兴岛

（g）崇明区—横沙岛

图 2-28　5 区海堤高程沿程变化

（4）海堤现状防潮标准

上海市现状达到 200 年一遇标准海堤长 300.03 km，占本次调查的海堤总长度的 52.2%；达到 100 年一遇标准海堤长 162.88 km，占 28.3%；达到 50 年一遇标准海堤长 74.98 km，占 13.0%；达到 20 年一遇标准海堤长 37.2 km，占 6.5%（表 2-39、图 2-29—图 2-30）。

表 2-39　5 区海堤防潮标准概况一览表（单位：km）

行政区		防潮标准			
		200 年一遇	100 年一遇	50 年一遇	20 年一遇
宝山区		20.68	5.48	2.76	—
浦东新区		94.71	3.62	17.75	6.58
奉贤区		35.41	4.97	—	—
金山区		20.41	3.57	—	—
崇明区	崇明	66.17	84.46	46.16	8.20
	长兴	29.52	40.56	8.31	—
	横沙	0.61	52.74	—	22.42
合计		267.51	195.40	74.98	37.2

注：浦东新区 200 年一遇防潮标准包括 12 级风上限和下限两种组合。

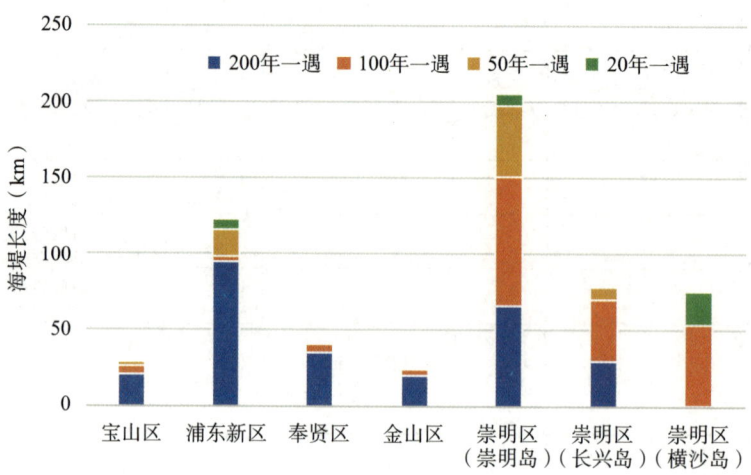

图 2-29　上海市海堤防潮标准分布图

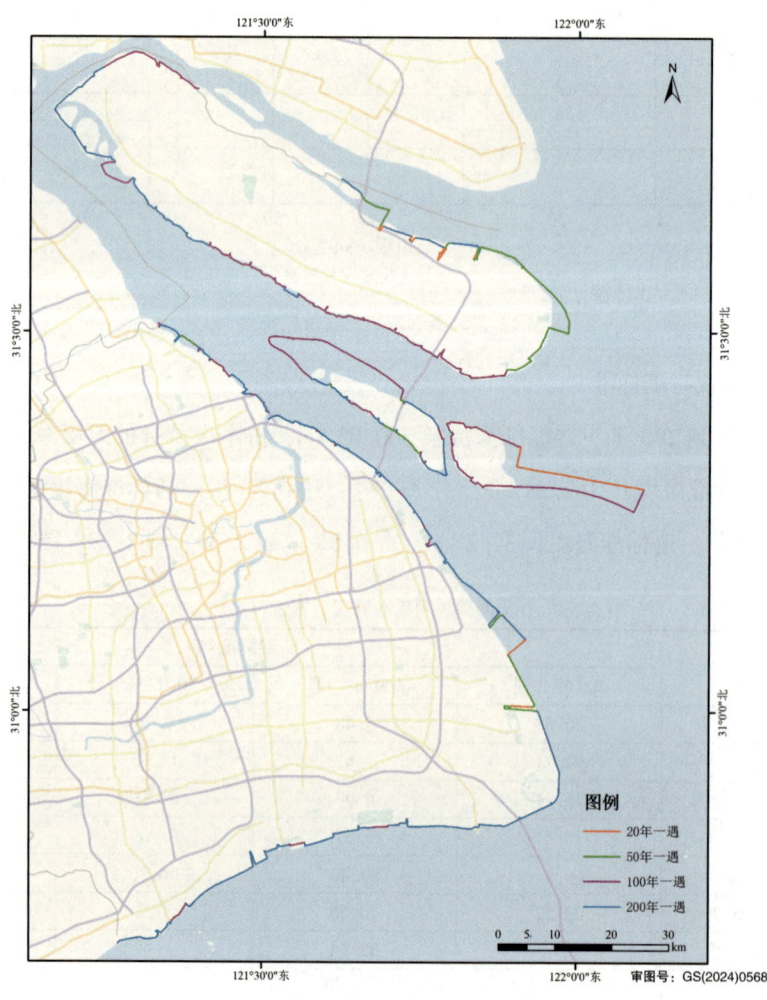

图 2-30　各防御标准海堤空间分布图

第 2 章　调查与评估

宝山区、浦东新区、奉贤区及金山区海堤达到 200 年一遇标准占比达到 71.5%。宝山区达到 50~100 年一遇标准的海堤为电厂、港区和宝钢等企业的海堤；浦东新区达到 20~100 年一遇标准的海堤主要为南汇东滩五期、大治河水闸侧堤及 N1 库区侧堤等海堤；奉贤区 100 年一遇标准的海堤为养殖产业专用岸段和华电灰坝专用岸段，其中华电灰坝专用岸段本次普查期间正在进行达标建设；金山区 100 年一遇标准的海堤为金山嘴岸段，外侧建有龙泉港圈围大堤。

崇明区崇明岛大部分海堤达 100 年一遇标准；达 200 年一遇标准海堤主要为崇明环岛景观路及崇明北沿岸段（普查期间部分岸段正在施工）；达 50 年一遇标准海堤主要为崇明东滩鸟类保护区一线海堤和崇明北湖段海堤（崇明北湖段已于 2021 年提标至 200 年一遇），20 年一遇标准海堤主要为崇明北沿出海泵闸侧堤，由于闸口外移已逐步变成内河堤防。崇明区长兴岛达到 200 年一遇标准海堤占比达到 37.6%，达 100 年一遇及 50 年一遇标准的海堤基本集中于青草沙水库岸段、南沿船厂专用岸段。崇明区横沙岛达到 100 年一遇标准海堤占比接近 70%，20 年一遇标准海堤主要为横沙六期北堤，该段海堤外侧建有横沙八期一线海堤。

根据《上海市海塘规划（2011—2020 年）》中标准，即"上海大陆及长兴岛主海塘防御标准为 200 年一遇高潮位加 12 级风，其中大陆主海塘三甲港—芦潮港取 12 级上限，其余部分及长兴岛取 12 级风下限；崇明岛及横沙岛为 100 年一遇高潮位加 11 级风，其中岛域北沿取 11 级风上限，其余部分为 11 级风下限；与海塘衔接的闸、涵、泵站等设施的防御标准，不低于海塘防御标准；一线海塘的防御标准根据不同区域的防御要求确定，一线海塘与主海塘重合的，按照主海塘标准设防"，由于本次调查对象包含大量的与主海塘不重合的一线海塘，在进行海塘达标率计算时将上述部分一线海塘按已经达标计算，上海市已达标海堤长度约 453.81 km（表 2-40），达标率约为 78.9%（图 2-31）。

表 2-40　5 区海堤达标情况一览表

行政区划		主海塘		一线海塘
		达标（km）	未达标（km）	达标（km）
宝山区		15.57	4.76	8.59
浦东新区		48.83	62.68	11.15
奉贤区		35.41	4.97	0
金山区		20.41	3.57	0
崇明区	崇明岛	142.53	28.95	33.51
	长兴岛	29.52	16.35	32.52
	横沙岛	22.83	0	52.94

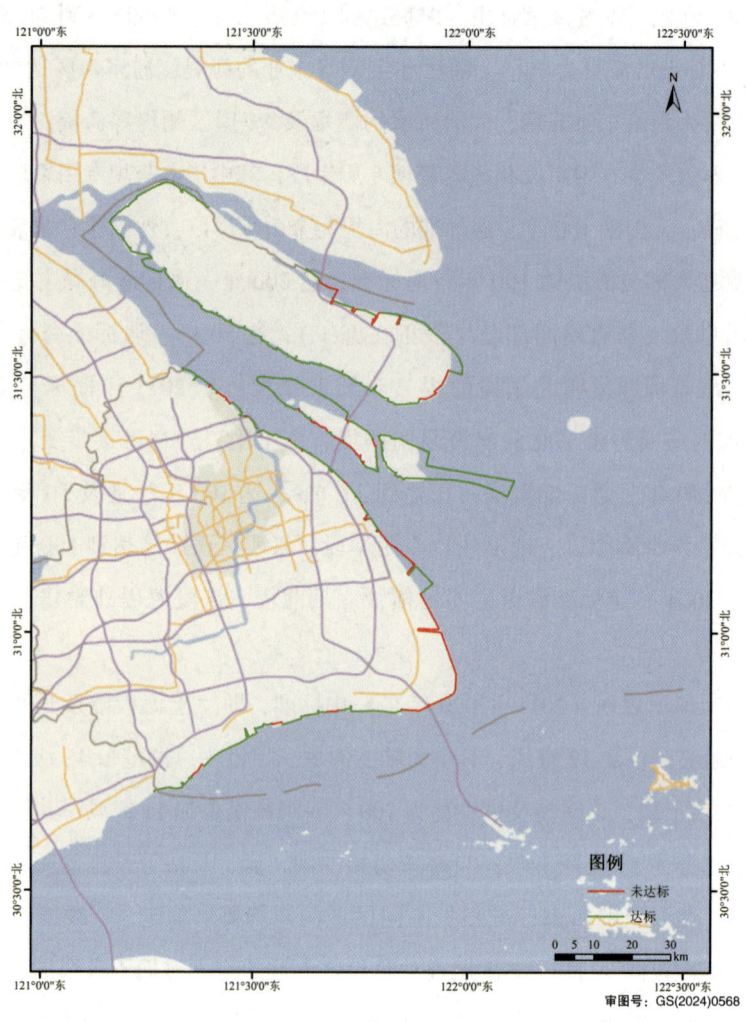

图 2-31 海堤达标情况空间分布图

2）水（泵）闸

（1）水（泵）闸数量及规模

排海口门包括节制闸和泵闸。节制闸由一座闸首组成，主要功能是高潮位时关闭闸门挡潮防洪或开启闸门引水，低潮位时关闭闸门控制内河水位或开启闸门排水；泵闸一般由节制闸、套闸和 2 台以上的水泵组成，在节制闸和套闸不具备引排水条件时，可开启水泵引排水。上海市沿海 5 区共有水（泵）闸 151 座，过闸总流量 1 173.03 m³/s，其中水（涵）闸、泵站合建 12 座（表 2-41）。本次普查调查期间，南门港水闸正在实施拆除重建，航塘港泵闸正在建设、金山区张泾河泵闸正在建设，本次暂未统计。典型泵闸、水闸现状见图 2-32。

（2）水（泵）闸现状过闸能力

沿海 5 区排海闸口流量最大为 650 m³/s（奉贤区金汇港南闸），最小为 1.5 m³/s（崇明岛

第 2 章 调查与评估

表 2-41 各行政区排海水闸、泵站分布一览表（单位：座）

行政区		水闸	泵站
宝山区		6	0
浦东新区		13	5（与水闸合建）
奉贤区		5	1
金山区		1	0
崇明区	崇明	84	3
	长兴	18	5（与水闸合建）
	横沙	8	2（与水闸合建）
合计		135	16

（a）薛家泓泵闸（浦东新区）　　　　　（b）龙泉港水闸（金山区）

图 2-32 典型泵闸、水闸现状图

沿线的排海涵闸）；出海泵站流量最大为 50 m³/s（浦东新区江镇河出海泵闸），最小为 6 m³/s（长兴岛养殖场南河泵闸）。

（3）建设年代

沿海 5 区水（泵）闸建设年代最早可追溯至 1952 年，20 世纪 90 年代以前建设的闸口多分布于崇明岛。2000 年以后上海加大了外排泵闸的建设力度以保障区域防汛安全，其间建设数量约占总数量的 60%。各建设年代水（泵）闸数量如表 2-42 所示。

表 2-42 水（泵）闸建设年代分布一览表

建设年代	水（泵）闸数量（座）	区域
1950—1959 年	1	崇明岛
1960—1969 年	6	崇明岛
1970—1979 年	11	宝山区（1座）、浦东新区（2座）、崇明岛（8座）
1980—1989 年	16	崇明岛

(续表)

建设年代	水（泵）闸数量（座）	区域
1990—1999 年	27	宝山区（2座）、浦东新区（4座）、奉贤区（1座）、崇明岛（19座）、横沙岛（1座）
2000—2009 年	41	浦东新区（6座）、奉贤区（2座）、金山区（1座）、崇明岛（15座）、横沙岛（3座）、长兴岛（14座）
2010 年—2020 年	49	宝山区（3座）、浦东新区（6座）、奉贤区（3座）、崇明岛（22座）、横沙岛（6座）、长兴岛（9座）

2.2.2 海水养殖区

本节通过收集上海市海水养殖海域使用权证（不动产证）或相关养殖权证信息，提取海水养殖区的位置、范围、养殖方式、产量或产值等进行调查。

上海市现状共有2处海水养殖区，均位于奉贤区海湾旅游区的陆域部分，养殖权人均为上海碧海金沙投资发展有限公司，总面积约77.33 hm^2，养殖南美白对虾（表2-43、图2-33）。宝山区、浦东新区、金山区和崇明区均无海水养殖区（图2-34）。

表2-43 海水养殖区基本情况一览表

序号	养殖权属	面积（hm^2）	养殖方式	养殖种类	年产量（t）	年产值（万元）	地理位置	使用期限
1	上海碧海金沙投资发展有限公司	27.33	池塘养殖	南美白对虾	371	1 431	奉贤海湾旅游区	2021.11.22—2027.11.22
2		50			资料缺失	资料缺失		2018.6.1—2024.5.31
合计		77.33	—	—	—	—	—	—

图2-33 海水养殖区现场照片

第 2 章 调查与评估

图 2-34 上海市海水养殖区分布图

2.2.3 渔港

本节通过统计年鉴、相关调查报告等收集上海市渔港锚地信息,主要包括渔港及锚地位置、面积、设计容量及可否避台(台风期间能否提供渔船躲避台风功能)、淤积及疏浚情况、渔船类型及数量等进行调查。

上海市沿海区域共有渔港 3 处,均于 2000 年后修建完成,1 处位于浦东新区,2 处位于崇明区长兴岛,其中长兴岛 2 处渔港分别为国家一级(B)和二级(C)渔港。渔港共计 6 个码头,码头长 930 m,护岸长 1 298 m,防波堤长 1 222 m(表 2-44、图 2-35)。全市渔港锚地共 3

处，总面积 7 424.74 hm²，可容纳入港避风的 60 马力及以上渔船 42 艘、60 马力以下渔船 71 艘；长兴岛 2 处锚地均可允许船舶避台，浦东新区 1 处不可避台，未收集到锚地淤积及疏浚情况（表 2-45）。宝山区、奉贤区和金山区沿海均无渔港、锚地（图 2-36）。

表 2-44　上海市渔港情况一览表

序号	渔港名称	渔港等级	避风等级	60马力及以上（艘）	60马力以下（艘）	码头数（个）	码头长度（m）	护岸长度（m）	防波堤长度（m）	建成时间	地理位置
1	大治河南岸渔船临时停靠点	E	—	34	50	1	201	220	201	2015.12	浦东新区大治河南岸
2	上海为中集团水产品交易批发市场经营管理有限公司	C	11级风速下限	6	12	1	64	278	221	2002.7.30	崇明区长兴镇合作路2号
3	上海长兴岛渔港有限公司	B	12级风速下限	2	9	4	665	800	800	2015.8.15	崇明区长兴镇
合计				42	71	6	930	1 298	1 222	—	—

注：未收集到大治河南岸渔船临时停靠点的渔港避风等级信息。

（a）大治河南岸渔船临时停靠点　　　　　（b）崇明区长兴岛渔港现状

图 2-35　渔港现状图

表 2-45　上海市渔港锚地基本情况一览表

序号	名称	所在地	港区或锚地面积（hm²）	建成日期	可否避台	淤积及疏浚情况	可容60马力及以上渔船数量（艘）	可容60马力以下渔船数量（艘）
1	大治河南岸渔船临时停靠点	浦东新区大治河南岸	2.741 8	2015/12	否	资料缺失	34	50
2	上海长兴岛渔港有限公司	崇明区长兴镇	0.510	2015/8	是		2	9
3	上海为中集团水产品交易批发市场经营管理有限公司		6.227	2002/7/30	是		6	12
合计			9.478 8				42	71

注：未收集到 3 个锚地的淤积及疏浚情况。

第 2 章 调查与评估

图 2-36 上海市渔港分布图

2.2.4 滨海旅游区

本节通过收集地方志、统计年鉴以及现场调查等方式，对滨海旅游娱乐区的个数、位置、长度、面积、设计日游客接待量等信息进行调查（表 2-46）。

上海市沿海共有滨海旅游区 3 处，奉贤区、金山区和浦东新区各 1 处，分别为奉贤区海湾碧海金沙、金山区城市沙滩、浦东新区三甲港海滨乐园，其中浦东新区三甲港海滨乐园已于 2016 年停止营业。滨海旅游区用海总面积 412.435 hm²，共占用岸线 11 058 m，旺季日均游客量达 12 610 人次，近年来发生溺水事故 2 起，均在金山区，无溺亡事故发生（图 2-37）。宝山区和崇明区沿海无滨海旅游区（图 2-38）。

表2-46　上海市滨海旅游区基本情况一览表

序号	地址	管理单位	海域证号	用海面积（hm²）	占用岸线（m）	旺季日均游客量（人）	近年溺水事故（件）	近溺亡人数（人）
1	奉贤区海湾旅游区海涵路6号	上海碧海金沙投资发展有限公司	2020A31012000756 2020A31012000743 2020A31012000727 2020A31012000730	294.57	9 000	5 000	0	0
2	金山区石化街道城市沙滩内	上海夏海趣城市沙滩管理有限公司	113100003 2015B31011600032 2017B31011600036	117.495	1 406	7 610	2	0
3	浦东新区三甲港水闸南侧	上海华夏文化旅游区开发有限公司	—	0.370	652	0	0	0
合计	—	—	—	412.435	11 058	12 610	2	0

注：浦东新区三甲港水闸南侧滨海旅游区于2016年停止营业，目前闲置。

（a）浦东新区三甲港海滨乐园

（b）奉贤区碧海金沙水上乐园

（c）金山区城市沙滩图

图2-37　上海滨海旅游区

第 2 章 调查与评估

图 2-38 上海市滨海旅游区分布图

2.2.5 海上风电工程

本节通过收集海域海岛动态监管系统里的信息、现场调查等方式,对风电设施的位置、面积、年发电量、总投资等进行调查。

上海市沿海区域共有海上风电工程 6 处,其中奉贤区 2 处,浦东新区 4 处,共计用海面积 3 466.21 hm^2,年发电量 19.96 亿 kW·h,总投资额 962 000 万元(其中位于奉贤区的上海海湾新能风力发电有限公司未获取到投资额信息)。宝山区、金山区和崇明区海域未设置海上风电工程（表2-47、图2-39—图2-40）。

1）浦东新区

海上风电工程4处，总用海面积883.21 hm²，年发电量10.74亿kW·h，总投资额944 000万元。其中，上海东海风力发电有限公司管理的2处海上风电工程离岸距离分别为8 km和12 km，上海临港海上风力发电有限公司管理的2处海上风电工程离岸距离分别为13 km和16 km。

2）奉贤区

海上风电工程2处，一处为沿海岸防护工程大堤内侧，年发电量0.2亿kW·h，总投资额18 000万元；另一处位于杭州湾海域，漕泾东航道以东至东海大桥的奉贤海域内，离岸约12 km，用海面积2 583 hm²，年发电量9.02亿kW·h。

表2-47 上海市海上风电工程基本情况一览表

序号	区域	管理单位	海域权证号	用海面积（hm²）	年发电量（亿kW·h）	总投资额（万元）
1	奉贤区	上海海湾新能风力发电有限公司	2021B31000000081	2 583	9.02	资料缺失
2		上海新能源环保工程有限公司*	—	—	0.20	18 000
3	浦东新区	上海东海风力发电有限公司	91100017	271.99	2.24	237 000
4			2014B31011500029	138.53	2.60	340 000
5		上海临港海上风力发电有限公司	2019D31011500017	227.14	2.90	177 000
6			2015B31011500101	245.55	3.00	190 000
合计				3 466.21	19.96	962 000

注：*表示陆上，位置为风电场控制楼的坐标。

图2-39 奉贤区风电现场图

第 2 章　调查与评估

图 2-40　上海市海上风电工程分布图

2.3　历史海洋灾害调查与评估

历史海洋灾害调查与评估主要包括历史年度海洋灾情调查和分析评估，同时配合气象部门开展重大台风灾害调查。

2.3.1　历史年度海洋灾情调查

通过收集已有海洋监测站的观测资料，获取年度海洋要素等致灾因子数据；通过行业部门共享以及收集地方志、救灾档案、政府档案、行业部门的统计公报和总结、调查研究报告等资料及对行业单位调研等方式，获取1978—2020年历史年度海洋灾害灾情调查数据。同步开展1949—2020年重大历史海洋灾害调查。

各主要灾种资料收集指标及具体收集途径如下。

风暴潮灾害：1978—2010年数据，通过收集整理地方志、救灾档案、政府档案等获取；2010—2020年数据，基于灾害灾情管理系统、已有基础数据库进行整理。调查要素主要包括灾害名称（编号）、发生时间、影响岸段、持续时间、致灾强度；死亡（含失踪）人口、经济损失、海洋渔业、交通运输、海岸防护工程、海洋观测设施等损失情况。

海浪灾害：调查要素主要包括灾害名称（编号）、发生时间、地点、强度、影响范围、成因、船舶沉损、人员伤亡、海洋、海岸和水利等工程设施损毁等。

海啸灾害：根据致灾调查结果进一步收集2010年智利2.27地震海啸、2011年日本3.11地震海啸期间上海市受灾情况。

咸潮入侵灾害：调查要素主要包括灾害发生时间、地点、强度、影响范围等。

赤潮灾害：调查要素主要包括灾害发生时间、地点、强度、影响范围、成因、海产品损失等。

海岸侵蚀灾害：调查内容主要为5个区海岸侵蚀灾害灾情。

总之，上海市主要的海洋灾害为风暴潮灾害，海浪灾害计入风暴潮灾害损失中，上海未遭受海啸灾害损失。上海海岸基本形成人工岸线，仅在崇明发生自然岸线侵蚀，无土地、道路、海堤等经济损失。2次咸潮入侵过程中有灾害损失。

1）风暴潮灾害

（1）风暴潮灾害概况

1949—2020年期间影响上海市的风暴潮灾害过程有73个（1949—1977年有17个、1978—2020年有56个），其中台风风暴潮灾害过程有71个（1949—1977年有17个、1978—2020年有54个），温带风暴潮灾害过程有2个（分别为2000年7月24日、2003年7月25日）。1978—2020年，56次风暴潮过程对上海沿海5区共计造成直接经济损失约289 511万元，总受灾人口约140.2万人，死亡人口31人（表2-48）。

表2-48　上海市沿海5区历史风暴潮灾害灾情统计汇总表

年份	风暴潮灾害个数	受灾人口（万人）	死亡人口（人）	直接经济损失（万元）
1978	1	0.008 6	3	0
1979	2	0.06	0	—
1980	0	—	—	—

第2章 调查与评估

(续表)

年份	风暴潮灾害个数	受灾人口（万人）	死亡人口（人）	直接经济损失（万元）
1981	1	0.69	10	13.00
1982	1	0	0	0
1983	1	0.01	0	—
1984	1	0	0	40.00
1985	2	5.17	1	—
1986	1	0.69	2	—
1987	1	0	0	0
1988	0	—	—	—
1989	3	0.20	1	70.00
1990	1	0.67	0	—
1991	0	—	—	—
1992	2	0.23		
1993	0	0.00	0	0.00
1994	1	1.12	0	—
1995	1	0.02	0	22.68
1996	1	0.00	—	108.96
1997	1	10.36	5	30 840.40
1998	1	0.01	0	21.00
1999	1	1.02	0	1 542.00
2000	3	1.85	0	2 685.38
2001	1	0.46	0	1 771.74
2002	1	0.01	5	10 126.90
2003	1	0.00	1	—
2004	2	0.00	—	381.80
2005	2	13.51	2	77 186.93
2006	1	0.00	—	5 100.00
2007	2	4.07	0	2 314.20
2008	0	—	—	—
2009	1	0.86	0	2 516.00
2010	1	0.02	0	829.00
2011	1	2.91	0	22 300.00
2012	1	12.62	1	36 800.00
2013	1	2.07	0	17 682.00
2014	2	0.00	—	350.20

(续表)

年份	风暴潮灾害个数	受灾人口（万人）	死亡人口（人）	直接经济损失（万元）
2015	2	56.16	0	32 676.90
2016	2	1.23	0	15 653.50
2017	0	—	—	—
2018	5	17.00	0	8 090.00
2019	3	3.20	—	11 674.27
2020	1	4.00	0	8 714.18
合计	56	140.2	31	289 511.04

沿海各区灾害情况：1949—2020 年，影响宝山区风暴潮灾害过程共计 14 个（均发生于 1978—2020 年期间），浦东新区风暴潮灾害过程共计 60 个（1949—1977 年 14 个，1978—2020 年 46 个），奉贤区风暴潮灾害过程共计 21 个（均发生于 1978—2020 年期间），金山区风暴潮灾害过程共计 19 个（均发生于 1978—2020 年期间），影响崇明区风暴潮灾害过程共计 36 个（1949—1977 年 5 个，1978—2020 年 31 个）（表 2-49）。

表 2-49 风暴潮灾害过程统计

区域	台风风暴潮（个）		温带风暴潮（个）		总计（个）
	1949—1977 年	1978—2020 年	1949—1977 年	1978—2020 年	
全市	17	54	0	2	73
宝山区	0	14	0	0	14
浦东新区	14	44	0	2	60
奉贤区	0	21	0	0	21
金山区	0	19	0	0	19
崇明区	5	31	0	0	36

（2）典型风暴潮灾害

1978—2020 年，对上海造成较大影响的几次风暴潮灾害过程分别有 9711 Winnie 台风风暴潮、0515 卡努（Khanun）台风风暴潮、1211 海葵台风风暴潮和 1509 灿鸿（Chan-hom）台风风暴潮，其造成沿海 5 区的受灾人数、死亡人口及直接经济损失见表 2-50。

表 2-50 典型风暴潮灾害过程灾情统计

名称	受灾人数（万人）	死亡人口（人）	直接经济损失（万元）
9711 Winnie	10.36	5	30 840
0515 Khanun	12.52	—	35 536
1211 海葵	12.62	—	36 800
1509 Chan-hom	55.80	—	26 293

2) 咸潮入侵灾害

咸潮入侵灾害的系统性调查工作较少,水利志记载的灾害损失记录有 2 条。

(1) 1978—1979 年冬春长江口咸潮入侵

1978—1979 年冬春,长江口咸潮入侵百年一遇,入侵时间从 1978 年 11 月持续到次年 5 月,具有影响范围大、时间久、盐分浓度高的特点。黄浦江沿程水厂氯化物浓度均超标,其中吴淞水厂 3 950 mg/L,闸北水厂 3 820 mg/L,上游长桥水厂也达 336 mg/L,均超国家饮用水标准(<250 mg/L)。崇明岛因咸水包围长达 5 个月,有 2.32 万亩水稻被迫改种玉米。浦东夹塘地区引水受阻,五号沟水闸含盐度 2‰以上,造成减产损失。上海市区部分工业停产或引起产品质量下降,其直接经济损失达 1 400 余万元。

(2) 2014 年 2 月咸潮入侵

2014 年 2 月,长江口同时遭遇南北港盐水团上移与北支咸水倒灌南支。陈行水源地连续 14 d 左右盐度超标,最大氯度值 1 069 mg/L;青草沙水源地连续 22 d 左右盐度超标,最大氯度值 5 479 mg/L,两水库均暂停取水。水务部门采取多种措施应对,包括青草沙原水系统向闸北、吴淞水厂切换等,但陈行水库出库水还是出现了氯化物阶段性超标现象,并在一定程度上影响了饮用水的口感,影响人口约 200 万人。三峡水库增加 1 000 m³/s 下泄流量后,咸潮入侵才有所缓解。

2.3.2 历史年度海洋灾情评估

本节主要针对风暴潮海洋灾害灾情进行分析评估。近年来因国家启动了海洋灾害调查和灾情统计上报工作,灾情数据统计和记载工作较早期相比更为规范和全面,数据更具完整性。

1) 灾害年度变化趋势

从历史风暴潮灾害过程数量来看,趋势不明显。近十年年均风暴潮灾害过程 1.8 个,但 2018 年和 2019 年连续两年影响上海的风暴潮灾害次数较多,其中 2018 年为统计时段内历史风暴潮灾害次数最多的一年,达 5 次(图 2-41)。

从历史风暴潮灾害过程受灾人口来看,近几年受灾人口统计数明显比 20 世纪多,可能与近几年

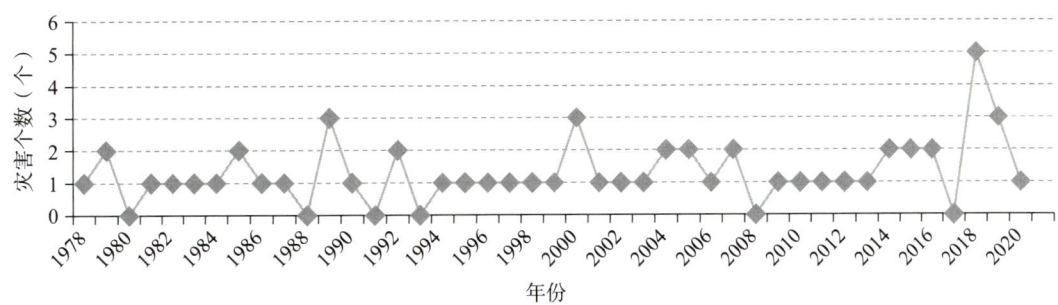

图 2-41 上海市历年风暴潮灾害过程数量(1978—2020 年)

统计数据较之前翔实、城市发展人口迁入、人口密度增大等因素有关，近十年沿海 5 区年均受灾人口为 9.92 万人。2015 年受超强台风 1509 Chan-hom 的影响，受灾人口最多，达 55.80 万人（图 2-42）。

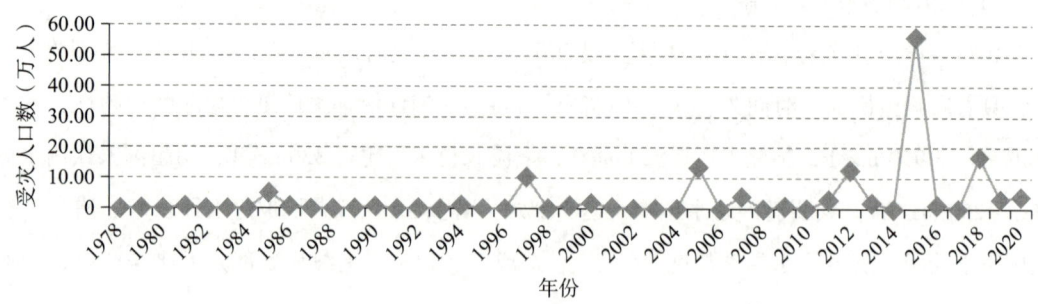

图 2-42　上海市沿海 5 区历年风暴潮灾害受灾人口数（1978—2020 年）

从历史风暴潮灾害造成的死亡人口来看，由于上海市海洋和防汛主管部门高度重视海洋防灾减灾工作，不断加强海岸防护工程建设和灾前预判防范撤离工作，近 20 年来受风暴潮灾害影响造成的死亡人口数呈明显下降趋势（图 2-43）。

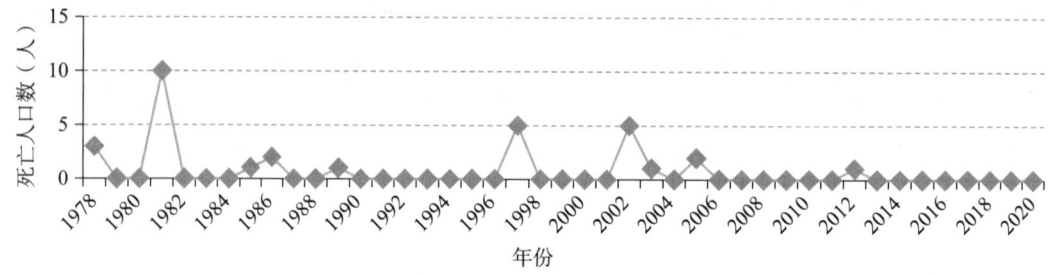

图 2-43　上海市沿海 5 区历年风暴潮灾害死亡人口数（1978—2020 年）

从历史风暴潮灾害造成的直接经济损失来看，近几年灾害损失明显比 20 世纪多，可能与社会经济发展和近几年统计数据较之前翔实有关，近十年沿海 5 区年均直接经济损失为 15 394.11 万元。2005 年风暴潮灾害造成的直接经济损失最大，达 77 186.93 万元（图 2-44）。

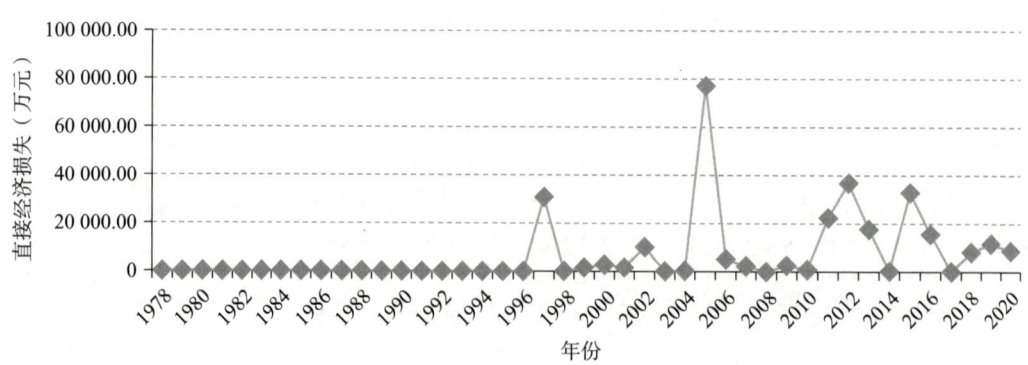

图 2-44　上海市沿海 5 区历年风暴潮灾害直接经济损失（1978—2020 年）

第 2 章 调查与评估

2）灾害分布特征

根据前述调查统计，1978—2020 年，影响上海市并造成灾害损失的 56 个风暴潮灾害过程中，有 14 个影响宝山区，46 个影响浦东新区，21 个影响奉贤区，19 个影响金山区，31 个影响崇明区，浦东风暴潮灾害影响过程个数最多（图 2-45）。

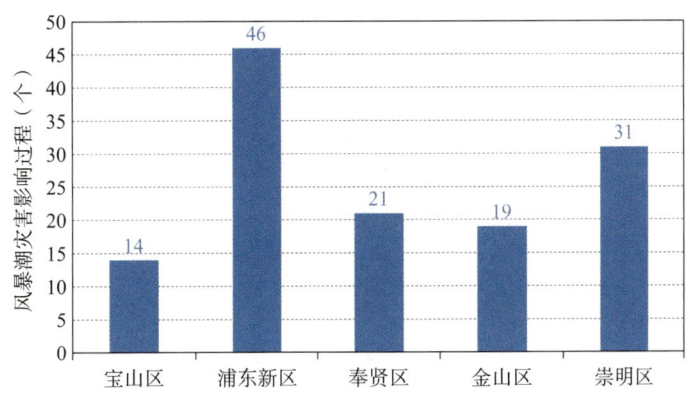

图 2-45　上海市沿海 5 区风暴潮灾害影响过程统计图（1978—2020 年）

1978—2020 年，上海市风暴潮灾害过程共造成约 289 511 万元的直接经济损失。风暴潮灾害过程共计造成宝山区直接经济损失共计约 12 747 万元，受灾人口约 16.0 万人，死亡 1 人；造成浦东新区直接经济损失 100 271 万元，受灾人口约 140.2 万人，死亡 31 人；造成奉贤区直接经济损失共计约 28 311 万元，受灾人口约 8.5 万人，死亡 1 人；造成金山区直接经济损失共计约 100 017 万元，受灾人口约 8.6 万人，死亡 0 人；造成崇明区直接经济损失 48 164 万元，受灾人口约 84.3 万人，死亡 14 人（图 2-46）。

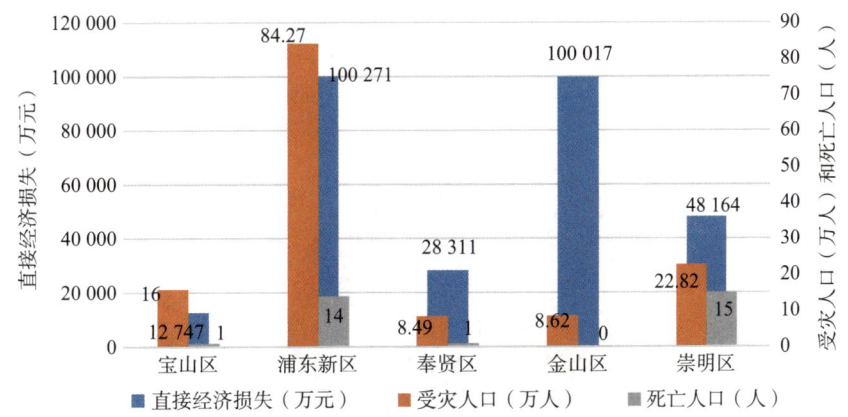

图 2-46　沿海 5 区风暴潮灾害直接经济损失、受灾人口、死亡人口数量分布

1978—2020 年，上海沿海 5 区受风暴潮灾害影响造成直接经济损失最为严重的为浦东新区和金山区，分别占 34.6% 和 34.5%；崇明区死亡人口占比最高，约占 48%，其次为浦东新区，占比约达 45%（图 2-47—图 2-49）。

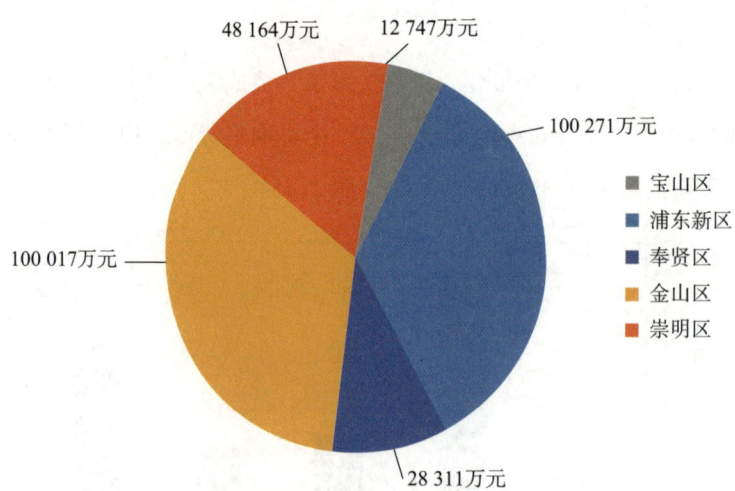

图 2-47　沿海 5 区历史风暴潮灾害直接经济损失分布（1978—2020 年）

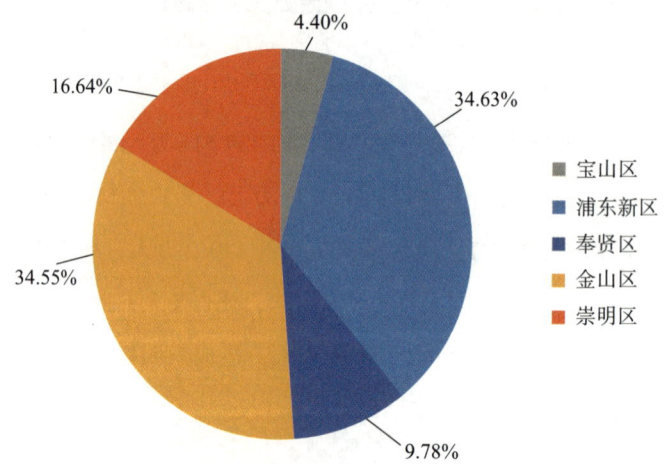

图 2-48　沿海 5 区历史风暴潮灾害直接经济损失占比（1978—2020 年）

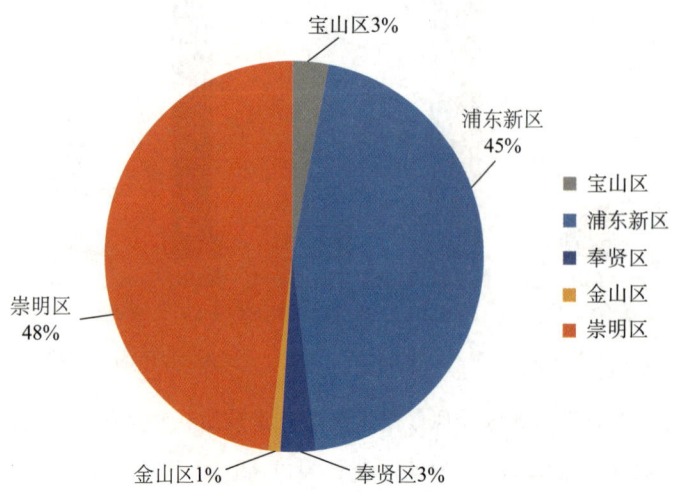

图 2-49　沿海 5 区历史风暴潮灾害死亡人口数占比（1978—2020 年）

第 2 章 调查与评估

2.4 行业减灾能力调查与评估

行业减灾能力调查与评估主要包括政府、企业与社会组织、乡镇社区（行政村）和家庭减灾能力调查以及政府、综合减灾能力评估。参照《政府减灾能力调查技术规范》（FXPC/YJ I-01）、《企业与社会组织减灾能力调查技术规范》（FXPC/YJ I-02）、《乡镇与社区减灾能力调查技术规范》（FXPC/YJ I-03）、《家庭减灾能力调查技术规范》（FXPC/YJ I-04）、《综合减灾能力评估技术规范》（FXPC/YJ P-16）等相关技术规范开展工作。调查范围为上海市和沿海区两级行政区。

在获取上海市、区海洋管理部门调查表的基础上，对接应急管理部门，收集了沿海各区政府部门（气象局、生态环境局、应急管理局、规资局、建交委、农业农村委等）的减灾能力相关数据表格，并利用各区最新统计年鉴及相关规划等材料进行数据补充，开展行业减灾能力调查。依据调查数据，科学确定减灾能力评估指标和权重，采用减灾能力评估模型，系统评估上海市沿海各区的政府减灾能力、综合减灾能力。

2.4.1 行业减灾能力调查

政府减灾能力包括灾害管理能力、灾害监测预警能力、灾害工程防治能力、政府其他减灾能力等。其中，灾害管理能力调查内容包括市、区两级海洋灾害管理队伍、专家队伍、海洋防灾减灾规划、海洋灾害应急预案数量和海洋防灾减灾资金投入情况等；灾害监测预警能力调查内容包括沿海区海洋灾害监测站点基本情况及数量等；灾害工程防治能力调查内容包括沿海区海岸线长度、海堤级别、海堤长度、防浪防潮工程数量等；其他调查内容主要包括专业队伍救援能力（海事救援队伍与装备、医疗救援能力、应急通信能力等）、物资储备能力［防灾减灾救灾物资储备库（点）基本情况、储备物资情况、物资使用或调度情况等］、转移安置能力（应急避难场所基本情况及建设管理等）。

企业与社会组织减灾能力包括保险和再保险企业减灾能力、大型工程建设等企业、社会组织减灾能力等情况。

乡镇、社区及家庭减灾能力包括灾害管理能力、灾害备灾能力和自救转移能力，家庭脆弱性、防灾物资储备能力、灾害信息获取能力和灾害自救互救能力等。

本次普查整理了沿海5区各层级减灾能力数据，具体见表2-51。

1) 政府减灾能力

（1）灾害管理能力

采取填报海洋管理部门调查表的方式收集数据，开展灾害管理能力分析。浦东新区政府管

表 2-51　减灾能力数据获取情况　　　　　　　　　　　　　　　　（单位：个）

行政区	政府单位	大型工程企业	保险企业	社会组织	乡镇（街道）	社区（行政村）	抽样家庭
宝山区	7	6	1	2	13	583	1 056
浦东新区	8	2	66	9	36	1 395	1 258
奉贤区	9	1	0	1	12	322	1 186
金山区	11	2	0	12	11	239	1 248
崇明区	10	10	1	0	21	363	1 208
平均	9	4.2	13.6	0.4	18.6	580.4	1 191.2
合计	45	21	68	24	93	2 902	5 956

理人数、应急管理预案数量均最多；奉贤区应急预案数量较多，但管理人数较少，无专家；金山区政府聘用的专家人数、2020年度防灾减灾投入金额最多；崇明区各项管理能力的调查数据均低于平均值，其中管理人数及2020年度减灾投入金额均最少；沿海5区中仅宝山区制定了防灾减灾规划（表 2-52）。

表 2-52　沿海5区政府管理能力调查数据

行政区	管理能力				
	管理人数（人）	专家人数（人）	防灾减灾规划数量（个）	应急管理预案数量（个）	防灾减灾投入金额（万元）
宝山区	483	4	2	12	1 546.17
浦东新区	645	18	0	28	2 626.16
奉贤区	122	0	0	22	1 947.28
金山区	305	34	0	17	16 125.62
崇明区	109	10	0	17	1 044.86
平均	332.8	13.2	0.4	19.2	4 658.02
合计	1 664	66	2	96	23 290.09

（2）灾害工程防治能力

海岸线长度数据以2015年市政府批复的修测岸线数据为基础，沿海5区海岸线长度分别为宝山区29.00 km，浦东新区129.08 km，奉贤区31.60 km，金山区23.37 km，崇明区314.04 km。沿海5区海堤、水（泵）闸等数据采用2.2.1节承灾体调查中表2-37的数据。

（3）灾害监测预警能力

基于沿海5区报送的海洋监测站点数量及《上海市海洋监测分析月报》等相关资料，评估全市及各区灾害监测预警能力。沿海5区共有42个海洋监测站点，但各区分布不均，其中崇明区监测站点最多，奉贤区最少（表 2-53）。

第 2 章 调查与评估

表 2-53 沿海各区海洋灾害监测站点情况

行政区	国家级（个）	其他（个）					小计（个）
		海洋局	水务局	长江水利委员会水文局	海事局	长江口航道管理局	
宝山区	0	0	2	0	2	0	4
浦东新区	3	0	5	0	2	3	13
奉贤区	0	1	0	0	0	0	1
金山区	2	1	0	0	0	0	3
崇明区	2	1	8	3	4	3	21
平均	1.4	0.6	3	0.6	1.6	1.2	8.4
合计	7	3	15	3	8	6	42

（4）其他

① 物资储备能力

基于应急管理局共享的救灾物资储备库（点）和救援物资金额等数据，分析沿海各区政府物资储备能力。各区救援库体积均在 1 000 m³ 以上，其中金山区储备库体积最大，宝山区储备库体积最小，浦东新区和奉贤区的储备库体积低于全市平均值。各区救援物资金额差异较大，其中崇明区救援物资金额最多，奉贤区救援物资金额最少，浦东新区和宝山区救援物资金额低于平均值（表 2-54）。

表 2-54 沿海 5 区政府物资储备能力数据统计情况

行政区	储备库体积（m³）	救援物资金额（万元）
宝山区	1 813	293.52
浦东新区	1 893	188.90
奉贤区	2 793	75.36
金山区	5 385	374.00
崇明区	4 358	639.25
平均	3 248	314.21
合计	16 240	1 571.05

② 专业队伍救援能力

基于应急管理部门共享数据及沿海 5 区的《2020 年统计年鉴》等相关资料，分析政府的专业队伍救援能力（包括海事救援能力、医疗救援能力和应急通信能力）。除宝山区海事救援队伍和交通车船有数据外，其他区暂未收集到相关资料。医疗救援能力相关的内容中浦东新区最多，其次是宝山区，其他区较少。浦东新区、奉贤区和宝山区应急通信基站数量相差不大，均较多，金山区和崇明区相对较少；应急通信设备仅收集到浦东新区和宝山区相关数据（表2-55）。

③ 转移安置能力

基于应急避难所容量及道路总里程评估政府的转移安置能力，其中应急避难所容量数据来自应急管理部门共享，道路总里程来自沿海5区的《2020年上海统计年鉴》。据分析，宝山区应急避难所容量最大，奉贤区应急避难所容量最小且远小于平均值，其余各区应急避难容量均在2万人以上。5区中，奉贤区的道路总里程最短，远低于平均值，崇明区的道路总里程最长（表2-56）。

表2-55 沿海5区政府专业队伍救援能力数据统计情况

行政区	海事救援能力		医疗救援能力				应急通信能力	
	海事救援队伍（人）	交通车船（辆/艘）	住院床位（张）	卫生技术人员（人）	救护车（辆）	医疗机构（个）	通讯基站（个）	应急通信设备（个）
宝山区	127	18	10 370	8 801	69	309	6 387	10
浦东新区	0	0	26 693	38 663	—	1 359	6 096	80
奉贤区	0	0	4 757	5 322	41	315	6 177	0
金山区	0	0	6 294	6 266	38	300	1 224	0
崇明区	0	0	3 797	4 084	42	54	1 823	0
平均	25.4	3.6	10 382.2	12 627.2	38	467.4	4 341.4	18
合计	127	18	63 136	190	2 337	21 707	90	63 136

注：浦东新区救护车数量缺失；沿海5区的救护车数量、应急通信车数量难以获得，经技术分析，利用各区医疗机构数量代替救护车数量指标、利用应急通信设备数量替代应急通信车数量指标。

表2-56 沿海5区政府转移安置能力数据统计情况

行政区	应急避难容量（人）	道路总里程（km）
宝山区	52 266	909.00
浦东新区	28 175	2 372.00
奉贤区	8 300	243.65
金山区	51 381	957.97
崇明区	28 620	2 954.43
平均	33 748	1 487.41
合计	168 742	7 437.05

2）企业与社会组织减灾能力

（1）保险和再保险企业减灾能力

仅浦东新区和宝山区提供了保险和再保险企业减灾能力相关数据，奉贤区、崇明区、金山

第 2 章 调查与评估

区内无相关调查数据。其中，浦东新区有保险和再保险企业66家，宝山区有1家。

（2）大型工程建设等企业减灾能力

基于应急管理局共享的大型挖掘机、大型汽车式起重机、大型装载机和大型履带式推土机等的调查数据，分析沿海5区大型工程建设等企业应急救援能力。据分析，浦东新区和宝山区企业大型设备总数最多，其中浦东新区集中在大型汽车式起重机，宝山区则各种机器数量较为均衡；奉贤区及金山区大型设备较少，均小于10台；崇明区暂未收集到相关资料（表2-57）。

表2-57 沿海5区企业减灾能力数据

行政区	大型挖掘机（≥30 t）	大型汽车式起重机（≥15 t）	大型装载机（≥147 kW）	大型履带式推土机（≥250 kW）	合计（台/辆）
	台	台	辆	台	
宝山区	31	28	15	4	78
浦东新区	0	79	0	0	79
奉贤区	0	0	6	0	6
金山区	0	1	0	0	1
崇明区	0	0	0	0	0
平均	6.2	21.6	4.2	0.8	32.8
合计	31	108	21	4	164

（3）社会组织减灾能力

基于应急管理局共享的应急救援装备/物资、自有客车与货车、特种作业车和科普宣教受众人数等调查数据，分析沿海5区社会组织减灾能力。据分析，浦东新区应急救援装备/物资最多且远超其他区，其次是宝山区，金山区最少，奉贤区和崇明区的应急救援装备/物资均低于平均值。浦东新区自有客车、货车和特种作业车的数量最多，其次是宝山区，奉贤区、金山区、崇明区均无自有交通工具。浦东新区的科普受众人数最多，其次是崇明区，奉贤区的科普受众人数最少，金山区和宝山区的科普受众人数低于平均值（表2-58）。

表2-58 沿海5区社会组织减灾能力数据情况

行政区	应急救援装备/物资（元）	自有客车+货车（辆）	特种作业车（辆）	科普宣教受众人数（人）
宝山区	350 000	3	1	5 775
浦东新区	7 557 120	27	5	205 710
奉贤区	84 040	0	0	748

(续表)

行政区	应急救援装备/物资（元）	自有客车+货车（辆）	特种作业车（辆）	科普宣教受众人数（人）
金山区	8 000	0	0	5 885
崇明区	57 959	0	0	24 400
平均	1 611 424	6	1	48 504
合计	8 057 119	30	6	242 518

3) 乡镇、社区及家庭减灾能力

乡镇（街道）、社区减灾能力具体指标包括常住人口、本级灾害管理工作人员总数、是否开展乡镇（街道）灾害风险评估、现有储备物资装备金额、应急管理培训和演练参与人次、本级灾害应急避难场所容量、本级医院床位数量、本级预备役志愿者数量等。其中，本级医院床位数调查难度较大，未能完全统计，以乡镇（街道）内统计的卫生室数量代替；卫生室数量以及预备役、志愿者数量来自各乡镇（街道）下辖的社区（行政村）调查数据。以浦东新区为例，部分调查数据见表 2-59。

社区（行政村）减灾能力所需指标数据收集较为完善。以崇明区为例，部分调查数据见表 2-60。

表 2-59　浦东新区乡镇（街道）部分减灾能力数据

乡镇（街道）名称	常住人口数量	本级灾害管理工作人员总数	是否开展乡镇（街道）灾害风险评（是/否）	上一年度防灾减灾救灾资金投入总金额	现有储备物资、装备折合金额	上一年度组织的应急管理培训和演练参与人次	本级灾害应急避难场所容量
（文字）	人	人		万元	万元	人次	
潍坊新村街道	103 996	0	否	6	1.7	50	22 582
陆家嘴街道	127 537	3	否	30	8	312	300
周家渡街道	135 136	55	是	5	500	55	3 000
塘桥街道	58 129	6	是	10	10	4 132	3 000
上钢新村街道	95 030	6	是	130	100	120	400
南码头路街道	105 476	9	是	304	20	40	6 000
沪东新村街道	105 468	3	是	198	50	500	2 000
金杨新村街道	174 840	3	否	15	30	98	2 700
洋泾街道	155 046	1	是	6.44	4.85	470	1 150
浦兴路街道	173 927	10	是	10	16 464.8	3 000	15 000
东明路街道	127 619	5	否	15	20.76	4 650	550
花木街道	236 331	2	否	39.6	35	450	0
川沙新镇	294 552	4	否	0	20	365	2 180
高桥镇	91 997	5	否	20	1.1	130	1 400
北蔡镇	313 140	8	是	19	150	260	600
合庆镇	128 189	0	是	43	9.3	600	4 500
唐镇	173 000	8	否	100	65.08	200	2 500
曹路镇	201 910	5	是	100	120	456	3 200
金桥镇	33 779	5	是	33	15	8 594	14 090
高行镇	70 812	2	是	10	10	50	1 500
高东镇	99 555	5	是	20	320	2 384	1 000
张江镇	212 913	3	否	230.45	89.68	720	1 800
三林镇	369 690	3	是	80	52.76	247	1 500
惠南镇	307 025	0	否	80	0.9	950	3 200
周浦镇	101 135	3	是	105	250	6 477	16 000
新场镇	102 236	8	否	21.270 3	37.702 6	200	34 452

第 2 章　调查与评估

表 2-60　崇明区社区（行政村）减灾能力数据

街道（乡镇）	社区（行政村）名称	是否有社区（行政村）应急预案	是否有本辖区地质灾害等隐患点清单	是否有本辖区弱势人群清单	是否有社区（行政村）灾害类地图	常住人口数量	上一年度防灾减灾救灾资金投入总金额	现有储备物资、装备折合金额（实物储备时填写）	社区医疗卫生服务站或村卫生室数量	登记注册志愿者人数	民兵预备役人数	上一年度防灾减灾培训活动培训人次	参与上一年度组织的防灾减灾演练活动的居民人次
（文字说明）	（文字说明）	（是/否）	（是/否）	（是/否）	（是/否）	人	万元	万元	个	人	人	人次	人次
港西镇	双津村委会	是	否	是	否	3 300	0.5	4	1	412	10	20	10
港西镇	北双村委会	是	否	是	是	2 709	2	0.5	1	356	18	256	251
港西镇	协北村委会	是	否	是	是	1 305	0.4	1	2	40	5	180	240
港西镇	协西村委会	是	否	是	是	1 695	1	0.5	1	244	10	100	60
港西镇	协兴村委会	是	否	是	是	1 594	2	0.5	1	10	35	20	50
港西镇	盘西村委会	是	否	是	是	3 066	1.5	0	1	39	10	39	30
港西镇	新港村委会	是	否	是	是	1 085	2	3	1	40	30	160	210
港西镇	北闸村委会	是	否	是	是	1 382	0.25	0.1	1	30	30	35	35
港西镇	团结村委会	是	否	是	是	2 585	4	2	1	30	10	200	200
港西镇	富民村委会	是	否	是	是	3 142	8	2	1	20	30	200	30
港西镇	排衙村委会	是	否	是	是	2 334	0.65	5	1	337	30	80	30
港西镇	静南村委会	是	否	是	是	2 604	5	1	1	399	15	125	375
竖新镇	新乐居民委会	是	否	是	是	668	1	0	0	20	20	500	200
竖新镇	瀛兴居民委会	是	否	是	是	365	0.5	0	0	50	3	20	190
竖新镇	堡镇村委会	是	否	是	是	1 784	5	1	1	412	16	44	22
竖新镇	东新村委会	是	否	是	是	853	1	0	1	20	120	50	0
竖新镇	油桥村委会	是	否	是	是	2 017	1	0	0	8	11	220	20
竖新镇	明强村委会	是	否	是	是	1 217	0.3	0.2	0	303	20	209	237
竖新镇	永兴村委会	是	否	是	是	1 350	1	0	0	132	9	50	50
竖新镇	竖新村委会	是	否	是	是	1 779	0.5	0	0	51	12	100	160
竖新镇	惠民村委会	是	否	是	是	2 112	1	0	0	452	20	45	25
竖新镇	竖河村委会	是	否	是	是	1 658	5	0	0	351	10	50	28
竖新镇	竖南村委会	是	否	是	是	1 250	0.6	0	0	50	14	50	50
竖新镇	新征村委会	是	否	是	是	250	1	0	0	116	8	216	15
竖新镇	仙桥村委会	是	否	是	是	513	1	0	0	12	40	50	0

家庭减灾能力所需指标数据收集较为完善。以宝山区为例，部分调查数据见表 2-61。

表 2-61　宝山区家庭减灾能力数据示意图

区	街道（乡镇）	社区（村）	填表人性别	年龄	家庭总人数	其中：0-10 岁人数	65岁（含）以上人数	残障人数	患有慢性病、需要长期服药的人数	您家是否有人在社区（村）微信群或QQ群中	您家里有以下哪些应急物品？	出现因灾断水的情况下，您家里的干净饮用水储量能支撑全家人多久？
（文字说明）	（文字说明）	（文字说明）	（文字说明）	（文字说明）	人	人	人	人	人	（是/否）	（多选）	（单选）
宝山区	杨行镇	杨泰一村第二委会	男	39	4	0	2	0	3	是	手电筒;应急照明灯	>7 d
宝山区	月浦镇	聚源村村委会	男	60	5	0	1	0	0	是	手电筒;应急照明灯	4-7 d
宝山区	杨行镇	杨泰一村第二委会	女	47	4	0	0	0	0	否	医用口罩;医用纱布	>7 d
宝山区	杨行镇	杨泰一村第二委会	男	43	3	0	0	0	0	是	医用口罩;医用纱布	1-3 d
宝山区	月浦镇	星月居委会	女	50	4	0	0	0	0	是	手电筒;长绳;雨衣;榔	>7 d
宝山区	杨行镇	杨泰一村第二委会	男	67	2	0	2	0	0	是	手电筒;雨衣;剪刀	1-3 d
宝山区	顾村镇	泰和新城第二委会	男	67	3	0	0	0	1	是	手电筒;家用小型灭火	1-3 d
宝山区	顾村镇	泰和新城第二委会	女	26	3	0	0	0	0	是	手电筒	>7 d
宝山区	顾村镇	泰和新城第二委会	男	51	3	0	0	0	1	是	手电筒;雨衣;锤子;剪	1-3 d
宝山区	顾村镇	泰和新城第二委会	女	40	5	2	0	0	0	是	没有准备上述应急物品	4-7 d
宝山区	庙行镇	新埠苑居民委会	女	48	4	0	0	0	0	是	手电筒;应急照明灯	4-7 d
宝山区	庙行镇	新埠苑居民委会	女	56	5	0	2	0	2	是	手电筒;雨衣;应急照明灯	1-3 d
宝山区	杨行镇	杨泰一村第二委会	女	47	4	0	0	0	0	否	手电筒;应急照明灯	1-3 d
宝山区	杨行镇	远洋悦庭居民委会	女	39	3	1	0	0	0	是	救生衣;医用酒精	>7 d
宝山区	杨行镇	远洋悦庭居民委会	女	64	2	0	2	0	0	是	医用口罩;医用酒精	4-7 d
宝山区	高境镇	大唐花园居委会	女	82	1	0	1	0	0	是	手电筒	>7 d
宝山区	高境镇	共和十村居民委会	男	68	2	0	2	0	0	是	手电筒;雨衣;榔线	4-7 d
宝山区	高境镇	共和十村居民委会	女	63	2	0	2	0	2	否	手电筒	>7 d
宝山区	高境镇	共和十村居民委会	男	66	4	0	0	0	0	是	手电筒;雨衣;锤子;剪	1-3 d
宝山区	月浦镇	星月居委会	女	43	4	0	0	0	0	是	医用口罩;长绳	>7 d
宝山区	高境镇	逸仙四村居委会	女	37	4	2	0	0	0	否	雨衣;榔线等;医用	0 d
宝山区	高境镇	大唐花园居委会	男	63	2	0	2	0	2	是	防火毯	>7 d
宝山区	顾村镇	馨佳园第五居委会(东)	女	73	2	0	1	0	0	是	手电筒;雨衣;锤子;剪	>7 d
宝山区	共和十村	共和十村居民委会	男	58	2	0	0	0	0	是	手电筒	>7 d
宝山区	庙行镇	新埠苑居民委会	女	57	3	0	0	0	0	是	手电筒;长绳;榔线	1-3 d
宝山区	高境镇	大唐花园居委会	女	59	2	0	0	0	0	是	手电筒	>7 d
宝山区	高境镇	大唐花园居委会	女	60	3	0	0	0	0	是	手电筒;应急照明灯	1-3 d
宝山区	高境镇	大唐花园居委会	女	53	2	0	0	0	0	是	手电筒	>7 d
宝山区	顾村镇	馨佳园第五居委会(东)	女	62	2	0	1	0	0	是	手电筒;长绳;雨衣;锤	0 d

2.4.2　行业减灾能力评估

针对获取的调查基础数据，开展客观信息的一致度检验，采用极值标准化方法对海洋行业减灾资源调查数据进行标准化处理，科学遴选合理指标，构建分析评估体系和算法模型，结合具体指标，开展评估，并在地理信息系统软件的支持下实现指标空间化。基于确定的指标体系和权重，进行一致性和无量纲化处理，采用优劣解距离法（Technique for Order Preference by

Similarity to an Ideal Solution，TOPSIS）作为减灾能力指数计算方法，计算得到相应的减灾能力指数 S_i，根据分级标准（表 2-62）对减灾能力评估结果进行分级评估，形成上海市海洋行业政府减灾能力和综合减灾能力评估结果。

表 2-62 分级标准

减灾能力指数值 S_i	$[\mu+1.5\sigma,\ 1]$	$[\mu+0.5\sigma,\ \mu+1.5\sigma)$	$[\mu-0.5\sigma,\ \mu+0.5\sigma)$	$[\mu-1.5\sigma,\ \mu-0.5\sigma)$	$[0,\ \mu-1.5\sigma)$
等级	强	较强	中等	较弱	弱

注：μ 为评估区域减灾能力指数的均值，$\mu=\overline{S_i}$；σ 为评估区域减灾能力指数的标准差，$\sigma=\sqrt{\dfrac{1}{n}\sum_{i=1}^{n}(S_i-\mu)^2}$；当 $\mu\leq0.5\sigma$ 时，区域减灾能力分为 3 级：强、较强和中等 $[0,\ \mu+0.5\sigma)$；当 $0.5\sigma<\mu\leq1.5\sigma$ 时，区域减灾能力分为 4 级：强、较强、中等和较弱 $[0,\ \mu-0.5\sigma)$。

其中，指标一致性处理时将所有指标处理为"极大型"指标，即指标值越大代表等级越高；无量纲化处理采用均值化法，如，m 个评估指标，n 个评估对象，则其均值化评估指标值为：

$$r_{ji}=\dfrac{u_{ji}}{\sum_{i=1}^{n}\dfrac{u_{ji}}{n}} \tag{2-1}$$

式中　r_{ji}——第 i 个评估对象第 j 个指标值均值化后的数据；

u_{ji}——第 i 个评估对象第 j 个指标的原始数值。

TOPSIS 方法基于指标一致性、无量纲化处理后的 r_{ji}，取出每个指标中最大的数、最小数，得出理想最优解 r^+ 和最劣解 r^-，根据距离评分公式 $d=\dfrac{r_{ji}-r^-}{r^+-r^-}$ 计算每个评估对象的评分。对于第 i 个评估对象 r_i，为第 j 个指标的权重 Wj，分别采用：

$$d_i^+=\sqrt{W_1\ (r_1^+-r_{1i})\ ^2+W_2\ (r_2^+-r_{2i})\ ^2+\cdots+W_j\ (r_j^+-r_{ji})\ ^2} \tag{2-2}$$

$$d_i^-=\sqrt{W_1\ (r_1^--r_{1i})\ ^2+W_2\ (r_2^--r_{2i})\ ^2+\cdots+W_j\ (r_j^--r_{ji})\ ^2} \tag{2-3}$$

计算其与最优解、最劣解的距离，采用公式 $S_i=\dfrac{d_i^-}{d_i^++d_i^-}$ 计算减灾能力指数 S_i。

1）政府减灾能力评估

（1）指标计算分析

根据行业减灾能力调查数据，基于沿海 5 区 2020 年的人口、GDP 以及行政区面积进行指标计算。选取政府管理能力、工程设防能力、监测预警能力、物资储备能力、专业队伍救援能力和政府转移安置能力共 6 项一级指标，再根据相关技术规范要求和实际管理需求，细化为 14

第 2 章 调查与评估

项二级指标,其中海事救援能力、医疗救援能力和应急通信能力又进一步细化为 7 项三级指标,指标及计算结果见表 2-63。

表 2-63 沿海 5 区各项指标计算结果表

二级指标	三级指标	三级指标	宝山区	浦东新区	奉贤区	金山区	崇明区
政府管理能力	管理队伍比率	—	2.16‰	1.14‰	1.07‰	3.71‰	1.71‰
	专家队伍比率	—	0.02‰	0.03‰	0.00‰	0.41‰	0.16‰
	防灾减灾规划(个)	—	2.00	0.00	0.00	0.00	0.00
	应急预案数量(个)	—	12.00	28.00	22.00	17.00	17.00
	防灾减灾投入占 GDP 比率	—	0.00%	0.00%	0.02%	0.15%	0.03%
工程设防能力	海堤工程占岸线长度比率	—	110.45%	94.95%	129.37%	122.09%	114.37%
监测预警能力	海洋灾害监测站点密度(个/km)	—	0.14	0.10	0.03	0.13	0.07
物资储备能力	人均储备库容率(m^3/万人)	—	8.11	3.33	24.48	65.45	68.32
	人均救援物资储备率(元/人)	—	1.31	0.33	0.66	4.55	10.02
专业队伍救援能力	海事救援能力	万人救援队伍比率	0.57‰	0‰	0‰	0‰	0‰
		万人交通车船比率(辆/万人)	0.08	0.00	0.00	0.00	0.00
	医疗救援能力	万人住院床位比率(个/万人)	46.39	46.98	41.70	76.50	59.52
		万人卫生技术人员比例	39.37‰	68.05‰	46.65‰	76.16‰	64.02‰
		万人医疗机构比率(个/万人)	1.38	2.39	2.76	3.65	0.85
	应急通信能力	万人通信基站密度(个/万人)	28.57	10.73	54.14	14.88	28.58
		万人应急通信设备比率(个/万人)	0.05	0.14	0.00	0.00	0.00
政府转移安置能力情况	应急避难场所容纳率	—	233.83‰	49.59‰	72.75‰	624.48‰	448.65‰
	路网密度(km/km^2)	—	3.35	1.96	0.36	1.64	2.49

① 政府管理能力

政府管理能力指标包括管理队伍比例、专家队伍比例、防灾减灾规划、应急预案数量以及防灾减灾投入共 5 项二级指标。根据计算，金山区管理队伍及专家队伍占比最高，且防灾减灾投入比例最高；浦东新区应急预案最多；宝山区有涉海防灾减灾规划制定优势。

② 工程设防能力

工程设防能力包括海堤工程占岸线长度比例 1 项二级指标，各区工程设防能力较为平均，海堤工程长度比率均在 90% 以上。

③ 监测预警能力

监测预警能力包括海洋灾害监测站点密度 1 项二级指标。根据计算，宝山最优，奉贤和崇明较为薄弱，需加快推进海洋灾害监测站点建设。

④ 物资储备能力

物资储备能力指标包括人均储备库容率、人均救援物资储备率共 2 项二级指标。根据计算，崇明区物资储备能力最强，金山区较强，浦东新区由于人口较多，人均物资储备量较低。

⑤ 专业队伍救援能力

专业队伍救援能力包括海事救援能力、医疗救援能力和应急通信能力共 3 项二级指标，根据实际管理需求进一步细化为 7 项三级指标。根据收集到的资料情况，宝山区有海事救援能力，其他区均暂未收集到相关救援队与交通工具的资料。各区住院床位比例、卫生技术人员比例较为均衡，但崇明区医疗机构比例相对较低。浦东新区、金山区万人通信基站密度相对较低。奉贤区、金山区、崇明区均无应急通信设备。

⑥ 政府转移安置能力

转移安置能力包含应急避难场所容纳率、路网密度共 2 项二级指标。根据计算，金山区、崇明区、宝山区转移安置能力较好，浦东新区由于人口众多，应急避难场所容纳率较低；奉贤区路网密度、应急避难场所容纳率均较低。

（2）政府减灾能力分析

通过专家咨询讨论以及专家打分和层次分析相结合的两种方法分别确定各类指标的权重因子，利用减灾能力评估模型开展政府减灾能力评估。为更充分地评估减灾能力情况，本节采用两种评估方案，其中方案一是立足《关于印发上海市海洋灾害风险普查（承灾体调查与评估、行业减灾能力调查与评估、重点隐患调查与评估、风险评估与区划）实施细则的通知》相关技术要求，方案二是引用上海市水务海洋相关研究报告中推荐的方法。

① 评估方案一

通过专家咨询讨论确定各类指标权重（表 2-64），利用减灾能力评估模型评估沿海 5 区的政府减灾能力等级。依据分级标准（表 2-62），将沿海 5 区政府减灾能力按照"强、较强、中

第 2 章　调查与评估

等、较弱、弱"5个等级进行分级。经分析,金山区、宝山区和崇明区的政府减灾能力较强,浦东新区政府减灾能力较弱,奉贤区减灾能力弱(表2-65)。

表2-64　沿海5区政府减灾能力指标及其对应权重值(方案一)

一级指标	权重	二级指标	权重	三级指标	权重	逐级分解权重
政府管理能力	0.17	管理队伍比例	0.2	—	—	0.034
		专家队伍比例	0.2	—	—	0.034
		防灾减灾规划	0.2	—	—	0.034
		应急预案数量	0.2	—	—	0.034
		防灾减灾投入	0.2	—	—	0.034
工程设防能力	0.20	海堤工程长度比例	1.0	—	—	0.200
监测预警能力	0.17	海洋灾害监测站点密度	1.0	—	—	0.170
物资储备能力	0.16	人均储备库容率	0.5	—	—	0.080
		人均救援物资储备率	0.5	—	—	0.080
专业队伍救援能力	0.15	海事救援能力	0.2	万人救援队伍比例	0.5	0.015
				万人交通车船比例	0.5	0.015
		医疗救援能力	0.4	万人住院床位比例	0.4	0.024
				万人卫生技术人员比例	0.4	0.024
				万人医疗机构比例	0.2	0.012
		应急通信能力	0.4	万人通信基站密度	0.5	0.030
				万人应急通信设备比例	0.5	0.030
政府转移安置能力	0.15	应急避难场所容纳率	0.5	—	—	0.075
		路网密度	0.5	—	—	0.075

表2-65　沿海5区政府减灾能力及等级结果表(方案一)

行政区	减灾能力	减灾能力等级
浦东新区	0.15	较弱
奉贤区	0.10	弱
金山区	0.28	较强
宝山区	0.23	较强
崇明区	0.24	较强

② 评估方案二

采用专家打分和层次分析相结合的方法,计算各类指标值的对应权重(表2-66)。经评估,金山区、宝山区的政府减灾能力较强,崇明区政府减灾能力中等,浦东新区和奉贤区政府减灾能力较弱,与方案一的评估结果较为接近(表2-67)。

表 2-66 沿海 5 区政府减灾能力评估指标计算结果表（方案二）

一级指标	权重	二级指标	权重	三级指标	权重	逐级分解权重
政府管理能力	0.026	管理队伍比例	0.08	—	—	0.002
		专家队伍比例	0.27	—	—	0.007
		防灾减灾规划	0.18	—	—	0.005
		应急预案数量	0.18	—	—	0.005
		防灾减灾投入	0.27	—	—	0.007
工程设防能力	0.698	海堤工程长度比例	1.00	—	—	0.698
监测预警能力	0.074	海洋灾害监测站点密度	1.00	—	—	0.074
物资储备能力	0.054	人均储备库容率	0.50	—	—	0.027
		人均救援物资储备率	0.50	—	—	0.027
专业队伍救援能力	0.074	海事救援能力	0.50	万人救援队伍比例	0.750	0.028
				万人交通车船比例	0.250	0.009
		医疗救援能力	0.37	万人住院床位比例	0.333	0.009
				万人卫生技术人员比例	0.556	0.015
				万人医疗机构比例	0.111	0.003
		应急通信能力	0.13	万人通信基站密度	0.875	0.009
				万人应急通信设备比例	0.125	0.001
政府转移安置能力	0.074	应急避难场所容纳率	0.83	—	—	0.061
		路网密度	0.17	—	—	0.013

表 2-67 沿海 5 区政府减灾能力及等级结果表（方案二）

行政区	减灾能力	减灾能力等级
浦东新区	0.13	较弱
奉贤区	0.13	较弱
金山区	0.25	较强
宝山区	0.27	较强
崇明区	0.22	中等

通过计算分析，两种方案结论基本一致。

2）综合减灾能力评估

综合减灾能力指标体系由政府减灾能力、企业减灾能力、社会组织减灾能力、乡镇（街道）、社区（行政村）与家庭减灾能力 6 项一级指标，22 项二级指标和 50 项三级指标组成，制定指标权重和分级标准后开展减灾能力综合评估，后 5 项指标及计算结果见表 2-68。

第 2 章 调查与评估

表 2-68 沿海 5 区企业与社会组织，乡镇、社区和家庭减灾能力评估指标计算结果表

一级指标	二级指标	三级指标	浦东新区	奉贤区	金山区	宝山区	崇明区
企业减灾能力	保险和再保险企业减灾能力	保险参与救灾能力	24.86	0.00	0.00	7.39	0.00
		灾害队伍保障能力	72.92	0.00	0.00	37.42	0.00
		涉灾类保险赔付能力	0.46	0.00	0.00	0.40	0.00
	大型工程建设等企业减灾能力	万人大型挖掘机拥有率	0.00	0.00	0.00	14%	0.00
		万人大型汽车式起重机拥有率	14%	0	1%	13%	0
		万人大型装载机拥有率	0.00	0.05	0.00	0.07	0.00
		万人大型履带式推土机拥有率	0.00	0.00	0.00	2%	0.00
社会组织减灾能力	社会组织减灾能力	物资储备能力	13 301.25	736.63	97.23	1 565.80	908.56
		应急运输能力	0.05	0.00	0.00	0.01	0.00
		应急救援能力	0.01	0.00	0.00	0.00	0.00
		科普宣传能力	0.04	0.00	0.01	0.00	0.04
乡镇（街道）减灾能力	灾害管理能力	队伍管理能力	0.49	0.64	1.76	1.88	1.58
		风险评估能力	0.50	0.42	0.09	0.15	0.50
		财政投入能力	55 293.97	26 136.00	60 387.00	141 422.00	60 957.60
	灾害备灾能力	物资储备能力	317 690.36	20 209.50	54 898.00	41 436.00	65 967.50
		医疗保障能力	1.65	1.84	2.31	1.47	5.44
	自救转移能力	自救互救能力	521.63	373.84	688.43	459.31	847.64
		公众避险能力	1.48	0.94	0.61	0.19	1.19
		转移安置能力	0.05	0.08	0.02	0.01	0.07
社区（行政村）减灾能力	灾害管理能力	预案建设能力	0.93	0.87	0.94	0.90	0.98
		隐患排查能力	0.52	0.60	0.54	0.50	0.49
		风险评估能力	0.26	0.45	0.43	0.31	0.37
	灾害备灾能力	财政投入能力	51 422.80	154 593.00	108 634.00	30 000 000.00	104 645.00
		物资储备能力	47 542.96	101 493.00	113 579.00	610 380.00	73 979.60
		医疗保障能力	2.87	4.64	4.78	6.24	5.94
	自救转移能力	自救互助能力	541.12	545.15	1 437.00	1 753.20	890.80
		公众避险能力	7.56	10.55	14.25	29.95	13.75
		转移安置能力	0.21	0.20	0.24	0.34	0.24
家庭减灾能力	家庭脆弱性	家庭脆弱人员占比	48%	41%	40%	37%	43%
		家庭患有慢性病、需要长期服药人员占比	25%	25%	22%	22%	24%
	防灾物资储备能力	应急物资储备	5.40	5.37	5.62	5.39	4.67
		干净饮用水储量/d	2.20	2.15	2.16	2.06	2.36
		方便食物储量/d	2.37	2.19	2.28	2.19	2.43

(续表)

一级指标	二级指标	三级指标	浦东新区	奉贤区	金山区	宝山区	崇明区
家庭减灾能力	灾害信息获取能力	是否在社区（村）联系群（如QQ、微信等）	0.82	0.44	0.68	0.66	0.66
		是否知道家庭所在社区（村）或社区（村）工作人员联系方式	0.92	0.74	0.91	0.94	0.89
		是否收到过灾害预警信息	0.89	0.89	0.92	0.97	0.96
	灾害自救互救能力	是否了解紧急避难路线	0.78	0.65	0.76	0.78	0.77
		近三年总计参加过家庭社区（村）组织的应急演练次数	2.48	1.74	2.23	2.11	2.08
		是否参加过急救培训	0.56	0.35	0.59	0.54	0.57
		掌握的急救技能数量	1.51	1.49	1.97	1.80	1.59

（1）指标计算分析

2.4.2节开展了沿海各区的政府减灾能力评估，其他减灾能力评估如下。

① 企业减灾能力评估指标

企业减灾能力评估指标包括保险和再保险企业、大型工程建设共2项二级指标，再细分至7项三级指标。根据计算，宝山区和浦东新区企业减灾能力较强，浦东新区保险和再保险企业减灾能力较强；奉贤区和金山区企业减灾能力较低；崇明区企业减灾能力最需加强。

② 社会组织减灾能力评估指标

社会组织减灾能力评估指标包括物资储备能力、应急运输能力、应急救援能力、科普宣传能力共4项二级指标。根据计算，浦东新区社会组织减灾能力最强；宝山区各项能力较为均衡；崇明区科普宣传能力最强，但其他能力较弱；奉贤区和金山区社会组织减灾能力总体较低。

③ 乡镇（街道）减灾能力评估指标

乡镇（街道）减灾能力评估指标包括灾害管理能力、灾害备灾能力和自救转移能力共3项二级指标，再细分为8项三级指标。根据计算，金山区、宝山区和崇明区灾害管理能力较强；浦东新区和宝山区灾害备灾能力较强；浦东新区和崇明区的自救转移能力较强。

④ 社区（行政村）减灾能力评估指标

社区（行政村）减灾能力评估指标包括灾害管理能力、灾害备灾能力、自救转移能力共3项二级指标，再细分至9项三级指标。根据计算，宝山区财政投入能力远高于其他区，灾害备灾能力、自救转移能力均最强，其他区社区（行政村）减灾能力较为均衡。

⑤ 家庭减灾能力评估指标

家庭减灾能力评估指标包括家庭脆弱性、防灾物资储备能力、灾害信息获取能力、灾害自

第 2 章　调查与评估

救互救能力共 4 项二级指标，再细分至 12 项三级指标。根据计算，沿海各区的家庭减灾能力较为均衡。

（2）综合减灾能力计算

通过专家咨询讨论以及专家打分和层次分析相结合的两种方法分别确定各类指标的权重因子，利用减灾能力评估模型开展行业综合减灾能力评估。与政府减灾能力评估一样，采用两种方案进行评估。

① 评估方案一

通过专家咨询讨论确定各类指标权重（表2-69），利用减灾能力评估模型评估沿海5区的行业综合减灾能力等级。依据评估标准（表2-62），将沿海各区综合减灾能力按照"强、较强、中等、较弱、弱"5个等级进行分级。经分析，宝山区和浦东新区综合减灾能力较强，金山区和崇明综合减灾能力中等，奉贤区综合减灾能力弱（表2-70）。

表 2-69　综合减灾能力指标及其对应权重值（方案一）

一级指标	权重	二级指标	权重	三级指标	权重	四级指标	权重	逐级分解权重
政府减灾能力	0.65	政府管理能力	0.17	管理队伍比例	0.2	—	—	0.022 1
				专家队伍比例	0.2	—	—	0.022 1
				防灾减灾规划	0.2	—	—	0.022 1
				应急预案数量	0.2	—	—	0.022 1
				防灾减灾投入	0.2	—	—	0.022 1
		工程设防能力	0.20	海堤工程长度比例	1.0	—	—	0.130 0
		监测预警能力	0.17	海洋灾害监测站点密度	1.0	—	—	0.110 5
		物资储备能力	0.16	人均储备库容率	0.5	—	—	0.052 0
				人均救援物资储备率	0.5	—	—	0.052 0
		专业队伍救援能力	0.15	海事救援能力	0.2	万人救援队伍比例	0.5	0.009 8
						万人交通车船比例	0.5	0.009 8
				医疗救援能力	0.4	万人住院床位比例	0.4	0.015 6
						万人卫生技术人员比例	0.4	0.015 6
						万人医疗机构比例	0.2	0.007 8
		政府转移安置能力	0.15	应急通信能力	0.4	万人通信基站密度	0.5	0.019 5
						万人应急通信设备比例	0.5	0.019 5
				应急避难场所容纳率	0.5	—	—	0.048 8
				路网密度	0.5	—	—	0.048 8

(续表)

一级指标	权重	二级指标	权重	三级指标	权重	四级指标	权重	逐级分解权重
企业减灾能力	0.1	保险和再保险企业减灾能力	0.5	保险参与救灾能力	1/3	—	—	0.016 7
				灾害队伍保障能力	1/3	—	—	0.016 7
				涉灾类保险赔付能力	1/3	—	—	0.016 7
		大型企业应急救援能力	0.5	万人大型挖掘机拥有率	0.25	—	—	0.012 5
				万人大型汽车式起重机拥有率	0.25	—	—	0.012 5
				万人大型装载机拥有率	0.25	—	—	0.012 5
				万人大型履带式推土机拥有率	0.25	—	—	0.012 5
社会组织减灾能力	0.1	物资储备能力	0.30	—	—	—	—	0.030 0
		应急运输能力	0.30	—	—	—	—	0.030 0
		应急救援能力	0.30	—	—	—	—	0.030 0
		科普宣传能力	0.10	—	—	—	—	0.010 0
乡镇(街道)减灾能力	0.05	灾害管理能力	0.4	队伍管理能力	1/3	—	—	0.006 7
				风险评估能力	1/3	—	—	0.006 7
				财政投入能力	1/3	—	—	0.006 7
		灾害备灾能力	0.3	物资储备能力	0.6	—	—	0.009 0
				医疗保障能力	0.4	—	—	0.006 0
		自救转移能力	0.3	自救互救能力	1/3	—	—	0.005 0
				公众避险能力	1/3	—	—	0.005 0
				转移安置能力	1/3	—	—	0.005 0
社区(行政村)减灾能力	0.05	灾害管理能力	0.4	预案建设能力	0.25	—	—	0.005 0
				隐患排查能力	0.25	—	—	0.005 0
				风险评估能力	0.25	—	—	0.005 0
				财政投入能力	0.25	—	—	0.005 0
		灾害备灾能力	0.3	物资储备能力	0.60	—	—	0.009 0
				医疗保障能力	0.40	—	—	0.006 0
		自救转移能力	0.3	自救互救能力	1/3	—	—	0.005 0
				公众避险能力	1/3	—	—	0.005 0
				转移安置能力	1/3	—	—	0.005 0

第 2 章　调查与评估

(续表)

一级指标	权重	二级指标	权重	三级指标	权重	四级指标	权重	逐级分解权重
家庭减灾能力	0.05	家庭脆弱性	0.25	家庭脆弱人员占比	0.5	—	—	0.006 3
				家庭患有慢性病、需要长期服药人员占比	0.5	—	—	0.006 3
		防灾物资储备能力	0.25	应急物资储备	1/3	—	—	0.004 1
				干净饮用水储量/天	1/3	—	—	0.004 1
				方便食物储量/天	1/3	—	—	0.004 1
		灾害信息获取能力	0.25	是否在社区（村）联系群（如QQ、微信等）	1/3	—	—	0.004 1
				是否知道家庭所在社区（村）或社区（村）工作人员联系方式	1/3	—	—	0.004 1
				是否收到过灾害预警信息	1/3	—	—	0.004 1
		灾害自救互救能力	0.25	是否了解紧急避难路线	0.25	—	—	0.003 1
				近三年总计参加过家庭社区（村）组织的应急演练次数	0.25	—	—	0.003 1
				是否参加过急救培训	0.25	—	—	0.003 1
				掌握的急救技能数量	0.25	—	—	0.003 1

表 2-70　沿海 5 区综合减灾能力及等级计算结果表（方案一）

行政区	减灾能力	减灾能力等级
宝山区	0.25	较强
浦东新区	0.24	较强
奉贤区	0.10	弱
金山区	0.21	中等
崇明区	0.20	中等

② 评估方案二

采用专家打分和层次分析构权相结合的方法，计算各类指标值对应权重（表 2-71）。经评估，宝山区和浦东新区综合减灾能力较强，崇明区和金山区中等，奉贤区较弱（表 2-72），与方案一评估结果非常接近。

表 2-71　综合减灾能力指标及其对应权重值（方案二）

一级指标	权重	二级指标	权重	三级指标	权重	四级指标	权重	逐级分解权重
政府减灾能力	0.566 5	政府管理能力	0.024 6	管理队伍比例	0.091 0	—	—	0.001 1
				专家队伍比例	0.272 7	—	—	0.004
				防灾减灾规划	0.181 8	—	—	0.002 8
				应急预案数量	0.181 8	—	—	0.002 8
				防灾减灾投入	0.272 7	—	—	0.004
		工程设防能力	0.700 0	海堤工程长度比例	1.000 0	—	—	0.396 6
		监测预警能力	0.073 8	海洋灾害监测站点密度	1.000 0	—	—	0.041 9
		物资储备能力	0.054 0	人均储备库容率	0.500 0	—	—	0.015 3
				人均救援物资储备率	0.500 0	—	—	0.015 3
		专业队伍救援能力	0.073 8	海事救援能力	0.500 0	万人救援队伍比例	0.750 0	0.015 9
						万人交通车船比例	0.250 0	0.005 1
				医疗救援能力	0.375 0	万人住院床位比例	0.333 0	0.005 1
						万人卫生技术人员比例	0.556 0	0.008 5
						万人医疗机构比例	0.111 0	0.001 7
				应急通信能力	0.125 0	万人通信基站密度	0.875 0	0.004 5
						万人应急通信设备比例	0.125 0	0.000 6
		政府转移安置能力	0.073 8	应急避难场所容纳率	0.833 0	—	—	0.034 6
				路网密度	0.167 0	—	—	0.006 8
企业减灾能力	0.113 3	保险和再保险企业减灾能力	0.500 0	保险参与救灾能力	0.142 9	—	—	0.008 1
				灾害队伍保障能力	0.142 9	—	—	0.008 1
				涉灾类保险赔付能力	0.714 2	—	—	0.040 5
		大型企业应急救援能力	0.500 0	万人大型挖掘机拥有率	0.394 8	—	—	0.022 4
				万人大型汽车式起重机拥有率	0.394 8	—	—	0.022 4
				万人大型装载机拥有率	0.131 5	—	—	0.007 4
				万人大型履带式推土机拥有率	0.079	—	—	0.004 5
社会组织减灾能力	0.063 0	物资储备能力	0.277 8	—	—	—	—	0.017 5
		应急运输能力	0.277 8	—	—	—	—	0.017 5
		应急救援能力	0.388 8	—	—	—	—	0.024 5
		科普宣传能力	0.055 6	—	—	—	—	0.003 5

第 2 章 调查与评估

(续表)

一级指标	权重	二级指标	权重	三级指标	权重	四级指标	权重	逐级分解权重
乡镇（街道）减灾能力	0.113 3	灾害管理能力	0.428 5	队伍管理能力	0.142 9	—	—	0.006 9
				风险评估能力	0.142 9	—	—	0.006 9
				财政投入能力	0.714 3	—	—	0.034 7
		灾害备灾能力	0.428 6	物资储备能力	0.166 7	—	—	0.008 1
				医疗保障能力	0.833 3	—	—	0.040 5
		自救转移能力	0.142 9	自救互救能力	0.333 3	—	—	0.005 4
				公众避险能力	0.555 8	—	—	0.009
				转移安置能力	0.110 9	—	—	0.001 8
社区（行政村）减灾能力	0.080 9	灾害管理能力	0.428 5	预案建设能力	0.099 9	—	—	0.003 5
				隐患排查能力	0.3	—	—	0.010 4
				风险评估能力	0.099 9	—	—	0.003 5
				财政投入能力	0.500 2	—	—	0.017 3
		灾害备灾能力	0.428 6	物资储备能力	0.166 7	—	—	0.005 8
				医疗保障能力	0.833 3	—	—	0.028 9
		自救转移能力	0.142 9	自救互救能力	0.333 3	—	—	0.003 9
				公众避险能力	0.555 8	—	—	0.006 4
				转移安置能力	0.110 9	—	—	0.001 3
家庭减灾能力	0.063 0	家庭脆弱性	0.357 1	家庭脆弱人员占比	0.833 3	—	—	0.018 7
				家庭患有慢性病、需要长期服药人员占比	0.166 7	—	—	0.003 7
		防灾物资储备能力	0.214 3	应急物资储备	0.142 4	—	—	0.001 9
				干净饮用水储量/天	0.428 8	—	—	0.005 8
				方便食物储量/天	0.428 8	—	—	0.005 8
		灾害信息获取能力	0.071 5	是否在社区（村）联系群（如QQ、微信等）	0.555 8	—	—	0.002 5
				是否知道家庭所在社区（村）或社区（村）工作人员联系方式	0.333 3	—	—	0.001 5
				是否收到过灾害预警信息	0.110 9	—	—	0.000 5
		灾害自救互救能力	0.357 1	是否了解紧急避难路线	0.500 2	—	—	0.011 2

(续表)

一级指标	权重	二级指标	权重	三级指标	权重	四级指标	权重	逐级分解权重
家庭减灾能力	0.063 0	灾害自救互救能力	0.357 1	近三年总计参加过家庭社区（村）组织的应急演练次数	0.099 9	—	—	0.002 2
				是否参加过急救培训	0.099 9	—	—	0.002 2
				掌握的急救技能数量	0.3	—	—	0.006 7

表2-72 沿海5区综合减灾能力及等级计算结果表（方案二）

行政区	减灾能力	减灾能力等级
宝山区	0.29	较强
浦东新区	0.24	较强
奉贤区	0.11	较弱
金山区	0.18	中等
崇明区	0.18	中等

通过计算分析，两种方案结论基本一致。立足于全市海洋灾害风险普查工作，推荐方案一的结论作为最终评估结论。

2.5 重点隐患调查与评估

重点隐患调查与评估主要包括海岸防护工程、海水养殖区、渔港、滨海旅游区和商港5类海洋灾害主要承灾体，其中前4个为自然资源部规定的任务，后1个为上海市结合海洋灾害实际情况增加的自选任务。海岸防护工程、海水养殖区、渔港、滨海旅游区4类承灾体重点隐患调查范围同第3章，商港调查范围同渔港，方法采用重点隐患相关技术规范。

重点隐患调查工作由沿海5区开展，在承灾体调查的基础上，通过资料收集、走访调研、数据共享、现场调查等方法补充收集相关承灾体基础信息，根据相关技术规范，开展资料梳理、遥感分析以及必要的现场补充调查，确定隐患区（点），进行自我检查，上海市海洋管理事务中心组织其技术支撑单位对成果进行审核，同时征求相关行业部门对隐患调查结果的意见，核验并修正完善隐患调查结果，评估隐患等级及各类主要重点隐患分布特征。

2.5.1 海岸防护工程

按照《海洋灾害重点隐患调查与评估技术规范 海岸防护》（FXPC/ZYZY E-01）开展海

第 2 章 调查与评估

岸防护工程重点隐患调查工作，调查与评估上海市沿海5区海堤在防御能力（漫堤淹没）、结构安全（失稳溃堤）、渗流稳定（管涌渗流）及堤前滩势稳定4方面的隐患，并判定隐患等级。

根据工作开展情况，重点隐患调查与评估海岸防护总长度578.20 km（包括承灾体调查与评估中575.09 km的海岸防护工程和宝山区与太仓交界处、罗泾港区部分岸段共3.11 km主海塘）。

1) 隐患调查

（1）资料收集

收集2.2节所述海岸防护工程承灾体调查信息，补充收集近年来海塘建设、安全鉴定、运行管理及海堤构筑物建设等资料，对收集到的资料进行梳理，同时使用无人机对海塘进行排查拍摄分析，根据隐患类型（表2-73），初步梳理出各种险工、险段信息，主要有病险海堤、没有达到防洪潮标准的海堤等。

表2-73 隐患类型表

表示	类型	表示	类型
A	堤顶沉降	F	交叉建筑物与海堤连接处存在开裂、脱空、错位等破损
B	堤前滩面沉降	G	堤身存在渗漏
C	堤前抛石塌陷、冲损等	H	防渗土体出现塌陷
D	护面块体变形、裂缝、塌陷、冲损等	I	其他（在情况描述中附文字说明）
E	防浪墙或挡浪墙变形、裂缝、塌陷、冲损		

（2）调查单元划分

按照同一防潮（洪）闭合圈的海堤（同一名称）或原设计（规划、设计）批复或验收（施工标准）的堤段为一个调查评估单元，海岸防护工程共划分419个调查单元，其中，宝山区28个，浦东新区96个，奉贤区40个，金山区13个，崇明区242个。

（3）测量断面确定

按照断面选取原则选取调查测量断面共计1 333条，其中，宝山区102条，浦东新区365条，奉贤区144条，金山区64条，崇明区658条。

断面选取原则：起点、终点、堤坝走势发生明显转折处、堤顶出现沉降处、防浪消浪设施出现损毁处、有交叉建筑物处、背海侧防渗土体有塌陷处以及与上一处断面距离超过2 km处。每个调查单元断面数量不少于3个；在有助于辅助确定堤坝范围内，按间距500~

1 000 m 选取；对地质条件变化大、断面型式不一、工况差异明显、安全状况差等堤段加密选取。

(4) 现场调查测量

对调查单元相同的断面位置及高程开展符合性测量，测量使用美国 Trimble R8 型 GPS 接收机，严格按照《卫星定位测量技术规范》中相应规定进行 GNSS-RTK 测量，坐标系统为 WGS84 经纬度，高程为 WGS84 大地高，将坐标系和高程系统转换到 CGCS2000 坐标系和国家 1985 高程基准下进行数据检核与图形编制。在现场断面测量的同时，还对海塘进行巡视、巡查，以便发现隐患点。

所有内业和外业形成的数据均采取自查和上级部门审核的方式进行质量控制，内业采用多人交互检查；外业严格按照相关文件细则进行现场抽检测量，确保隐患调查成果的质量。

2) 隐患评估

(1) 隐患判断方法

上海市海岸防护工程隐患判断分为防潮（洪）标准、结构安全、渗流稳定及综合隐患判定四个方面。

① 防潮（洪）标准

无海堤防护岸段、非标准海堤、未合拢堤段、标准海堤设计防潮标准或现状防潮标准小于等于 10 年一遇的堤段，且后方有人口、经济、承灾体分布，均判定为一级隐患。

按式（2-4）计算堤顶高程差值，防潮（洪）标准隐患等级以最薄弱断面进行界定，按表 2-74 进行判定。

$$\Delta H_t = H_{td} - H_{tm2} \tag{2-4}$$

式中　ΔH_t——堤顶高程差值（m）；

　　　H_{td}——设计堤顶高程（m），批准的工程设计文件或竣工验收报告所确定的典型断面堤顶高程，具体见《警戒潮位核定规范》（GB/T 17839—2011）；

　　　H_{tm2}——实测堤顶高程（m），近 2 年内实测的典型断面平均堤顶高程。

表 2-74　防潮（洪）标准隐患等级判定

判定指标	一级隐患	二级隐患	三级隐患
堤顶高程差值	≥60 cm	30~60 cm	—

② 结构安全

整体失稳：按式（2-5）计算堤前滩地高程差值，按表 2-75 判定整体失稳隐患等级。

$$\Delta H_f = H_{fd} - H_{fm3} \tag{2-5}$$

第 2 章 调查与评估

式中 ΔH_f——堤前滩地高程差值（m）；

H_{fd}——批准的工程设计文本所确定的堤前滩地计算高程（m）；

H_{fm3}——近 3 年实测的堤前滩地平均高程（m），范围为堤脚外侧 0~20 m。

表 2-75 整体失稳隐患等级判定

判定指标	一级隐患	二级隐患	三级隐患
堤前滩地高程差值	≥1 m	0.5~1 m	—

消浪防冲设施失稳：按消浪防冲设施失稳判定标准检查堤脚抛石、护面块体、防浪墙等消浪防冲设施失稳情况，按表 2-76 进行隐患判定，少量变形、裂缝、塌陷、冲损等失稳情况，一般要求每百米不得多于 5 处，且可在日常管理中进行维护的情况，判定为三级隐患；明显变形、裂缝、塌陷、冲损等失稳情况，数量为每百米多于 5 处，或需进行集中维护或第三方施工的情况，判定为二级隐患。

表 2-76 消浪防冲设施失稳等级判定

判定指标	一级隐患	二级隐患	三级隐患
消浪防冲实施情况	—	存在明显变形、裂缝、塌陷、冲损等失稳情况	存在少量变形、裂缝、塌陷、冲损等失稳情况

交叉建筑物：检查交叉建筑物与海堤连接部位的破损情况，按表 2-77 判定隐患等级。

表 2-77 交叉建筑物破损隐患等级判定

判定指标	一级隐患	二级隐患	三级隐患
交叉建筑物情况	—	存在贯穿性或严重的开裂、脱空、错位等破损	存在少量的非贯穿性开裂、脱空、错位等破损

③ 渗流稳定

观测堤身浸润线、渗透压力、渗透流量及水质、软土地基堤基孔隙水压力和十字板强度、渗透变形等。

可视渗漏：观察海堤的背水坡、护塘地与护堤河之间，以及交叉建筑物连接位置，集中渗漏点加密观察，关注外海高潮位时刻，必要时采取一定措施进行渗漏量测量。根据观测结果，按表 2-78 进行隐患判定。

表 2-78 可视渗漏隐患等级判定

判定指标	一级隐患	二级隐患	三级隐患
可视渗漏	—	存在明显渗漏	存在局部渗漏、或护塘地存在开挖取土现象

防渗土体：按式（2-6）计算防渗土体高程与设计高潮位差值，隐患等级按表2-79进行判定。

$$\Delta H_l = H_{tm1} - (H_{td} - H_{ld}) - H_{wd} \qquad (2-6)$$

式中 　ΔH_l——防渗土体高程与设计高潮位差值（m）；

　　　H_{td}——批准的工程设计文件或竣工验收报告所确定的典型断面堤顶高程（m）；

　　　H_{tm1}——近1年内实测的典型断面堤顶高程（m）；

　　　H_{ld}——批准的工程设计文件或竣工验收报告所确定的防渗土体顶高程（m）；

　　　H_{wd}——批准的工程设计文件或竣工验收报告所确定的设计高潮（水）位（m）。

表2-79　防渗土体隐患等级判定

判定指标	一级隐患	二级隐患	三级隐患
防渗土体高程与设计高潮位差值	≤ 0 m	0~0.3 m	0.3~0.5 m

④ 综合隐患判断

同一堤段的综合隐患取防潮标准、结构安全、渗流稳定三类隐患判定的最高等级进行判定。

（2）隐患等级及分布

上海市海岸防护工程防洪标准最低为20年一遇，无直接判定为一级隐患的堤段。根据前述防潮（洪）标准、结构安全、渗流稳定等计算或判定，经与水利及相关部门联合确认，共认定143处安全隐患点。按照隐患高等级确认到每个单元，共45个调查单元存在隐患，总长85.562 km，约占海岸防护工程总长度的15%（一级隐患3%、二级隐患8%、三级隐患4%）。其中，宝山区二级隐患点9处，合并单元5段，长10.19 km；浦东新区一、二、三级隐患点69处，合并单元28段，总长56.30 km；奉贤区二、三级隐患点61处，合并单元10段，总长13.65 km；金山区无隐患点；崇明区二级隐患点4处，合并单元2段，总长5.42 km（表2-80）。海堤隐患等级分布如图2-50—图2-52所示。

表2-80　海岸防护工程隐患情况表　　　　　　　　　　　　　　（单位：km）

区域	海堤长度	单元数	一级隐患			二级隐患			三级隐患点		
			点	单元	长度	点	单元	长度	点	单元	长度
宝山区	32.03	28	—	—	—	9	5	10.19	—	—	—
浦东新区	122.66	96	16	9	18.66	46	13	26.40	7	6	11.25
奉贤区	40.38	40				6	4	2.79	55	6	10.86

第 2 章　调查与评估

(续表)

区域	海堤长度	单元数	一级隐患			二级隐患			三级隐患点		
			点	单元	长度	点	单元	长度	点	单元	长度
金山区	23.98	13	—	—	—	—	—	—	—	—	—
崇明区	359.15	242	—	—	—	4	2	5.42	—	—	—
合计	578.20	419	16	9	18.66	65	24	44.79	62	12	22.11

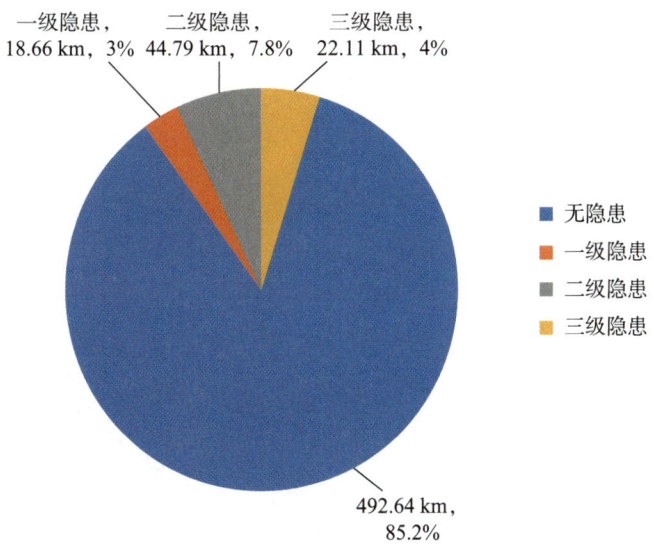

图 2-50　上海市海岸防护工程各等级隐患占比图

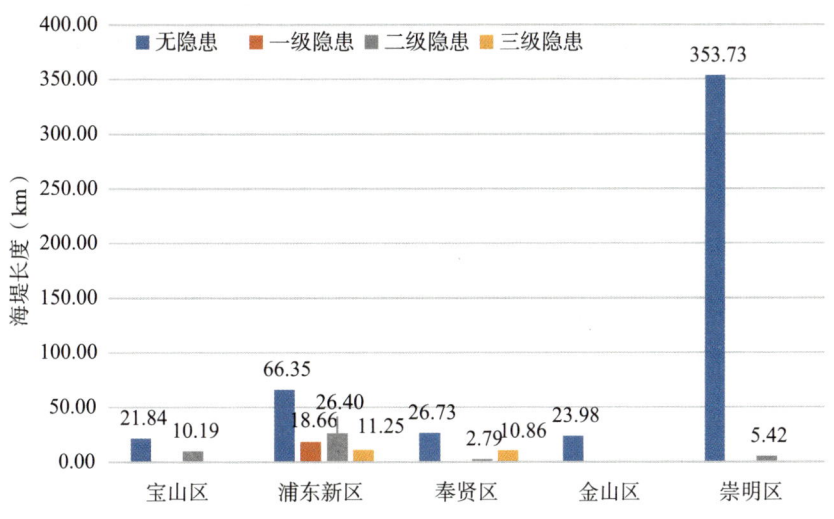

图 2-51　5 区海岸防护工程隐患情况

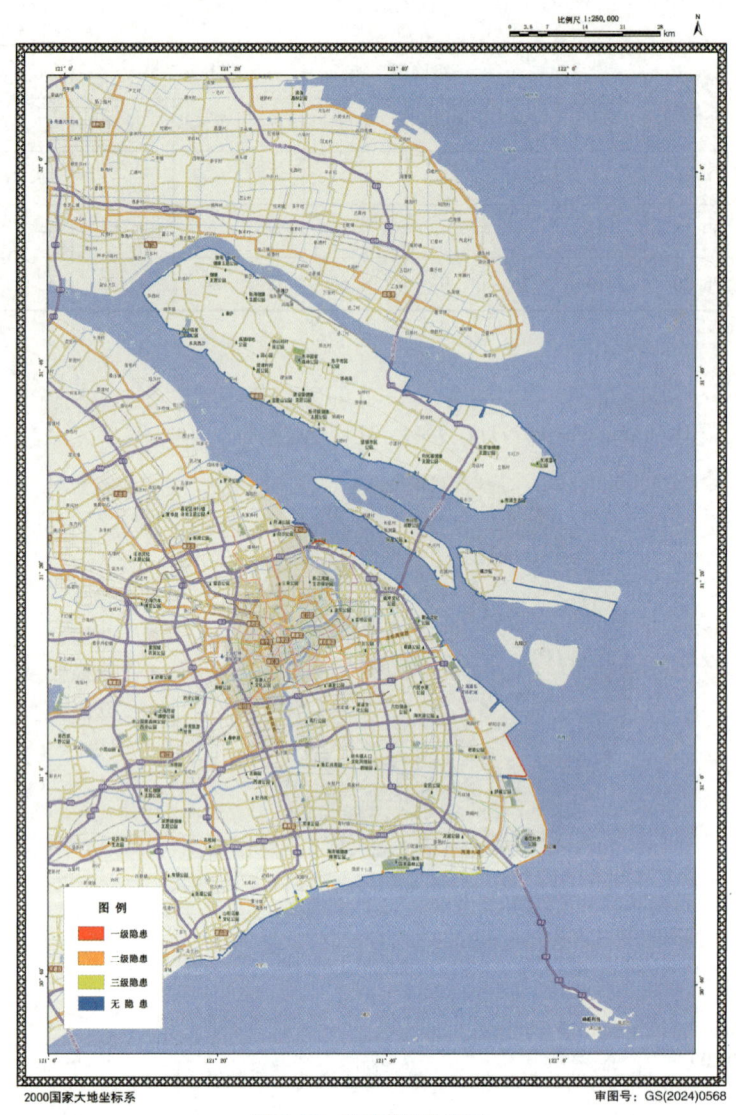

图 2-52 隐患等级分布图

上海市隐患类型有堤顶沉降和裂缝、防浪墙裂缝及保滩工程翼型块移位等，其中一、二级隐患基本为堤顶沉降，三级隐患为保滩工程扭王块移位冲损、防浪墙裂缝、交叉建筑物破损、堤顶路面裂缝等（表2-81）。宝山区和崇明区隐患类型均为堤顶沉降，浦东新区隐患类型以堤顶沉降为主，奉贤区隐患类型以保滩工程扭王块移位冲损、防浪墙裂缝为主（表2-82）。

3）5区隐患等级情况

（1）宝山区

宝山区5段单元综合隐患等级为二级，均为防潮（洪）标准方面隐患，具体隐患类型为堤顶沉降（A），现状堤顶高程与设计堤顶高程差值为0.30~0.49 m（表2-83）。

第 2 章 调查与评估

表 2-81 上海市海岸防护工程隐患类型

隐患类型	隐患等级	数量（点）	备注
A	一级隐患	16	堤顶沉降
A	二级隐患	61	堤顶沉降
C	三级隐患	44	保滩工程扭王块移位、冲损等
E	三级隐患	11	防浪墙裂缝
F	三级隐患	1	交叉建筑物破损
I	二级隐患	4	海塘达标工程改造施工
I	三级隐患	6	堤顶路面裂缝
合计	—	143	

表 2-82 沿海 5 区海岸防护工程隐患类型统计

序号	区域划分		单元隐患数量（段）	隐患点数量（个）	隐患类型				
					A	C	E	F	I
1	宝山区		5	9	9	—	—	—	—
2	奉贤区		10	61	2	44	10	1	4
3	浦东新区		28	69	62	—	1	—	6
4	金山区		—	—	—	—	—	—	—
5	崇明区	崇明岛	—	—	—	—	—	—	—
5	崇明区	横沙岛	1	3	3	—	—	—	—
5	崇明区	长兴岛	1	1	1	—	—	—	—
合计			45	143	77	44	11	1	10

表 2-83 宝山区隐患情况表

序号	单元名称	单元长度（m）	现状防御标准	设计堤顶高程（m）	现状堤顶高程（m）	堤顶高程差值	隐患类型	隐患等级
1	宝钢西段（98.11+851~98.14+725）	2 874	200 年一遇高潮位加 11 级风	7.59	7.12~7.18	0.41~0.47	A	二级隐患
2	宝钢东段 03（98.10+465~98.11+851）	1 386	200 年一遇加 11 级风	7.59	7.13~7.17	0.42~0.46	A	二级隐患
3	脱硫码头（1302.0+000~1302.0+763）	763	200 年一遇高潮位加 12 级风	8.29	7.85~7.89	0.40~0.44	A	二级隐患
3	罗泾港区主海塘（0803.1+330~0803.3+720）	2 390	200 年一遇高潮位加 12 级风	8.29	7.80	0.49	A	二级隐患
4	罗泾港区（1303.0+000~1303.2+772）	2 772	50 年一遇加 10 级风	6.69	6.39	0.30	A	二级隐患

(2) 浦东新区

① 一级隐患

浦东新区 9 段单元综合隐患等级一级，均为防潮（洪）标准方面隐患，具体隐患类型为堤顶沉降（A），现状堤顶高程与设计堤顶高程差值为 0.33~1.86 m（表 2-84）。

表 2-84 浦东新区一级隐患单元情况表

序号	单元名称	单元长度（m）	现状防御标准	设计堤顶高程（m）	现状堤顶高程（m）	堤顶高程差值（m）	隐患类型	隐患等级
1	北部海塘一期达标大堤（50+168~52+855）	2 687	200 年一遇高潮位加 12 级风下限	7.59	5.73~7.22	0.37~1.86	A	一级隐患
2	外高桥泵闸（44+109~44+503）	394	100 年一遇高潮位加 12 级风	8.29	7.33~7.43	0.86~0.96	A	一级隐患
3	人民塘（外高桥港区一期）（43+072~44+109）	1 037	200 年一遇高潮位加 12 级风	8.29	7.38~7.44	0.85~0.91	A	一级隐患
4	张军圩［30+471~30+796（0803·0+000）］-2	325	200 年一遇高潮位加 12 级风下限	7.59	6.89~7.18	0.41~0.7	A	一级隐患
5	五好沟圈围工程 2 号大堤（上海海事局五好沟基地［0802·0+651~0802·1+227（30+427）］	576	200 年一遇高潮位加 12 级风下限	7.69	6.80	0.89	A	一级隐患
6	五好沟圈围工程 2 号大堤（中国极地考察国内基地［0802·0+000（30+116）~0802·0+651］	651	200 年一遇高潮位加 12 级风下限	6.39	5.23	1.16	A	一级隐患
7	东滩五期大堤［0804·3+078~0804·12+148（1802·0+000）］	9 070	50 年一遇高潮位加 10 级风上限	7.59	6.90~7.24	0.35~0.69	A	一级隐患
8	东滩五期大堤（南侧堤）［0804·0+000（33+334）~0804·3+078］	3 078	20 年一遇高潮位加 9 级风	5.29	4.68~4.92	0.38~0.61	A	一级隐患
9	港城大堤（观海公园）（0803·5+395~0803·6+236）	841	200 年一遇高潮位加 12 级风下限	8.19	7.57~7.86	0.33~0.62	A	一级隐患

② 二级隐患

浦东新区 13 段单元综合隐患等级二级，均为防潮（洪）标准方面隐患，具体隐患类型为堤顶沉降（A），现状堤顶高程与设计堤顶高程差值为 0.28~0.58 m，二级隐患单元中有部分隐患点（区）判定为三级隐患，主要为结构安全方面隐患，具体为其他（I）（路面裂缝）（表 2-85、图 2-53）。

第2章 调查与评估

表2-85 浦东新区二级隐患单元情况表

序号	单元名称	单元长度（m）	现状防御标准	设计堤顶高程（m）	现状堤顶高程（m）	堤顶高程差值	隐患类型	隐患等级
1	凌翼围堤（49+270~50+168）	898	200年一遇高潮位加12级风下限	7.69	7.22~7.39	0.30~0.47	A	二级隐患
2	人民塘（外高桥港区三期）（45+338~46+101）	763	200年一遇高潮位加12级风下限	7.39	7.09	0.30	A	二级隐患
3	污水处理三期大堤（打捞局浮筒基地码头）[0804·0+000（39+470）~0804·0+043]	43	200年一遇高潮位加12级风下限	7.19	6.82~6.85	0.34~0.37	A	二级隐患
4	外高桥造船厂大堤[37+345（0305·4+550）~37+859（0306·0+000）]-1	514	200年一遇高潮位加12级风下限	7.69	7.35	0.34	A	二级隐患
5	张军圩（上海海事局五好沟基地）[30+427（0802·1+227）~30+471]	44	200年一遇高潮位加12级风下限	7.59	7.06~7.13	0.49~0.53	A	二级隐患
6	三甲港水闸两侧堤[11+421（0302·1+448）~12+448]	1 027	200年一遇高潮位加12级风下限	7.29	6.86	0.43	A	二级隐患
7	浦东机场外2号围区圈围大堤[1804·0+000（7+890）~1804·3+756（0302·0+796）]	3 756	200年一遇高潮位加12级风上限	8.31	7.82~7.99	0.32~0.49	A	二级隐患
8	东滩五期大堤（商飞基地）[0804·16+952（1802·11+148）~0804·17+174（0301·1+998）]	222	200年一遇高潮位加12级风下限	7.89	7.34~7.46	0.43~0.55	A	二级隐患
9	东滩四期大堤（0803·10+117.89~0803·20+000）-1	9 882.11	200年一遇高潮位加12级风下限	7.99	7.57~7.60	0.39~0.42	A	二级隐患
10	港城大堤（0803·6+236~0803·10+124）-3	3 888	200年一遇高潮位加12级风下限	8.19	7.61~7.72	0.47~0.58	A	二级隐患
11	港城大堤（0803·5+127~0803·5+395）-2	268	200年一遇高潮位加12级风下限	8.19	7.86~7.91	0.28~0.33	A、I	二级隐患
12	滴水湖出水闸两侧堤（0803·4+665~0803·5+127）-2	462	200年一遇高潮位加12级风下限	7.96	7.54	0.42	A	二级隐患
13	港城大堤[0803·0+000（0302·7+593）~0803·4+628]-1	4628	200年一遇高潮位加12级风下限	8.19	7.70~7.80	0.39~0.49	A	二级隐患

图 2-53 港城大堤（0803·5+127~0803·5+395）-2 堤顶裂缝

③ 三级隐患

浦东新区 6 段单元综合隐患等级三级，均为结构安全方面隐患，具体为防浪墙破损（E）和其他（I）（相关裂缝）（表 2-86、图 2-54）。

表 2-86 浦东新区三级隐患单元情况表

序号	单元名称	单元长度（m）	现状防御标准	隐患类型	隐患等级
1	人民塘（炮台浜）（48+761~49+270）	509	200 年一遇高潮位加 12 级风下限	I	三级隐患
2	海滨防汛堤（47+438~48+733）	1 295	200 年一遇高潮位加 12 级风	I	三级隐患
3	污水处理三期大堤［0804·0+043~0804·0+579（40+017）］	536	200 年一遇高潮位加 12 级风下限	I	三级隐患
4	外高桥造船厂大堤［38+292（0306·0+718）~38+989］-2	697	200 年一遇高潮位加 12 级风下限	I	三级隐患
5	芦潮港围堤［0801·7+728~0801·8+716（1801·0+000）］	988	200 年一遇高潮位加 12 级风下限	E	三级隐患
6	临港大堤（0801·0+505~0801·7+728）-2	7 223	200 年一遇高潮位加 12 级风下限	I	三级隐患

第 2 章 调查与评估

(a) 人民塘（炮台浜）堤顶裂缝

(b) 海滨防汛堤堤顶裂缝

(c) 污水处理三期大堤堤顶裂缝

(d) 外高桥造船厂大堤堤顶裂缝

(e) 芦潮港围堤防浪墙裂缝

(f) 临港大堤路面裂缝

图 2-54 浦东新区三级隐患现场图

(3) 奉贤区

① 二级隐患

奉贤区 4 段单元综合隐患等级二级，均为防潮（洪）标准方面隐患，具体隐患类型堤顶沉降（A）和其他（I）（普查期间正在达标建设），现状堤顶高程与设计堤顶高程差值为 0.11～0.45 m。二级隐患单元中有部分隐患点（区）判定为三级隐患，主要为结构安全方面隐患，具体为防浪墙开裂或破损（E）（表 2-87、图 2-55）。

表 2-87 奉贤区二级隐患单元情况表

序号	单元名称	单元长度（m）	现状防御标准	设计堤顶高程（m）	现状堤顶高程（m）	堤顶高程差值	隐患类型	隐患等级
1	南门港东侧撑塘（27+713～28+108）	395	200 年一遇高潮位加 12 级风下限	6.4	6.02	0.38	I	二级隐患
2	南门港西侧撑塘（27+182～27+713）	531	200 年一遇高潮位加 12 级风下限	7.1	6.65～6.67	0.43～0.45	I	二级隐患
3	华电灰坝专用岸段（15+672～17+200）	1 528	100 年一遇高潮位加 11 级风	6.86	6.54	0.32	I	二级隐患
4	南竹港西侧港支堤（4+294～4+633）	339	200 年一遇高潮位加 12 级风下限	7.5	7.08～7.39	0.11～0.42	A、E	二级隐患

（a）南门港撑塘东侧、西侧达标建设中

（b）华电灰坝专用岸段达标建设中

（c）南竹港西侧港支堤防浪墙开裂

图 2-55 奉贤区部分岸段达标建设及三级隐患点现场图

② 三级隐患

奉贤区 6 段单元综合隐患等级为三级，均为结构安全方面隐患，具体为防浪墙破损（E）、翼型块体移位或冲毁（C）和交叉涵闸侧堤开裂（F）（表 2-88、图 2-56）。

第 2 章　调查与评估

表 2-88　奉贤区三级隐患单元情况表

序号	单元名称	单元长度（m）	现状防御标准	隐患类型	隐患等级
1	海水塘（30+083~32+568）	2 485	200 年一遇高潮位加 12 级风下限	C	三级隐患
2	水利塘（13+800~13+997）	197	200 年一遇高潮位加 12 级风下限	F	三级隐患
3	柘林塘圈围大堤（0801*0+943~0801*4+413）	3 470	200 年一遇高潮位加 12 级风下限	C	三级隐患
4	柘林塘圈围大堤（0801*0+000~0801*0+414）	414	200 年一遇高潮位加 12 级风下限	E	三级隐患
5	南竹港西侧港支堤（4+633~4+908）	275	200 年一遇高潮位加 12 级风下限	E	三级隐患
6	化工区专用岸段（0+000~4+020）	4 020	200 年一遇高潮位加 12 级风下限	C	三级隐患

（a）海水塘翼型块体移位或冲毁

（b）水利塘交叉涵闸侧堤开裂

（c）柘林塘圈围大堤翼型块体位移、管桩断裂

（d）柘林塘圈围大堤防浪墙开裂

（e）南竹港西侧港支堤防浪墙开裂

（f）化工区专用岸段翼型块体位移

图 2-56　奉贤区三级隐患单元现场图

(4)金山区

金山区无隐患单元。

(5)崇明区

崇明区 2 段单元综合隐患等级为二级,均为防潮(洪)标准方面隐患,具体隐患类型为堤顶沉降(A),现状堤顶高程与设计堤顶高程差值为 0.32~0.71 m。其中,中船圈圩岸段虽堤顶高程差超过 0.60 m,但该岸段已列入年度达标计划实施达标建设,故综合隐患定为二级(表 2-89)。

表 2-89 崇明区隐患情况表

序号	单元名称	单元长度(m)	现状防御标准	设计堤顶高程(m)	现状堤顶高程(m)	堤顶高程差值	隐患类型	隐患等级
1	中船圈圩 0804.1+042.7~0804.3+571.4	2 528.4	200 年一遇潮位 12 级风	8.19	7.48~7.70	0.49~0.71	A	二级隐患
2	横沙三期东堤 1302.3+884~1302.6+776.8	2 892.8	20 年一遇潮位	7.39	7.07	0.32	A	二级隐患

2.5.2 海水养殖区

按照《海洋灾害重点隐患调查与评估技术规范 海水养殖区》(FXPC/ZRZY E-03)开展海水养殖区重点隐患调查与评估工作,隐患调查与评估内容同海岸防护工程。

1)隐患调查

收集 2.2.2 节海水养殖承灾体调查信息,补充收集海水养殖区损失情况、单体池塘平均面积、单体池塘平均水深、围堰坡度等信息,根据隐患类型(表 2-73),对收集到的资料进行初步梳理。通过影像勘查、走访调查与现场测量等方式开展隐患调查。

2)隐患评估

参照 2.5.1 节所述隐患评估方法,对奉贤区 2 处海水养殖区进行隐患评估,评估结果为无隐患。

2.5.3 渔港

按照《海洋灾害重点隐患调查与评估技术规范 渔港》(FXPC/ZYZY E-02)开展渔港重点隐患调查工作,主要调查与评估渔港设计靠泊容量小于实际需求、工程现状、防浪、防台能力和港区作业管理等隐患。

第 2 章　调查与评估

1) 隐患调查

收集 2.2.3 节渔港承灾体调查信息，补充收集近 5 年渔港地理信息、水文气象资料、渔港基础设施信息、防波堤现状资料等（表 2-90），通过影像勘查、走访调查等方式对收集到的数据进行核实。根据隐患类型（表 2-91），对收集到的资料进行梳理分析，确定隐患。

表 2-90　渔港相关资料清单

序号	类别	名称
1	地理信息	卫星影像图、渔港及其邻近外海域地形、研究区地表高程、水深及岸线数据
2	水文、气象资料	历史风暴潮、海浪灾害过程的潮位、潮流、海浪及气象观测资料，包括潮（水）位站、海洋观测站、浮标及自预警报结果
3	渔港基本情况	承灾体信息、渔港基本设施的布置形式以及渔港建设历程等
4	防波堤现状	名称、位置、设计防护标准、起止点、防波堤类型、长度等

表 2-91　渔港隐患类型

序号	类别	具体内容
1	设计容量	渔港设计靠泊容量明显小于实际需求隐患
2	工程现状	渔港存在护岸、防波堤等防护工程明显老化破损、锚地航道出现严重淤积等锚泊安全隐患
3	防台防浪能力	采用风暴潮、天文潮、海浪耦合数值模型，模拟计算 10 年重现期台风浪情景，港区内外波高比大于 60% 或港区内有效波高超过 1 m 或码头前作业波高超过 0.5 m，则渔港的遮蔽效应较弱，存在隐患
4	作业管理	防台应急预案、预警报发布系统、渔船进出港指导规则缺失，渔船锚泊、加油、加冰、装卸设施等作业安全隐患

2) 隐患评估

（1）隐患判断方法

按照以下标准判定渔港综合隐患等级：

① 存在工程现状或防台防浪能力缺陷的渔港判定为一级隐患；

② 存在设计容量小于实际需求的渔港判定为二级隐患；

③ 仅存在管理制度缺陷的渔港判定为三级隐患。

（2）隐患等级及分布

根据上述隐患判断方法，上海市 3 处渔港均无隐患。

① 浦东新区大治河南岸渔船临时停靠点

该渔船临时停靠点护岸设计防护标准 50 年一遇，护岸、防波堤无破损情况，工程防护无隐患；设计停靠船型 18 m，设计靠泊船只 34 艘，实际防台靠泊 32 艘，设计容量无隐患；管理制度齐全，运行按照相关管理制度要求执行，管理制度无隐患；综合判定为无隐患。

② 上海为中集团水产品交易批发市场经营管理有限公司

该渔港护岸设计防护标准100年一遇，护岸、防波堤无破损情况，工程防护无隐患；设计停靠船型30 m，设计靠泊船只2艘，实际防台靠泊2艘，设计容量无隐患；管理制度齐全，运行按照相关管理制度要求执行，管理制度无隐患；综合判定为无隐患。

③ 上海长兴岛渔港有限公司

该渔港护岸设计防护标准200年一遇，护岸、防波堤无破损情况，工程防护无隐患；设计停靠船型70 m，设计靠泊船只11艘，实际防台靠泊11艘，设计容量无隐患；管理制度齐全，运行按照相关管理制度要求执行，管理制度无隐患；综合判定为无隐患。

2.5.4 滨海旅游区

按照《海洋灾害重点隐患调查与评估技术规范 滨海旅游区》（FXPC/ZRZY E-04）等相关技术规范开展工作，主要调查与评估海浪、裂流等导致人员伤亡的主要常规性致灾、致险隐患。

1) 隐患调查

收集2.2.4节滨海旅游区承灾体调查信息，补充收集滨海旅游区地理信息、水文数据、地质要素等资料。对调查评估岸段开展遥感和动力分析，初步判断有无裂流隐患并确定隐患指数。

选择走访询问和目视观测两种方法开展现场隐患调查，其中走访询问方法主要对旅游区管理人员、海滩救生员等进行交流，了解裂流灾害情况以及溺水事故，按照表2-92评估走访询问隐患指数（FD）。通过走访调查，上海市3处滨海旅游区无裂流发生，且近5年未发生相关灾情，走访询问隐患指数 FD 为0。

表2-92　走访询问隐患指数

走访询问情况	发现裂流	不确定或未发现裂流
FD	0	0

2) 隐患评估

（1）隐患判断方法

按照以下方法，根据表2-93判定滨海旅游区综合隐患等级：

① 综合利用现场调查结果，对遥感和动力分析的各指数进行修正。

② 根据调查评估结果，按照下式计算裂流综合隐患指数（RI）：

$$RI = \max(MD, NS, DY) + \max(SA, UA, BA, FD) \tag{2-5}$$

式中　RI——裂流综合隐患指数；

MD——海滩地形动力分析隐患指数；

NS——水动力数值分析隐患指数；

第 2 章 调查与评估

SA——遥感影像解译分析隐患指数；

UA——观测隐患指数；

BA——地形隐患指数；

DY——染料示踪隐患指数；

FD——走访询问隐患指数。

表 2-93 滨海旅游区裂流灾害隐患等级

裂流隐患等级	高	中	低
隐患指数 RI	$RI \geqslant 50$	$20 < RI < 50$	$RI \leqslant 20$

（2）隐患等级及分布

根据上述隐患判断方法，上海市 3 处滨海旅游区均无隐患。

① 浦东新区三甲港海滨乐园

该乐园已于 2016 年停止营业，园内游乐设施已拆除废弃，园区目前闲置（图 2-57），该处向海一侧建有防护坝，无裂流发生，且近 5 年未发生相关灾情，走访询问隐患指数 FD 为 0，评估为无隐患。

图 2-57 浦东新区三甲港海滨乐园

② 奉贤区碧海金沙水上乐园

该乐园建造在防汛墙以外，向海一侧建有防护坝（图 2-58），无裂流发生，且近 5 年未发生相关灾情，走访询问隐患指数 FD 为 0，评估为无隐患。

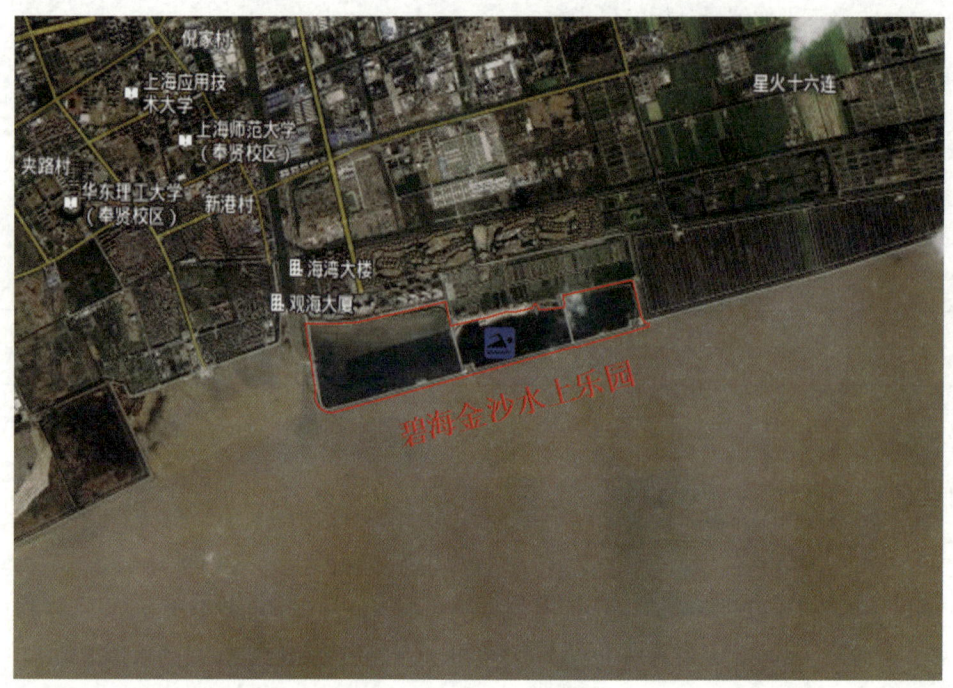

图 2-58　奉贤区碧海金沙水上乐园

③ 金山区金山城市沙滩

金山城市沙滩由 3.3 km 保滩工程坝围成（图 2-59），向海一侧建有防护坝，无裂流发生，且近 5 年未发生相关灾情，走访询问隐患指数 FD 为 0，评估为无隐患。

图 2-59　金山区金山城市沙滩

第 2 章　调查与评估

2.5.5　商港

隐患调查与评估内容同渔港。

1）隐患调查

收集近 5 年商港承灾体调查信息，包括商港地理信息、水文气象资料、商港基础设施信息、防波堤现状资料等（表 2-94），通过影像勘查、走访调查等方式对收集到的数据进行核实。根据隐患类型（表 2-91），对收集到的资料进行梳理分析，确定隐患。

表 2-94　商港相关资料清单

序号	类别	名称
1	地理信息	卫星影像图、商港及其邻近外海域地形、研究区地表高程、水深及岸线数据
2	水文、气象资料	历史风暴潮、海浪灾害过程的潮位、潮流、海浪及气象观测资料，包括潮（水）位站、海洋观测站、浮标及自预警报结果
3	商港基本情况	商港分布图、平面尺寸、水深分布、几何形状、设计容量、基本设施布置形式以及商港建设历程等
4	防波堤现状	名称、位置、设计防护标准、起止点、防波堤类型、长度等

上海市共有商港 36 处，宝山区 1 处、浦东新区 26 处、崇明区 9 处（表 2-95）。

表 2-95　上海市商港承灾体统计

区域	序号	商港名称	设计船型	设计靠泊船数	实际靠泊船数
宝山区	1	上海吴淞口国际邮轮港	—	—	—
浦东新区	1	中国石化上海高桥石油化工有限公司码头	110	13	0
	2	中化中石化上海东方石化储运有限公司码头	5 万 DWT 油轮（约 221 m）	1	0
	3	上海中油中燃石油仓储有限公司码头	5 万 t 级、100t 级、500t 级	5	0
	4	上港集团振东集装箱码头分公司码头	1、5 泊位 5 万 t 级；2、3、4 泊位 10 万 t 级	5	0
	5	上海外高桥发电有限责任公司码头	7 万 t 级	1	0
	6	上海外高桥第二发电有限责任公司码头	7 万 t 级	1	0
	7	上海航道物流有限公司码头	5 万 t 级散货船 223×32.3×17.9	2	2
	8	交通运输部长江口航道管理局码头	—	4	0
	9	上海中远海运仓储有限公司码头	3 万 t 级	4	0
	10	上海外高桥造船有限公司码头	30 万 t 级、17.5 万 t 级	5	5
	11	上海沪东集装箱有限公司码头	3 000t 级、8 万吨级 10 万 t 级	6	0
	12	上海明东集装箱码头有限公司码头	1~4 泊位 10 万 t 级；5~8 泊位 15 万 t 级。	7	0
	13	中国极地研究中心码头	无	4	0

(续表)

区域	序号	商港名称	设计船型	设计靠泊船数	实际靠泊船数
浦东新区	14	上海良友新港储运有限公司码头	巴拿马级 320 m	1	0
	15	上海浦航石油有限公司码头	70~179 m	3	0
	16	上海城投污水处理有限公司白龙港污水处理长码头	1 000 t 级	2	2
	17	上海机场（集团）有限公司码头	500 t 级、1 000 t 级	2	0
	18	上海临港产业区港口发展有限公司码头（车客渡码头）	91 m	3	0
	19	上海电气临港重型机械装备有限公司码头	100 m	2	0
	20	上海中船三井造船柴油机有限公司码头	1 800 t 机动驳（65 m）	2	0
	21	上海外高桥造船海洋工程有限公司码头	100 m	5	0
	22	上海外高桥第三发电有限责任公司码头	5 万 t 级	1	0
	23	上海海通国际汽车码头有限公司码头	200 m	3	0
	24	上海浦东国际集装箱码头有限公司码头	10 万 t 级、5 万 t 级	3	0
	25	上海海洋石油局第三海洋地质调查大队有限公司码头	无	4	0
	26	交通运输部上海打捞局码头	无	2	0
崇明区	1	上海市客运轮船有限公司（新河站）	33~69 m	2	1
	2	上海市客运轮船有限公司（堡镇站）	33~46 m	2	1
	3	上海市客运轮船有限公司（南门站）	33~75 m	20	18
	4	上海市客运轮船有限公司（长兴北）	33~46 m	4	2
	5	上海市客运轮船有限公司（横沙站）	33~46 m	4	2
	6	上海市客运轮船有限公司（长兴南）	33~48 m	2	2
	7	上海申奚装卸有限公司	33~69 m	2	1
	8	新河集装箱码头（上海港国际集装箱货运有限公司崇明分公司）	50~99 m	1	1
	9	长兴公共货运码头	30~65 m	3 000 船次/年	2 000 船次/年

2）隐患评估

参照 2.5.3 渔港隐患判断方法进行商港隐患判断，上海市 36 处商港均为无隐患。

（1）宝山区

上海吴淞口国际邮轮港护岸设计防护标准 200 年一遇，护岸、防波堤无破损情况，工程防护无隐患；设计停靠船型 362 m，设计靠泊船只 4 艘，实际防台靠泊 4 艘，设计容量无隐患；管理制度齐全，运行按照相关管理制度要求执行，管理制度无隐患；综合判定为无

第 2 章 调查与评估

隐患。

(2) 浦东新区

浦东新区 26 个商港护岸设计防护标准均为 200 年一遇，护岸、防波堤均无破损情况，工程防护无隐患；实际防台靠泊数量 0~5 艘，均不大于涉及靠泊船只数量（1~13 艘），设计容量无隐患；有完备的作业管理规定，管理制度无隐患；综合判定为无隐患。

(3) 崇明区

崇明区 9 个商港护岸设计防护标准分别为 100 年一遇、200 年一遇，护岸、防波堤均无破损情况，工程防护无隐患；设计停靠船型 33~99 m，设计靠泊船只 1~20 艘，实际防台靠泊 1~2 艘，设计容量无隐患；管理制度齐全，运行按照相关管理制度要求执行，管理制度无隐患；综合判定为无隐患。

本章小结

本章介绍了致灾调查与评估、承灾体调查与评估、历史海洋灾害调查与评估、行业减灾能力调查与评估及重点隐患调查与评估成果。

1) 致灾调查与评估

(1) 风暴潮

以芦潮港为特征站，统计 1978—2020 年上海市共发生风暴潮过程 504 次（台风风暴潮 63 次，温带风暴潮 441 次），其中高潮位超警 319 次，集中发生在 6—10 月，全年占比 82.45%。年度极值潮位和最大增水多出现于台风风暴潮过程中，本次调查范围内大部分验潮站的历史高潮位记录和沿海最大风暴增水（262 cm）均出现在 9711 Winnie 台风风暴潮中。正面登陆上海的台风风暴潮中，增水最高为 126 cm（横沙，8913 Ken 台风）。

(2) 海浪

以有效波高达到 4.0 m 及其以上为标准，1978—2020 年上海市海域灾害性海浪过程共 98 次，平均每年 2.3 次，主要集中在 1 月、8—12 月，以 8 月为最。其中由热带气旋引起的 46 次，由冷空气引起的 51 次，由温带气旋引起的 1 次。由热带气旋引起的灾害性海浪特征值较大，沿海海洋站和近海浮标测得的最大有效波高分别为 5.5 m 和 9.4 m，最大波高分别为 8.0 m 和 14.7 m。

(3) 海啸

1978—2020 年对上海市产生较明显影响地震海啸事件有 2 个，为 2010 年智利 2.27 地震海啸和 2011 年日本 3.11 地震海啸，两次地震海啸最大波幅分别出现在金山区金山嘴站和浦东新区芦潮港（海洋）站，最大海啸波幅分别为 11.2 cm 和 17.5 cm。两次海啸事件都未对上海市产生灾害性影响。

（4）海平面上升

根据调查分析，上海附近海平面变化速率为 3~9 mm/yr，未来海平面将继续缓慢上升。海平面上升季节变化明显，年变化幅度 40~50 cm，最大值、最小值分别出现在 9 月、1 月、2 月，长江口内比口外站年较差更大。

（5）海岸侵蚀

上海属淤泥质海岸，海岸侵蚀主要为岸滩滩面和周边水道刷低刷深，具有年度长周期、季节变化年周期及风暴潮作用短周期现象。1980 年以来，大通站输沙量呈阶段减小趋势，2003 年三峡蓄水后来沙量大幅减少。海岸侵蚀主要分布于陈家镇奚家港水闸东侧岸段和横沙乡东北侧反帝圩岸段，该 2 处岸段风险评价为中风险，其余为低风险。

（6）咸潮入侵

2000—2020 年，长江口三大水库共发生咸潮入侵 138 次（陈行 101 次、青草沙 23 次、东风西沙 14 次），其中陈行和东风西沙咸潮入侵基本为北支倒灌，青草沙既易受正面上溯影响，又易受北支倒灌影响。咸潮入侵基本集中在每年 10 月到次年 3 月，2006 年 9 月发生了罕见的丰水期咸潮入侵事件，2014 年 2 月发生了近年来最强咸潮入侵事件。通过数值模型复核计算，陈行水库、青草沙水库、东风西沙水库设计最长连续不宜取水天数分别为 24.36 d、54.40 d 和 21.25 d，可能最大盐度分别约为 4.1 psu、9.86 psu 和 2.35 psu。陈行水库在蓄满水条件下仅能保证咸潮期 6 d 左右供水量，咸潮入侵对陈行水库影响最大。

（7）赤潮

1982—2020 年，上海市海域范围内有具有纬度记录的赤潮事件 37 次，每年在 0~4 次之间，以中小型赤潮为主，主要集中于长江口外深水航道前端，向南直至嵊泗列岛、马鞍列岛和花鸟岛周边海域。5—6 月为高发季。前 20 年偶有赤潮事件发生，2001 年起进入赤潮高发期，频次高、影响面积相对较大，2013 年后仅 2016 年发生 2 次。上海海域赤潮生物门类以甲藻类和硅藻类为主。单次赤潮事件的危险性以 IV 级蓝色出现次数最多，占比约 61%，以小密度低密度的赤潮事件为主；其次为 I 级红色，占 22%，以高密度大面积的赤潮事件为主。

（8）"多碰头"

1978—2020 年，上海发生"三碰头"10 次，"四碰头"1 次（1323 Fitow），风、暴、潮"三碰头"事件发生的次数最多，危害最大。0509 Matsa 台风最强（13 级以上）；在台风 9711 Winnie 时期，黄浦江、长江口和杭州湾代表站潮位均较高；台风 1323 Fitow 雨量最大，1999 年梅雨期洪水水位为历史最高（5.08 m）。引起"多碰头"的台风有一半出现在 8 月份，

第 2 章　调查与评估

黄浦江上游米市渡站"多碰头"期间最高潮位有抬高趋势;"多碰头"发生时,各因子遭遇影响时长约 1 天~1 天半;在浙江省和福建北部登陆的台风引起"多碰头"的可能性较高;2010年以前"三碰头"发生的概率大,2010年后"四碰头"有频繁发生的趋势。嘉定区和宝山区受"多碰头"影响最小,西部松江区、金山区受灾较为严重。

2) 承灾体调查与评估

(1) 海岸防护工程

此次调查上海市海岸防护工程(一线海塘)共计 575.09 km(宝山区 28.92 km,浦东新区 122.66 km,奉贤区 40.38 km,金山区 23.98 km,崇明区 359.15 km)。海塘堤顶多设有防浪墙,堤身主要为土石结构,断面形式有单坡斜坡式、复合式斜坡等,护面有人工块体、灌砌块石、干砌块石等,大多堤内侧有内青坎护底。海塘堤顶高程在 3.84~9.50 m 之间,由于防潮标准、海堤走向、护面结构形式、堤前滩地高程的不同,各岸段海塘堤顶高程差异较大。根据《上海市海塘规划(2011—2020 年)》,全市达标率约为 78.8%,未达标岸段主要集中在浦东新区和崇明区。上海市沿海 5 区共计有水(泵)闸 151 座,过闸总流量 1 173.03 m³/s,其中水(涵)闸、泵站合建的有 12 座。

(2) 海水养殖区

上海市共有海水养殖区 2 个,均位于奉贤区海湾旅游区,养殖品种为南美对白虾,总养殖区面积 77.33 hm²,其中面积为 27.33 hm² 的养殖区年产量达 371t,年产值 1 431 万元。

(3) 渔港

全市共有渔港、锚地各 3 处,均于 2000 年之后建成。其中崇明区 2 处渔港和锚地(一级和二级渔港各 1 处,可避台风),浦东新区 1 处渔港和锚地(不可避台风)。3 处渔港共计 6 个码头,总长 930 m,护岸长 1 298 m,防波堤长 1 222 m;3 处渔港锚地总面积 9.478 8 hm²,可容纳 60 马力以上的渔船 42 艘、60 马力以下 71 艘。

(4) 滨海旅游区

全市共有滨海旅游区 3 处,分别为奉贤海湾碧海金沙、金山城市沙滩、浦东三甲港滨海乐园,总用海面积 412.435 hm²,占用岸线 11.058 km。浦东三甲港滨海乐园已于 2016 年停止营业,滨海旅游区旺季日均游客量达 12 610 人次。近年来发生溺水事故 2 起,均在金山区,无溺亡事故发生。

(5) 海上风电工程

全市共有海上风电工程 6 处,奉贤 2 处,浦东新区 4 处,用海总面积 3 466.21 hm²,年发电量 19.96 亿 kW·h,总投资额 962 000 万元。

3）历史海洋灾害调查与评估

台风风暴潮（含海浪）是上海市主要海洋灾害，咸潮入侵致灾有两次（1978—1979 年和 2014 年），海啸、赤潮未造成直接灾害损失，海岸侵蚀造成的直接灾害损失较小。成灾风暴潮过程 56 个，直接经济损失约 289 511 万元，总受灾约 140.2 万人，死亡 31 人。1990 年以来风暴潮造成的直接经济损失、受灾人口等数量统计较早期多。9711Winnie 台风后，上海市高度重视并不断加强海洋防灾减灾工作和海岸防护工程建设，死亡人口呈明显下降趋势。浦东新区受灾风暴潮过程、受风暴潮影响直接经济损失、受灾人口均为沿海 5 区中最多；崇明区受风暴潮影响死亡人口最多；除浦东新区外，金山区受风暴潮影响直接经济损失也较大。

4）行业减灾能力调查与评估

从政府减灾能力看，金山区、宝山区、崇明区政府减灾能力较强；浦东新区政府减灾能力较弱；奉贤区政府减灾能力弱。从综合减灾能力看，宝山区和浦东新区的综合减灾能力较强；金山区和崇明区的综合减灾能力中等；奉贤区综合减灾能力弱。

5）重点隐患调查与评估

上海市海洋承灾体主要的重点隐患在海岸防护工程上，海水养殖区、渔港、滨海旅游区、商港等其余 4 类承灾体评估结果均为无隐患。全市海岸防护工程安全隐患点共计 143 处，合并隐患单元 45 段，总长 85.56 km，占比 14.80%，主要分布在宝山区、浦东新区、奉贤区和崇明区 4 个区，金山区无隐患岸段。一、二级隐患基本是堤顶沉降，三级隐患主要为路面裂缝、防浪墙裂缝、异形块体或钢板桩移位等，其中一级隐患长 18.66 km，二级隐患长 44.79 km，三级隐患长 22.11 km。宝山区均为二级隐患，主要分布在宝钢岸段、罗泾港区等岸段；浦东新区存在一至三级隐患，隐患点、隐患单元最多，隐患岸段长度最长，一、二级隐患主要分布在北部海塘、外高桥泵闸、三甲港水闸、人民塘、五好沟、浦东机场大堤、东滩五期大堤、港城大堤、临港大堤等岸段；奉贤区存在二级和三级隐患，二级隐患主要分布在南门港东西段、华电灰坝等岸段；崇明区均为二级隐患，共 2 段，为中船圈圩和横沙三期东堤北岸段。

第 3 章 风险评估与区划

风险评估与区划主要包括风暴潮和海啸市区尺度、海浪和海平面上升市尺度风险评估与区划。市尺度以沿海乡镇（街道）为单元，开展风险评估与区划；区尺度以沿海社区（村）为单元，开展风险评估与区划，同时制作应急疏散图。本章按照风险评估与区划相关技术规范开展工作。在致灾调查与评估成果的基础上，补充收集上海市沿海 5 区基础地理信息资料、重要承灾体、避灾点、社会经济等资料，开展脆弱性评价，在危险性和脆弱性评价的基础上进行相应灾害风险评估，按照行政空间单元对风险评估结果进行空间划分，形成风险区划成果。风险评估方法具体见 1.4.3 节。

3.1 风暴潮灾害

3.1.1 市尺度

1）危险性评估

（1）历史风暴潮增水和超警戒等级确定

沿海设置警戒潮位的站点 5 个，为堡镇站、吴淞站、金山嘴站、芦潮港站、高桥站。选取 1996—2020 年间 391 次风暴潮过程案例进行模拟，计算 5 个站点年最高潮位和最大增水。优先使用实测数据，实测缺失的情况下使用模拟值，得到 5 个潮（水）位站修正的历年最高潮位与最大增水，并根据式（1-2）和式（1-3）分别进行风暴增水和超警戒等级划分（表 3-1—表 3-2）。

表 3-1 各站历年最高潮位与最大增水 （单位：m）

年份	堡镇站				吴淞站				金山嘴站				芦潮港站				高桥站			
	最高潮位	最大增水	超警戒等级	增水等级	最高潮位	最大增水	超警戒等级	增水等级	最高潮位	最大增水	超警戒等级	增水等级	最高潮位	最大增水	超警戒等级	增水等级	最高潮位	最大增水	超警戒等级	增水等级
1996	3.71	1.29	Ⅲ	Ⅳ	3.36	1.31	Ⅳ	Ⅳ	3.93	0.55	Ⅳ	Ⅴ	3.41	0.80	Ⅲ	Ⅴ	3.74	1.24	Ⅲ	Ⅳ
1997	4.42	2.38	Ⅰ	Ⅱ	4.26	2.62	Ⅱ	Ⅰ	4.90	2.53	Ⅰ	Ⅰ	4.07	1.20	Ⅰ	Ⅳ	4.27	2.14	Ⅱ	Ⅱ
1998	3.22	1.48	Ⅳ	Ⅳ	3.14	1.29	0	Ⅳ	3.68	1.04	0	Ⅳ	3.17	0.78	0	Ⅴ	3.27	1.35	0	Ⅳ
1999	3.32	0.92	Ⅳ	Ⅴ	3.14	1.31	0	Ⅳ	3.67	0.75	0	Ⅴ	3.19	0.93	0	Ⅴ	3.21	0.75	0	Ⅴ
2000	4.13	1.56	Ⅰ	Ⅲ	4.04	1.72	Ⅱ	Ⅲ	4.29	1.71	Ⅲ	Ⅲ	3.68	1.15	Ⅱ	Ⅳ	4.21	1.36	Ⅱ	Ⅳ
2001	3.52	1.10	Ⅲ	Ⅳ	3.22	1.10	Ⅳ	Ⅳ	3.77	1.02	0	Ⅳ	3.37	0.86	Ⅳ	Ⅴ	3.44	0.91	Ⅳ	Ⅴ

(续表)

年份	堡镇站				吴淞站				金山嘴站				芦潮港站				高桥站			
	最高潮位	最大增水	超警戒等级	增水等级	最高潮位	最大增水	超警戒等级	增水等级	最高潮位	最大增水	超警戒等级	增水等级	最高潮位	最大增水	超警戒等级	增水等级	最高潮位	最大增水	超警戒等级	增水等级
2002	3.98	1.45	Ⅱ	Ⅳ	3.60	1.60	Ⅲ	Ⅲ	4.32	1.90	Ⅱ	Ⅲ	3.61	1.58	Ⅱ	Ⅲ	3.87	1.42	Ⅲ	Ⅳ
2003	3.23	0.92	Ⅳ	Ⅴ	2.87	0.99	0	Ⅴ	3.92	0.87	Ⅳ	Ⅴ	3.10	1.03	0	Ⅳ	3.11	0.82	0	Ⅴ
2004	3.49	0.99	Ⅲ	Ⅴ	3.41	1.07	Ⅳ	Ⅳ	4.09	1.35	Ⅲ	Ⅳ	3.40	0.99	Ⅲ	Ⅴ	3.49	0.95	Ⅳ	Ⅴ
2005	3.29	0.95	Ⅳ	Ⅴ	3.33	1.15	Ⅳ	Ⅳ	3.83	1.74	Ⅳ	Ⅲ	3.26	0.99	Ⅳ	Ⅴ	3.33	0.96	Ⅳ	Ⅴ
2006	3.17	0.86	Ⅳ	Ⅴ	3.09	0.81	0	Ⅴ	3.73	0.92	Ⅳ	Ⅴ	3.15	0.95	Ⅳ	Ⅴ	3.15	0.83	0	Ⅴ
2007	3.05	1.10	0	Ⅳ	3.00	1.12	0	Ⅳ	3.60	1.16	0	Ⅳ	3.25	1.11	Ⅳ	Ⅳ	3.08	1.20	0	Ⅳ
2008	2.76	0.62	0	Ⅴ	2.81	0.57	0	Ⅴ	3.60	0.84	0	Ⅴ	3.02	0.60	0	Ⅴ	2.82	0.69	0	Ⅴ
2009	3.00	0.84	0	Ⅴ	3.05	0.92	0	Ⅴ	3.76	1.11	0	Ⅳ	3.17	0.89	Ⅳ	Ⅴ	3.07	0.99	0	Ⅴ
2010	3.22	0.76	Ⅳ	Ⅴ	3.23	0.97	Ⅳ	Ⅴ	3.92	1.35	Ⅳ	Ⅳ	3.32	0.83	Ⅳ	Ⅴ	3.31	1.14	Ⅳ	Ⅳ
2011	3.05	0.70	0	Ⅴ	3.18	0.89	Ⅳ	Ⅴ	3.93	1.25	Ⅳ	Ⅳ	3.20	0.86	Ⅳ	Ⅴ	3.21	0.98	Ⅳ	Ⅴ
2012	3.33	1.18	Ⅳ	Ⅳ	3.35	1.33	Ⅳ	Ⅳ	4.15	2.06	Ⅲ	Ⅱ	3.33	1.29	Ⅳ	Ⅳ	3.42	1.42	Ⅳ	Ⅳ
2013	3.51	1.06	Ⅲ	Ⅳ	3.53	1.40	Ⅳ	Ⅳ	4.06	1.18	Ⅳ	Ⅳ	3.53	0.80	Ⅲ	Ⅴ	3.50	1.31	Ⅳ	Ⅳ
2014	3.42	1.09	Ⅲ	Ⅳ	3.34	1.05	Ⅳ	Ⅳ	4.25	1.01	Ⅲ	Ⅳ	3.40	0.99	Ⅲ	Ⅴ	3.34	1.10	Ⅳ	Ⅳ
2015	3.43	1.07	Ⅲ	Ⅳ	3.37	1.08	Ⅳ	Ⅳ	4.03	1.47	Ⅳ	Ⅳ	3.38	1.29	Ⅳ	Ⅳ	3.36	1.14	Ⅳ	Ⅳ
2016	3.45	1.27	Ⅲ	Ⅳ	3.35	1.21	Ⅳ	Ⅳ	4.02	1.29	Ⅳ	Ⅳ	3.35	1.13	Ⅳ	Ⅳ	3.30	1.28	Ⅳ	Ⅳ
2017	3.08	1.02	0	Ⅳ	3.05	0.96	0	Ⅴ	4.00	1.30	Ⅳ	Ⅳ	3.25	0.98	Ⅳ	Ⅴ	2.98	0.95	0	Ⅴ
2018	3.56	0.91	Ⅲ	Ⅴ	3.52	0.88	Ⅳ	Ⅴ	4.30	0.78	Ⅱ	Ⅴ	3.72	0.68	Ⅱ	Ⅴ	3.50	0.92	Ⅳ	Ⅴ
2019	3.34	1.17	Ⅳ	Ⅳ	3.34	1.11	Ⅳ	Ⅳ	4.06	1.25	Ⅳ	Ⅳ	3.30	0.91	Ⅳ	Ⅴ	3.31	1.20	Ⅳ	Ⅳ
2020	3.31	1.00	Ⅳ	Ⅴ	3.21	0.92	Ⅳ	Ⅴ	4.02	0.98	Ⅳ	Ⅴ	3.53	0.78	Ⅲ	Ⅴ	3.18	1.01	0	Ⅳ

表 3-2 5 站历年最大潮位与最大增水各等级次数统计表

站点	潮位超警次数				增水等级次数				
	Ⅰ级	Ⅱ级	Ⅲ级	Ⅳ级	Ⅰ级	Ⅱ级	Ⅲ级	Ⅳ级	Ⅴ级
堡镇站	2	1	8	9	0	1	1	12	11
吴淞站	0	2	1	13	1	0	2	13	9
高桥站	0	2	2	11	0	1	0	13	11
芦潮港站	1	3	5	10	0	0	1	7	17
金山嘴站	1	2	6	9	1	1	3	13	7

(2) 单站风暴潮灾害危险性指数计算

经计算得到堡镇站、吴淞站、高桥站、芦潮港站、金山嘴站的危险性指数分别为：7.008、5.464、5.144、6.136、6.984。对照表 1-4，代表崇明岸段的堡镇站危险性等级为Ⅰ级，其他各站危险性等级为Ⅱ级。

第3章 风险评估与区划

（3）危险性区划

基于沿海岸线数据将省域沿海岸线划分为优于2′间隔的岸段，将危险性指数插值到这些岸段上，并根据表1-4的等级划分标准确定各岸段的危险性等级。经空间插值后，崇明区危险性等级均为Ⅰ级，宝山区、浦东新区、奉贤区、金山区危险性等级为Ⅱ级。结合乡镇（街道）边界数据，以乡镇（街道）为基本单元，绘制市级风暴潮危险性等级区划图（图3-1）。上海大陆沿海乡镇（街道）危险性均为Ⅱ级，崇明区沿海乡镇（街道）危险性等级均为Ⅰ级。

图3-1　上海市风暴潮市尺度危险性区划图（红色为Ⅰ级，橙色为Ⅱ级）

2）脆弱性评价

根据 1.4.3 中风暴潮脆弱性评价方法，对沿海 5 区风暴潮脆弱性等级进行划分，结果表明，上海市脆弱性等级较高的土地利用类型斑块主要为城镇住宅用地、农村宅基地、教科文卫用地、机关团体用地、新闻出版用地和商业服务业用地等人口集聚区及人口密度较大的区域，工业用地中的大型石化企业，交通设施中的高等级公路、铁路轨道交通及交通服务场站、水工建筑用地中的重要海防工程等。沿海风暴潮脆弱性等级为高（Ⅰ级）的乡镇（街道）主要分布在浦东新区和宝山区，金山区和奉贤区各有一个乡镇（街道）脆弱性等级为高（Ⅰ级），崇明区脆弱性等级较低，各乡镇（街道）脆弱性等级均为Ⅳ级（图 3-2）。

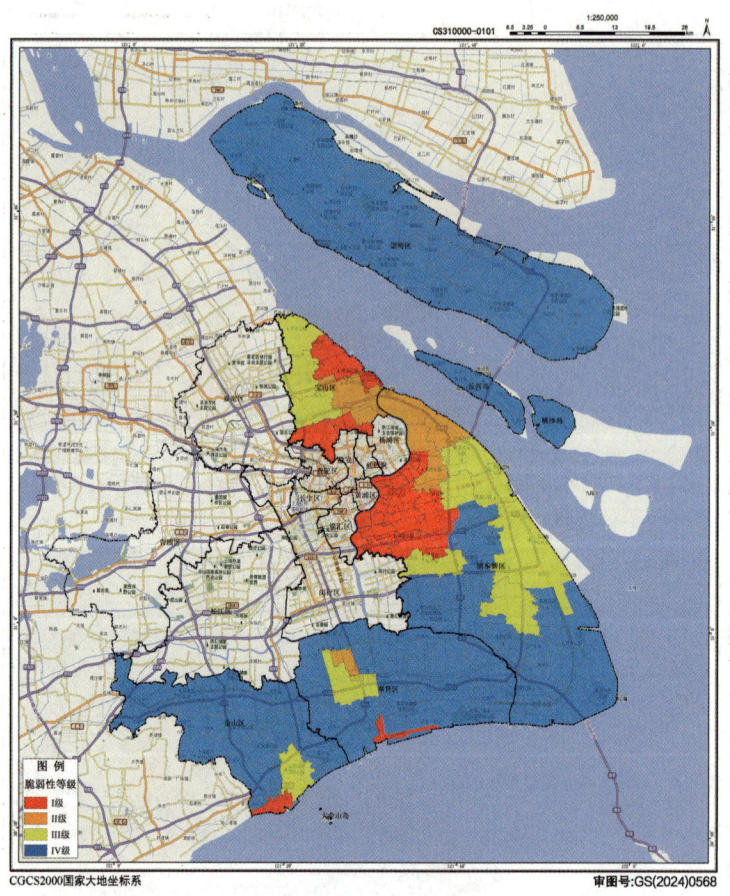

图 3-2 上海市沿海风暴潮灾害脆弱性区划图

3）风险评估与区划

依据 1.4.3 中风暴潮风险评估与区划方法，开展上海市尺度风暴潮风险评估与区划，结果表明，上海市风暴潮灾害风险Ⅰ~Ⅳ级均有分布，风险等级为Ⅰ级的区域零星分布在崇明沿海乡镇（街道），风险等级Ⅱ级的区域主要分布在宝山区南侧长江沿岸、浦东新区东北部高桥镇至合庆镇沿海以及金山区西南侧和奉贤区西南侧沿海区域。上海市风暴潮灾害风险区划结果分

第 3 章　风险评估与区划

布特征总体与风险等级分布特征相似，宝山区南侧长江沿岸、浦东新区东北部高桥镇至合庆镇沿海以及金山区西南侧沿海乡镇风险等级较高。具体为：金山区的石化街道、山阳镇，奉贤区海湾旅游区，浦东新区的高桥镇、高东镇、曹路镇、合庆镇，宝山区的友谊路街道、吴淞街道、月浦镇、罗泾镇、淞南镇风险等级为中高（Ⅱ级），浦东新区祝桥镇风险等级为中风险（Ⅲ级），其他乡镇（街道）风险等级为中低风险（Ⅳ级）（图 3-3）。

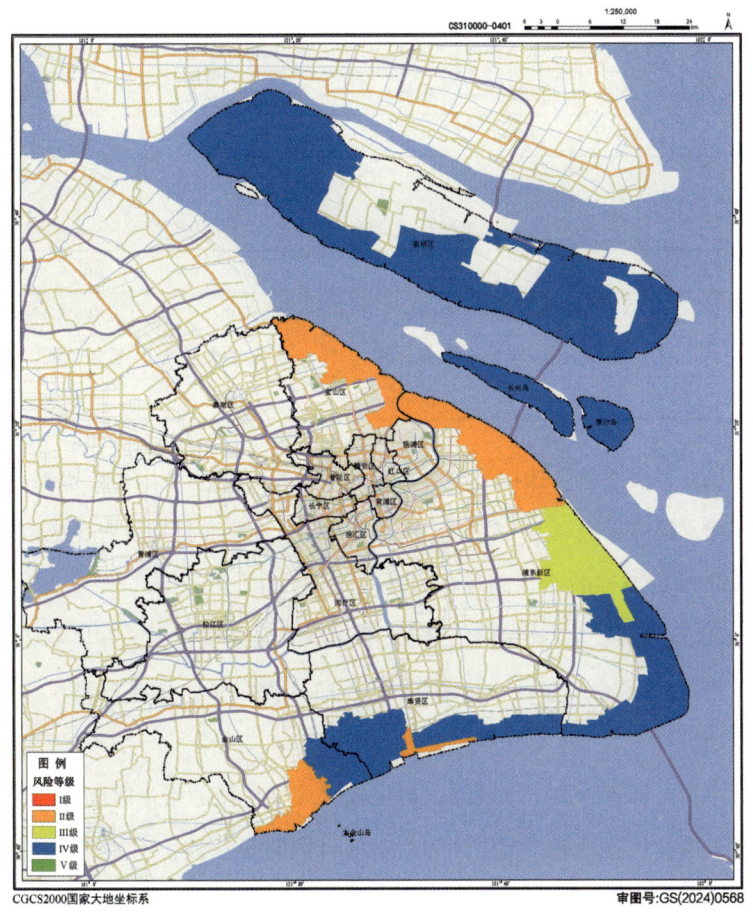

图 3-3　上海市沿海风暴潮灾害风险区划图

3.1.2　区尺度

1）危险性评估

（1）不同等级台风风暴潮

① 风场构建

不同等级台风强度划分及最大风速半径确定：以影响区域 300 km 范围内 200 年一遇的中心气压值作为最强值，依次减弱 10 hPa，宝山区、浦东新区、奉贤区和崇明区形成 7 个强度级别的台风强度，前 5 个等级为后续不同等级风暴潮（特重、严重、较重、一般、较轻）统计的组分，以 910 hPa 作为最高台风中心气压值（表3-3）；金山区形成 5 个强度级别的台风强度，以900 hPa作为最高台风中心气压值进行计算分析。综合考虑公式计算结果和历史台风最大风速半径分布频率确定最大风速半径（表3-4）。

表 3-3 不同等级台风及最大风速半径（宝山区、浦东新区、奉贤区、崇明区）

级别	I	II	III	IV	V	VI	VII
最低气压	910 hPa	920 hPa	930 hPa	940 hPa	950 hPa	960 hPa	970 hPa
强度	超强台风	超强台风	超强台风	超强台风	强台风	强台风	台风
最大风速半径	27 km	30 km	33 km	37 km	42 km	48 km	55 km

表 3-4 不同等级台风及最大风速半径（金山区）

级别	I	II	III	IV	V
最低气压	900 hPa	910 hPa	920 hPa	930 hPa	940 hPa
强度	超强台风	超强台风	超强台风	超强台风	超强台风
最大风速半径	26 km	27 km	30 km	33 km	37 km

不同等级台风路径及平移：选择历史上影响研究区域最严重、风暴增水最显著的典型台风过程作为最不利增水路径，经调查 5612 温黛（Wanda）台风路径为沿海 5 区最不利增水路径，因此 5 个区均选取 5612 Wanda 台风路径作为基础路径。

以 5612 Wanda 台风路径为基础路径，向北平移至研究区域位置，并以 0.25 倍最大风速半径向两侧平移，得到 13 条台风路径，从第 01 到第 13 条路径依次偏向东北。

② 风暴潮模拟

先不加潮汐模拟，计算台风增水时间，再根据区域潮位站的增水时间，与天文潮叠加，构造叠加案例。由于地理位置毗邻，宝山区和崇明区台风路径一致，不加潮汐模拟共91场(7 个等级、13 条路径)，考虑潮位最匹配的时刻和左右相邻小时叠加，共91×3 个叠加案例；浦东新区、奉贤区与天文潮叠加，共 91 个叠加案例。4 个区叠加案例中还考虑长江大通站径流量67 500 m³/s（历史较大径流量），较叠加时刻提前 15 d 起算，以使径流量影响到长江口附近（下同）。金山区不加潮汐模拟共 65 场（5 个等级、13 条路径），考虑第 01 到 06 路径增水时间略落后，再提前 1h 则叠加效果最佳，额外增加 30 场（5 个等级、6 条路径提前），共 95 个叠加案例。

③ 不同等级台风风暴潮淹没水深分布

淹没水深结果取每个台风强度下多个路径的结果叠加，在每个空间点取最大值，总体来说，不同等级台风风暴潮的淹没范围随着台风等级的增强而增加。

宝山区：各等级台风在平移至最不利区域并叠加天文潮高潮位后，对宝山区均会产生一定

第3章　风险评估与区划

的淹没，当中心气压台风中心气压为 910 hPa 时，宝山区大部分区域存在淹没，淹没最严重处位于黄浦江西岸，淹没水深可达 2 m 以上，此处也是宝山区最早开始淹没的区域。

浦东新区：当中心气压台风中心气压为 950 hPa 及以上时，各等级台风对浦东新区均产生一定淹没。台风中心气压为 950 hPa 时，在浦东新区北部的黄浦江堤有 3 处漫堤，淹没深度 1.0 m 以下；当中心气压为 940 hPa 时扩大并连片，吴淞口附近不远处的黄浦江东岸、陆家嘴区域附近部分区域淹没深度达 2 m 以上，同时东部沿海大治河口附近海堤出现 2 处漫堤，周边淹没深度 0.5 m 左右；当中心气压为 930 hPa 时淹没范围继续扩大；当中心气压为 920 hPa 时，海堤漫堤导致的淹没范围迅速扩大，大治河入海口附近南岸少许淹没深度达 2 m 以上；当中心气压为 910 hPa 时范围继续扩大，整个浦东新区的西北部和东南部均存在大片淹没区域，淹没深度 0.5~3 m。

奉贤区：各等级台风对奉贤区均产生一定淹没。当中心气压台风中心气压为 970 hPa 时，在奉贤区西北角，黄浦江漫堤带来小范围的淹没，淹没深度 1 m 以下；淹没范围在 960 hPa 时扩大，同时新增一处黄浦江漫堤；当中心气压为 950 hPa 时，淹没范围进一步扩大，西北角出现少量淹没深度超 2 m 的区域；当中心气压为 940 hPa、930 hPa 时，淹没范围再度扩大并使得两处漫堤淹没区域连片；当中心气压为 920 hPa 时，西南角海堤出现漫堤，淹没范围与江堤淹没范围相连；当中心气压为 910 hPa 时，淹没范围扩大至奉贤区西半部的大部分区域，大部分区域淹没深度达到 2 m 以上。

金山区：台风中心气压为 940 hPa 时无淹没；从中心气压为 930 hPa 起开始出现漫堤淹没，漫堤位置处刚好是一段最低 6.3m 左右的海堤，相对于其左右两侧均超过 7m 的海堤而言，明显偏低，各个等级风暴潮漫堤淹没均是从这里开始发生的。在中心气压为 930 hPa 时出现的淹没基本在 1 m 以下；当中心气压为 920 hPa 时，淹没面积扩大，但大部分淹没区域均在 1 m 之下，仅漫堤位置附近淹没水深较深，存在 3 m 以上淹没的区域；当中心气压为 910 hPa 时，淹没范围进一步扩大，3 m 以上淹没的区域也扩大；当中心气压为 900 hPa 时，几乎大部分区域受到淹没，存在 4 m 以上淹没的区域。另外，结果显示浙江省平湖市一侧也存在漫堤淹没，但其对金山区淹没影响不大。

崇明区：各等级台风在平移至最不利区域并叠加天文潮高潮位后，横沙岛会产生一定的淹没；崇明岛、长兴岛在台风中心气压为 940 hPa 及以上等级时开始出现一定范围的淹没，淹没深度 1 m 以下；当中心气压为 910 hPa 时，崇明区大部分区域存在淹没，淹没最严重处位于崇明岛西端和横沙岛西端，淹没深度 3 m 以上。

（2）可能最大台风风暴潮

① 风场构建

根据规范，并参考我国学者以往开展的可能最大台风研究的技术路线实施，参数主要包括千年一遇台风中心气压、最大风速半径、气旋移动速度、移动方向等。沿海 5 区参数设置见表 3-5。

表 3-5　沿海 5 区可能最大台风风暴潮模拟参数设置

区域	千年一遇台风中心气压	近中心最大风速	气旋移动速度	移动方向	最大风速半径	外围海平面气压
宝山区	888 hPa	84 m/s	6~7 km/h	从正北到正西每隔 22.5°形成 5（6）类路径（金山区多 1 类仿 7708Babe 路径），以 0.5 倍的最大风速半径平移覆盖区域	20 km	1 012 hPa
浦东新区	889 hPa	84 m/s			20 km	1 012 hPa
奉贤区	889 hPa	84 m/s			20 km	1 012 hPa
金山区	870 hPa	93 m/s			20 km	1 012 hPa
崇明区	888 hPa	84 m/s			20 km	1 012 hPa

② 风暴潮模拟

先不加潮汐模拟，计算台风增水时间，再根据区域潮位站的增水时间，与天文潮叠加，构造叠加案例，同时为使最终模拟结果尽可能顾及全部研究区域，叠加时间适当前后延伸。由于地理位置毗邻，宝山区和崇明区台风路径一致，不加潮汐模拟共 80 场（5 个方向、16 条路径），考虑潮位叠加，每场模拟连续 5 个叠加案例，共 80×5 个叠加案例；浦东新区、奉贤区与天文潮叠加，共 95 个叠加案例。上述沿海 4 个区叠加案例中还考虑长江大通站径流量 67 500 m^3/s，较叠加时刻提前 15d 起算。金山区共 54 个叠加案例。

③ 可能最大台风风暴潮淹没水深

淹没水深结果取多个路径的结果叠加，在每个空间点取最大值。总体来说，不同等级台风风暴潮的淹没范围和危险性随着台风等级的增强而增加。

宝山区：可能最大台风风暴潮漫堤淹没范围遍及整个宝山区，宝山区约一半面积的区域淹没水深在 3 m 以上，长江、黄浦江沿岸有较大范围淹没在 4 m 以上。

浦东新区：可能最大台风风暴潮漫堤淹没范围遍及整个浦东新区，绝大多数区域淹没水深在 1 m 以下，其中一半区域在 0.5 m 以下，1 m 以上的淹没水深区域主要集中在沿海、沿黄浦江区域，其中吴淞口附近和大治河入海口附近存在少许淹没水深超过 2 m 的区域。

奉贤区：可能最大台风风暴潮漫堤淹没范围遍及整个奉贤区，绝大多数区域淹没水深在 1 m 以下，其中以 0.5~1.0 m 之间的区域居多，1 m 以上的淹没水深区域大部分集中奉贤区西北角，存在超 3m 的淹没区域，主要由黄浦江漫堤导致，另有一部分在西部奉贤海岸，存在超过 2 m 的淹没区域。

金山区：可能最大台风风暴潮漫堤淹没范围遍及整个金山区，淹没水深大部分区域均在

第3章 风险评估与区划

2 m以下，漫堤基本从6.3 m左右的偏低海堤段处开始。

崇明区：可能最大台风风暴潮漫堤淹没范围遍及整个崇明区，约一半面积的区域淹没水深在2 m以上，崇明岛西侧沿岸、长兴岛、横沙岛淹没较严重，存在5 m以上区域。崇明区大多数区域的等级在Ⅱ级，崇明岛西半部沿岸和东北部沿岸、长兴岛和横沙岛部分区域有Ⅰ级危险性存在。

（3）不同等级温带风暴潮

① 风场构建

以研究区域最不利影响的天气过程作为不同等级强度风暴潮淹没模拟的天气系统形势，宝山区、浦东新区、奉贤区、崇明区以大戢山站，金山区以滩浒岛测站平均风速为主作为温带天气系统的挑选依据；前4个区以1996年1月7—9日冷空气，金山区以1998年12月1—4日冷空气为基础，大面风场部分采用NCEP资料，通过改变强度分别构建8级、9级、10级、11级和12级（风力等级）的温带天气过程（表3-6）。

表3-6 不同等级温带过程确定

风力级别		12级	11级	10级	9级	8级	备注
最大持续风速（m/s）		36	32	27	22	18	—
宝山区、浦东新区奉贤区、崇明区	系数	1.48	1.32	1.11	0.91	0.74	基础冷空气大面最大6 h平均风速24.3 m/s
金山区		2.29	2.03	1.71	1.40	1.14	基础冷空气换算10 m风速15.7 m/s

② 风暴潮模拟

先不加潮汐模拟，计算风场的增水时间，再根据区域潮位站的增水时间，与天文潮叠加，构造叠加案例。宝山区、浦东新区、奉贤区和崇明区4个区叠加案例考虑了长江大通站径流量67 500 m³/s，较叠加时刻提前15 d起算。

③ 不同等级温带风暴潮淹没分析

宝山区：计算方案下，不同等级温带风暴潮不会在宝山区产生淹没。随着风力增强，潮位和增水有所增加，但最高潮位不超过3.5 m，最大增水不超过2 m，难以造成淹没，无危险性等级。

浦东新区：计算方案下，不同等级温带风暴潮不会在浦东新区产生淹没。随着风力增强，潮位和增水有所增加，最高的12级风等级情况下，浦东沿岸最高潮位不超过3.8 m，难以造成淹没，无危险性等级。

奉贤区：除了在12级风情况下黄浦江上游奉贤区西北角江堤较低处略有少许淹没，淹没深度1m以下，其余不同等级温带风暴潮在奉贤区没有产生淹没。在最高的12级风等级情况下，奉贤海岸附近最高潮位约4.4m（图3-4）。总体而言，不同等级温带风暴潮对奉贤区的危险性不大。

图3-4　奉贤区12级温带风暴潮淹没水深分布图

金山区：计算方案下，不同等级温带风暴潮不会在金山区产生淹没。8级风潮位约4m以下，随风速提升而不断增加，至12级风达到5.5~6.0m，仍不足以漫过最低6.3m的海堤，12级风最高增水仍小于3m，无危险等级。

崇明区：计算方案下，不同等级温带风暴潮不会在崇明区产生淹没。11级风起，北支、长江口门处出现了4m以上潮位区域，北支口出现了2m以上增水区域，但难以造成淹没。

（4）可能最大温带风暴潮

① 风场构建

根据规范，基于各区域潮位站历史实测风速资料构建温带天气系统下16个方位风速极值序列，用极值Ⅰ型分布求得16个方位的千年一遇风速极大值。冷空气常见大风方向主要为偏北（N）、北到东北（NNE）、东北（NE）、东到东北（ENE），按4个常见大风风向千年一遇风速构造（表3-7）。

表3-7　温带各风向过程风速（单位：m/s）

区域	风向	基础过程时间	过程风速	千年一遇风速	系数
宝山区崇明区	N	1997.11.16—11.18	18.84	24.1	1.3
	NNE	1996.1.7—1.9	19.09	26.5	1.3
	NE	1996.1.7—1.9	19.92	25.3	1.4
	ENE	1996.1.7—1.9	18.51	22.0	1.2

第3章 风险评估与区划

(续表)

区域	风向	基础过程时间	过程风速	千年一遇风速	系数
浦东新区奉贤区	N	1997.11.16—11.18	18.84	24.5	1.3
	NNE	1996.1.7—1.9	19.09	25.6	1.3
	NE	1996.1.7—1.9	19.92	27.0	1.4
	ENE	1996.1.7—1.9	18.51	22.2	1.2
金山区	N	2004.3.17—3.19	15.68	21.9	1.4
	NNE	1998.12.1—12.4	15.75	23.6	1.5
	NE	2000.11.7—11.11	19.28	24.9	1.3
	ENE	2010.4.14—4.16	12.23	17.4	1.4

② 风暴潮模拟

采用上述4个风向（N，NNE，NE，ENE）千年一遇风速构造两个增强风场，先不加潮汐模拟，计算风场的增水时间，再根据区域潮位站的增水时间，与天文潮叠加，构造叠加案例。宝山区、浦东新区、奉贤区和崇明区4个区叠加案例考虑了长江大通站径流量67 500 m^3/s，较叠加时刻提前15d起算。

③ 可能最大温带风暴潮淹没分析

宝山区：可能最大温带风暴潮造成宝山区岸段3m以上潮位，1 m以上增水，不会对宝山区产生淹没。

浦东新区：可能最大温带风暴潮造成浦东新区沿岸最高潮位不超过3.7m，不会对浦东新区产生淹没。

奉贤区：可能最大温带风暴潮造成奉贤区海岸附近最高潮位约4.2 m，不会对奉贤区产生淹没，同时受江堤保护，黄浦江也未对奉贤区北部产生淹没。

金山区可能最大温带风暴潮造成金山区岸段最高潮位在5.0~5.7 m，最大增水在2~3 m之间，不会对金山区产生淹没。

崇明区：可能最大温带风暴潮造成北支和横沙岛东南海域4 m以上的潮位，北支口附近2 m以上增水，不会对崇明区产生淹没。

（5）风暴潮淹没范围及水深分布

根据模拟结果，分析5区不同等级强度风暴潮淹没范围及水深分布图、可能最大风暴潮淹没范围及水深分布。

① 不同等级强度风暴潮淹没范围及水深分布

不同等级强度风暴潮合并不同等级台风风暴潮、不同等级温带风暴潮的结果，即对二者在各处的淹没水深取较大者，淹没范围取并集，分特重、严重、较重、一般、较轻5个等级（表3-8）。沿海5区不同等级强度风暴潮淹没范围及水深分布如图3-5—图3-9所示，基本与不同等级台风风暴潮淹没规律一致。较轻级别下，宝山区淹没范围较大，主要由于黄浦江江堤高程较海堤低，导致漫堤出现淹没；金山区金山卫站左前端海堤由于高程较低，最先开始出现淹没。

表3-8　5区不同等级强度风暴潮组成一览

区域	级别	特重	严重	较重	一般	较轻
宝山区/浦东新区/奉贤区/崇明区	台风风暴潮组分	910 hPa	920 hPa	930 hPa	940 hPa	950 hPa
	温带风暴潮组分	12级	11级	10级	9级	8级
金山区	台风风暴潮组分	900 hPa	910 hPa	920 hPa	930 hPa	940 hPa
	温带风暴潮组分	12级	11级	10级	9级	8级

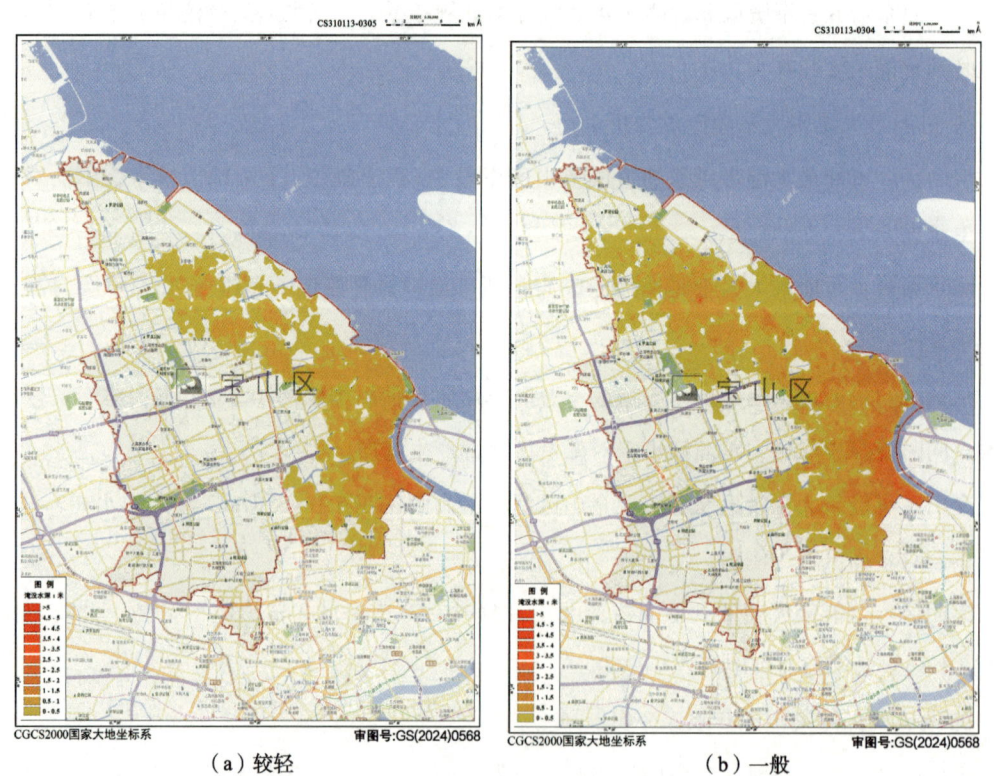

（a）较轻　　　　　　　　　　（b）一般

第 3 章 风险评估与区划

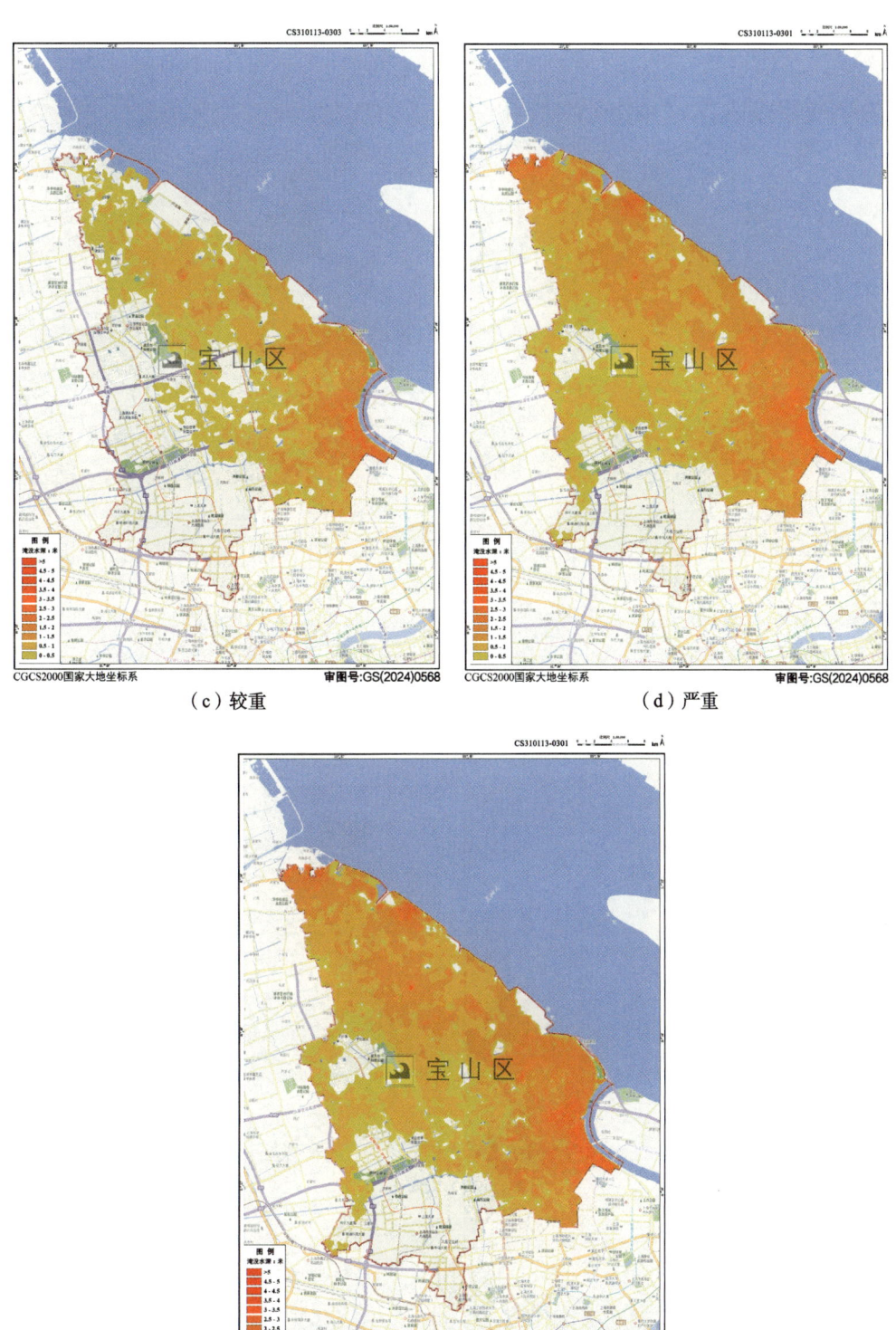

(c) 较重　　(d) 严重

(e) 特重

图 3-5　宝山区不同等级强度风暴潮淹没范围及水深分布图

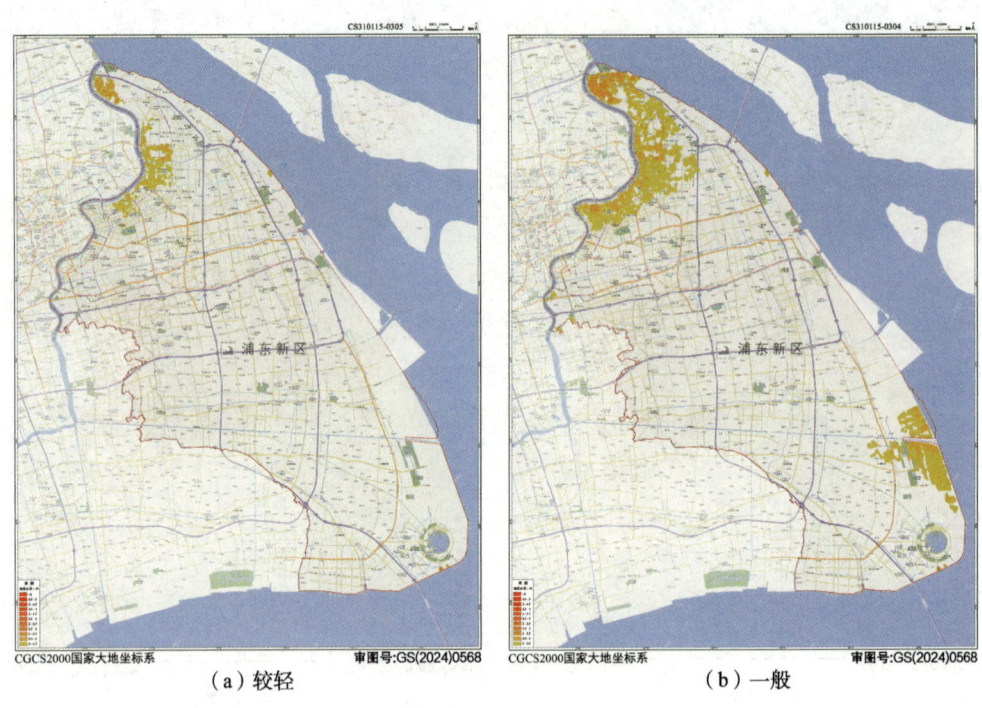

（a）较轻　　　（b）一般

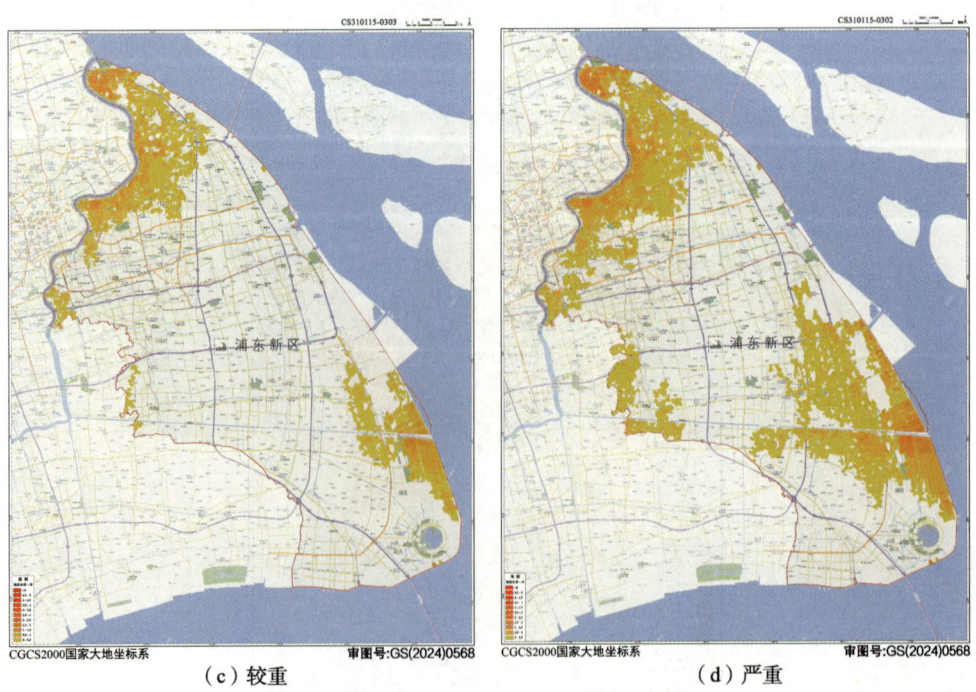

（c）较重　　　（d）严重

第 3 章 风险评估与区划

(e) 特重

图 3-6 浦东新区不同等级强度风暴潮淹没范围及水深分布图

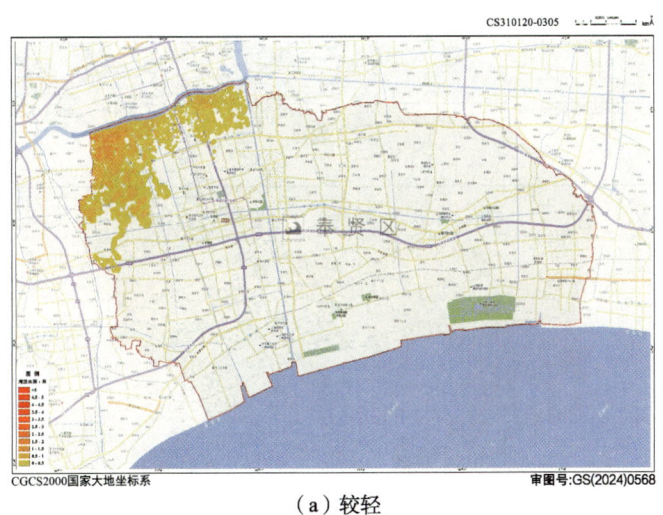

(a) 较轻

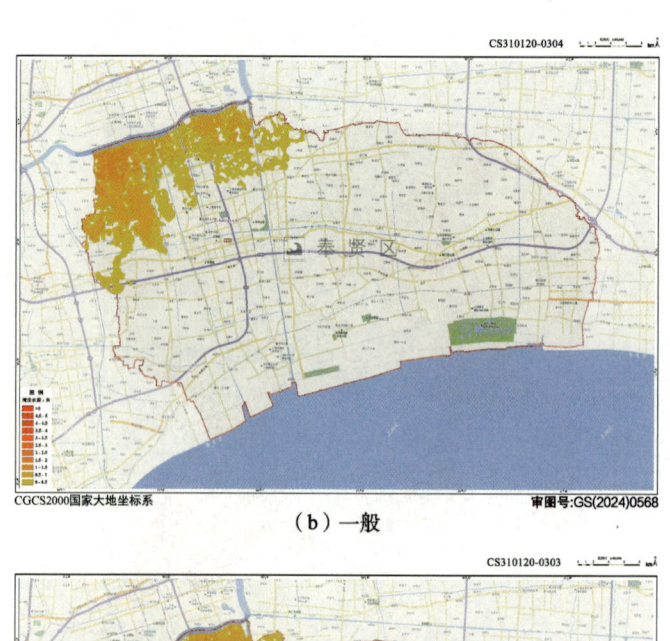

（b）一般

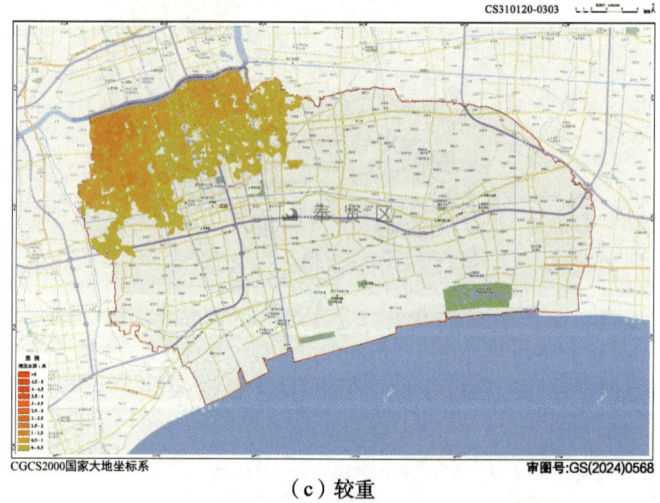

（c）较重

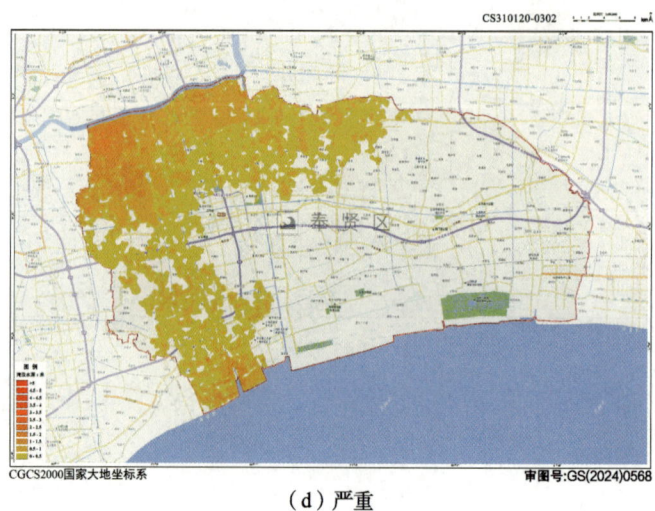

（d）严重

第 3 章 风险评估与区划

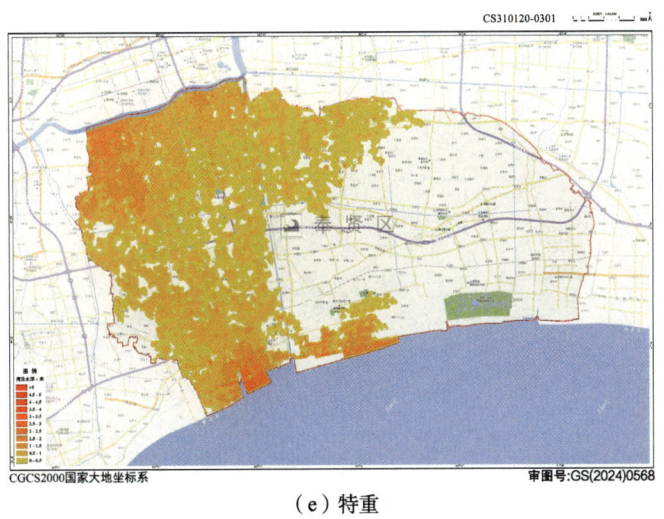

(e) 特重

图 3-7 奉贤区不同等级强度风暴潮淹没范围及水深分布图

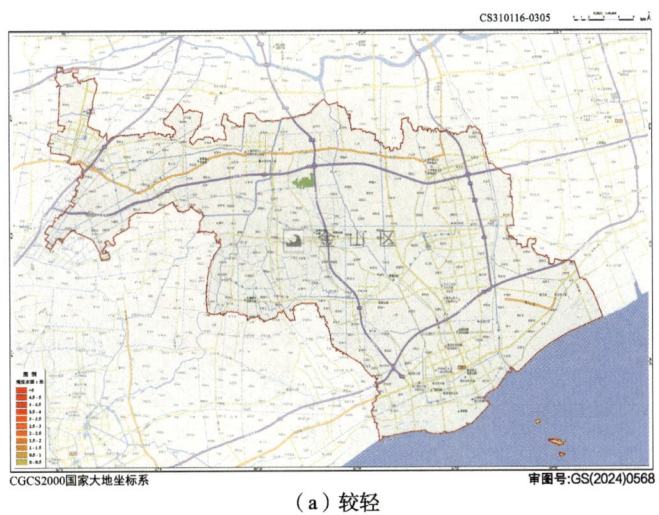

(a) 较轻

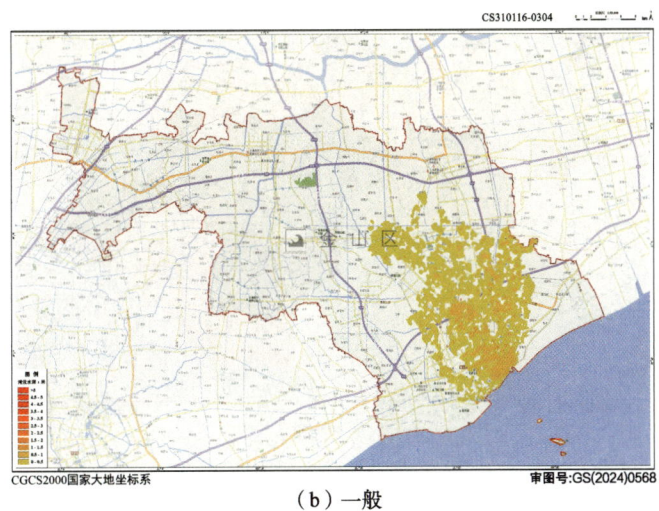

(b) 一般

(c）较重

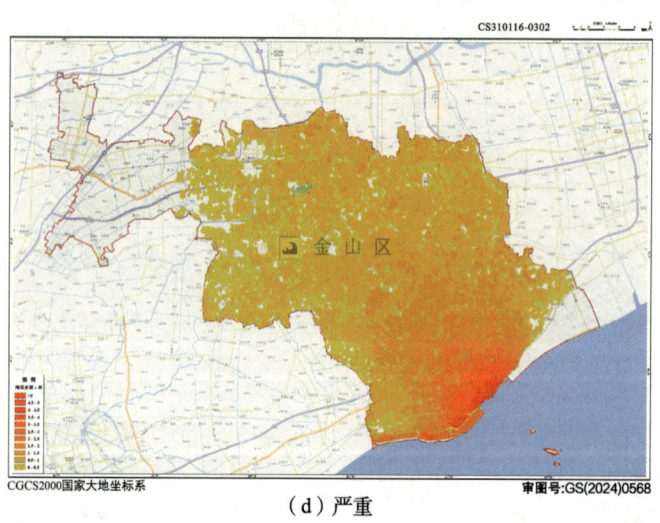

(d）严重

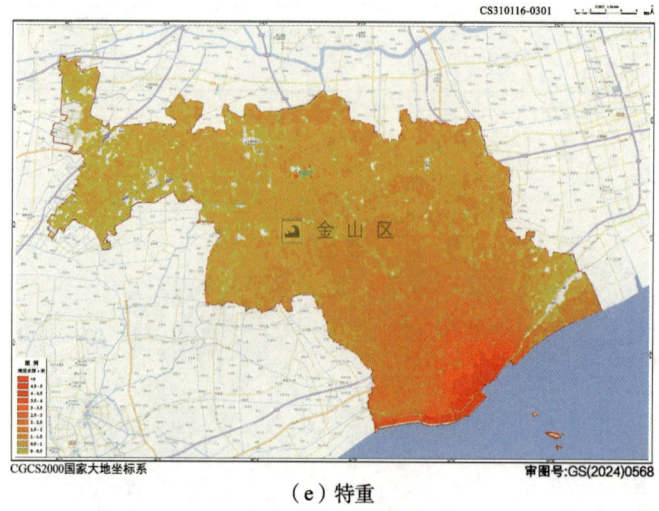

(e）特重

图 3-8　金山区不同等级强度风暴潮淹没范围及水深分布图

第 3 章 风险评估与区划

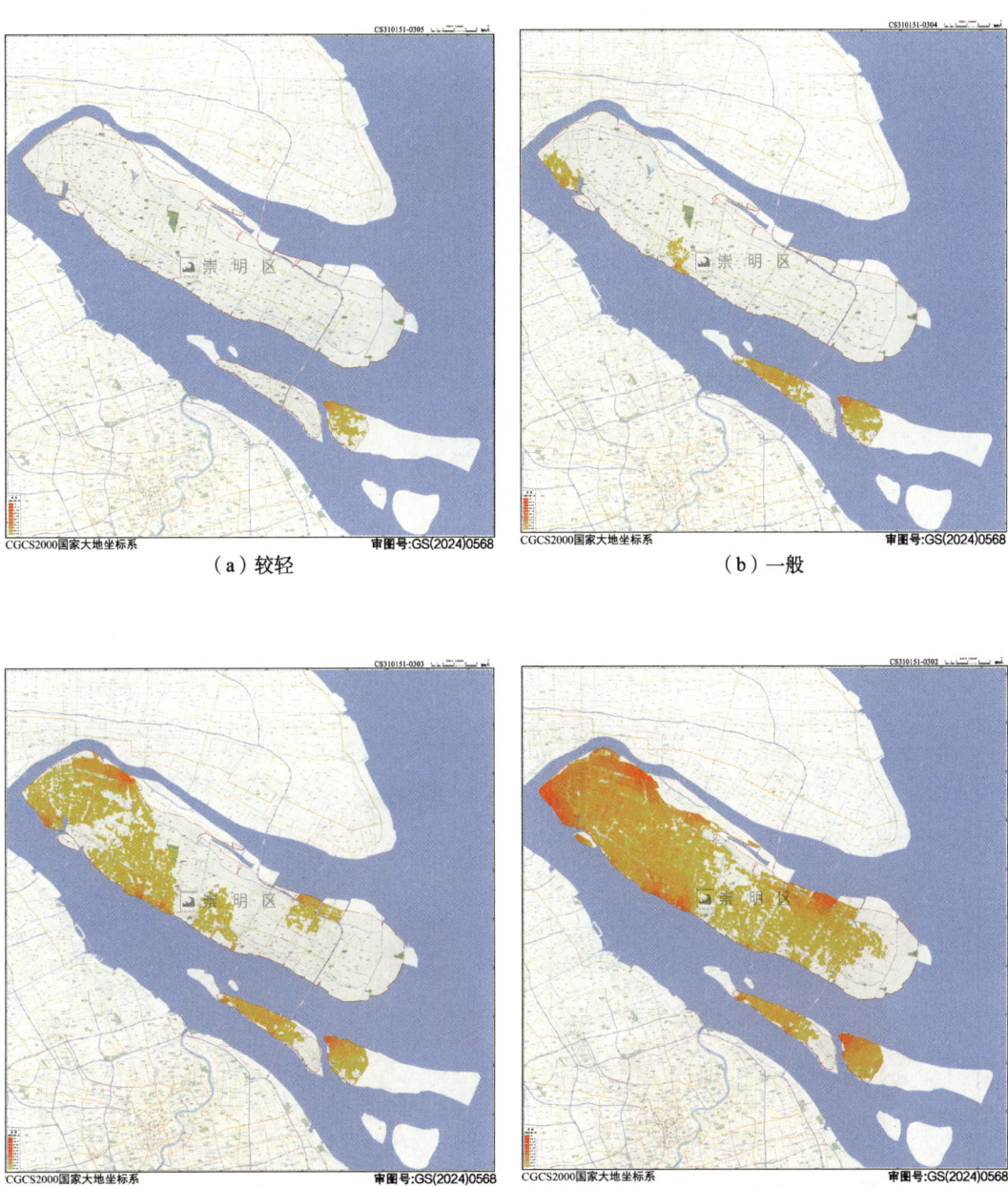

(a) 较轻　　(b) 一般　　(c) 较重　　(d) 严重

(e）特重

图3-9 崇明区不同等级强度风暴潮淹没范围及水深分布图

② 可能最大风暴潮淹没范围及水深分布

可能最大风暴潮合并可能最大台风风暴潮、可能最大温带风暴潮的结果，即对二者在各处的淹没水深取较大者，淹没范围取并集。沿海5区不同等级强度风暴潮淹没范围及水深分布如图3-10所示。

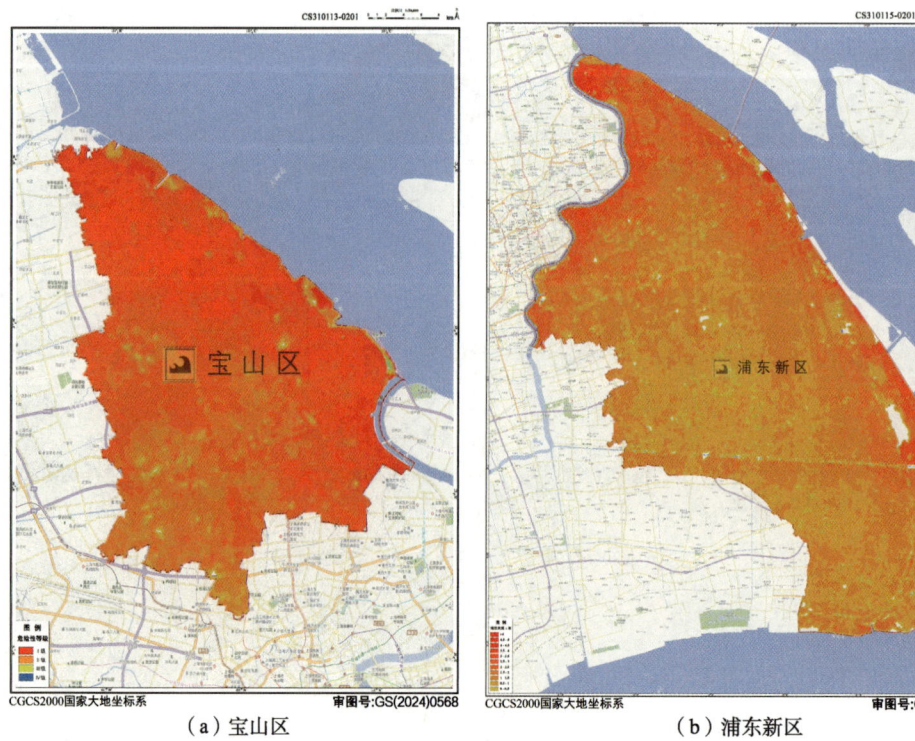

（a）宝山区　　　　　　　　　　　　（b）浦东新区

第3章 风险评估与区划

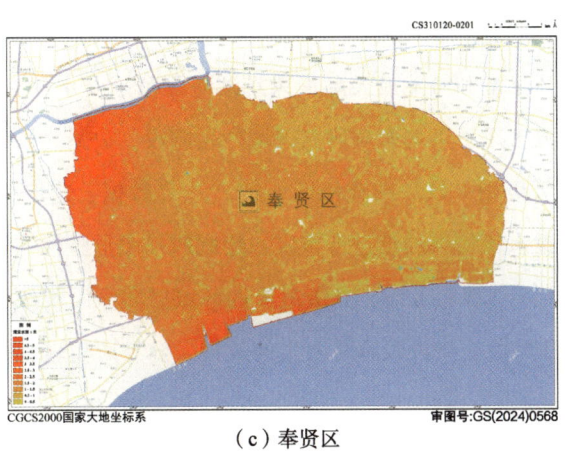

(c)奉贤区

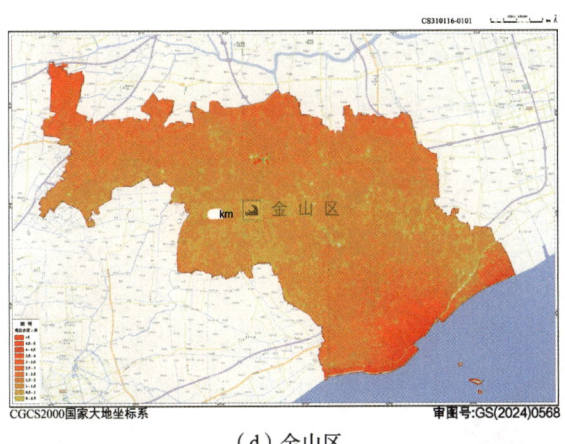

(d)金山区

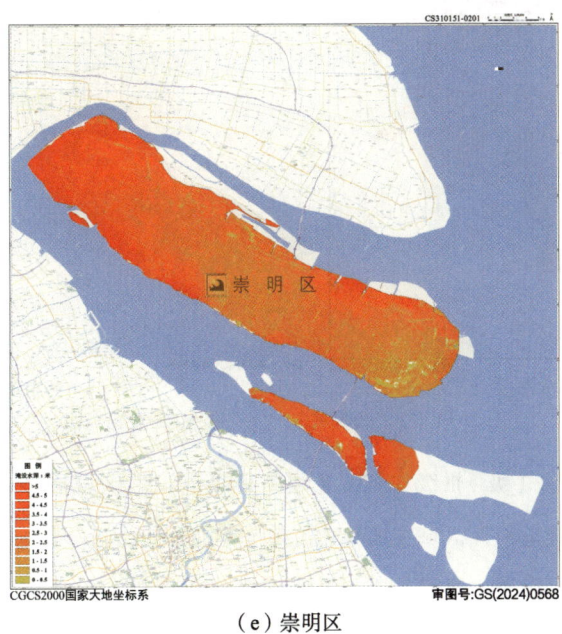

(e)崇明区

图 3-10 沿海 5 区可能最大风暴潮淹没范围及水深分布图

（6）风暴潮灾害危险性等级及区划

综合可能最大台风风暴潮和可能最大温带风暴潮淹没范围及水深，计算确定危险性等级，由于沿海5区可能最大温带风暴潮均未对研究区域产生淹没，故最终风暴潮危险性等级与可能最大台风风暴潮危险性等级相一致。结合社区（村）边界数据，选取社区（村）边界内最大淹没水深，并对个别淹没水深较高的点进行核实，绘制风暴潮危险性等级区划图。

宝山区：危险性等级有Ⅰ级和Ⅱ级，Ⅱ级危险性区域居多，沿长江和黄浦江岸段附近区域存在Ⅰ级危险性。黄浦江岸段是淹没较容易发生的区域，容易产生较大的危险性，建议加强关注和防范（图3-11）。

浦东新区：危险性等级Ⅰ级~Ⅲ级均有，Ⅱ级和Ⅲ级危险性区域居多，存在少数Ⅰ级危险性区域。Ⅱ级危险性区域多集中在靠近黄浦江和靠近海堤的区域，Ⅰ级危险性区域主要集中在吴淞口附近、大治河入海口附近和陆家嘴区域附近少许（图3-11）。

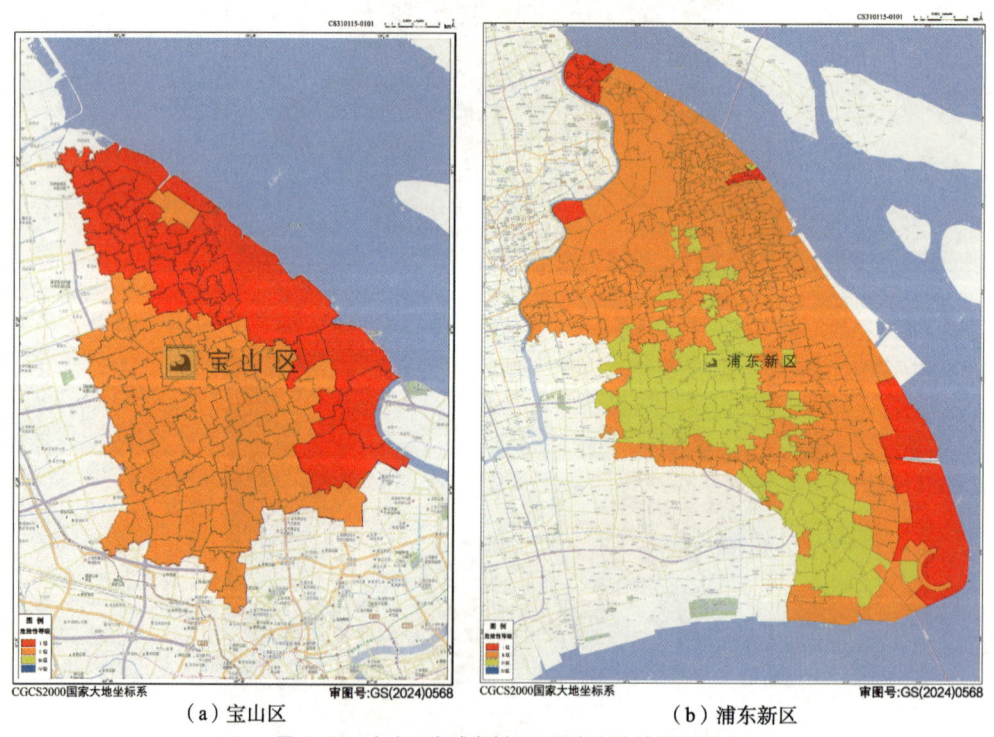

（a）宝山区　　　　　　（b）浦东新区

图3-11　宝山区和浦东新区风暴潮危险性区划图

奉贤区：危险性等级Ⅰ级~Ⅲ级均有，Ⅱ级和Ⅲ级危险性区域居多。Ⅱ级危险性区域多集中在奉贤区西半部，Ⅰ级危险性区域主要集中在奉贤区庄行地区（图3-12）。

金山区：危险性等级Ⅰ级~Ⅲ级均有，Ⅱ级和Ⅲ级危险性区域居多，东南侧中部6.3 m偏低海堤附近的区域危险性等级到达Ⅰ级。危险性等级结果显示，这段偏低的海堤，是金山区风暴潮防御的重大威胁，建议相关部门对该段海堤进行加高（图3-12）。

第 3 章　风险评估与区划

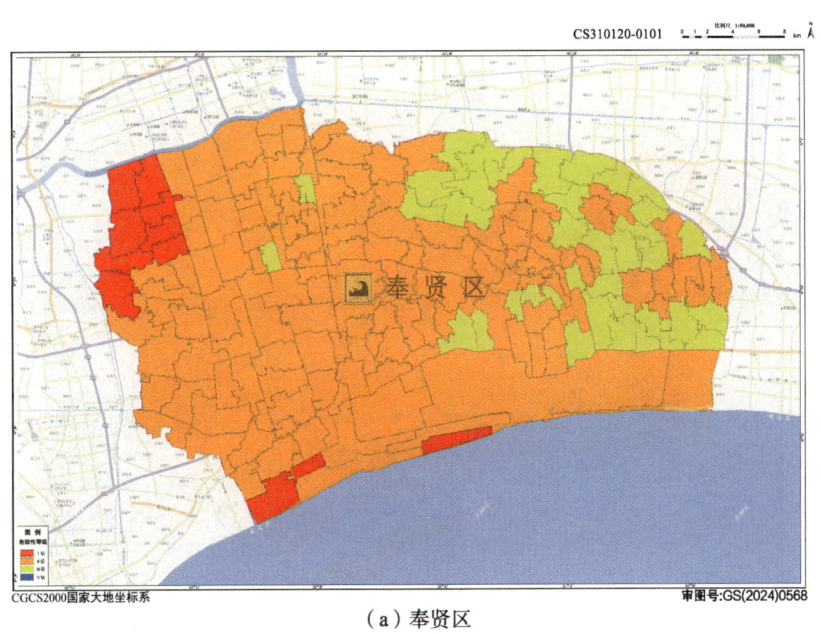

（a）奉贤区

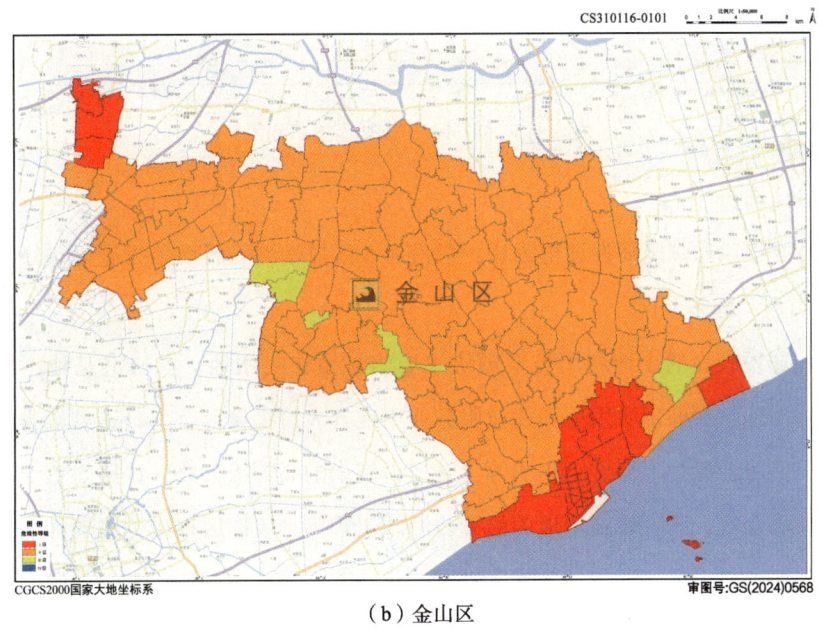

（b）金山区

图 3-12　奉贤区和金山区风暴潮危险性区划图

崇明区：危险性等级分别为Ⅰ级和Ⅱ级，Ⅱ级危险性区域居多。崇明岛西半部沿岸区域和东北部沿岸区域、长兴岛和横沙岛部分区域存在Ⅰ级危险性。崇明岛西侧岸段、长兴岛和横沙岛是淹没较容易发生的区域，容易产生较大的危险性，建议加强关注和防范（图 3-13）。

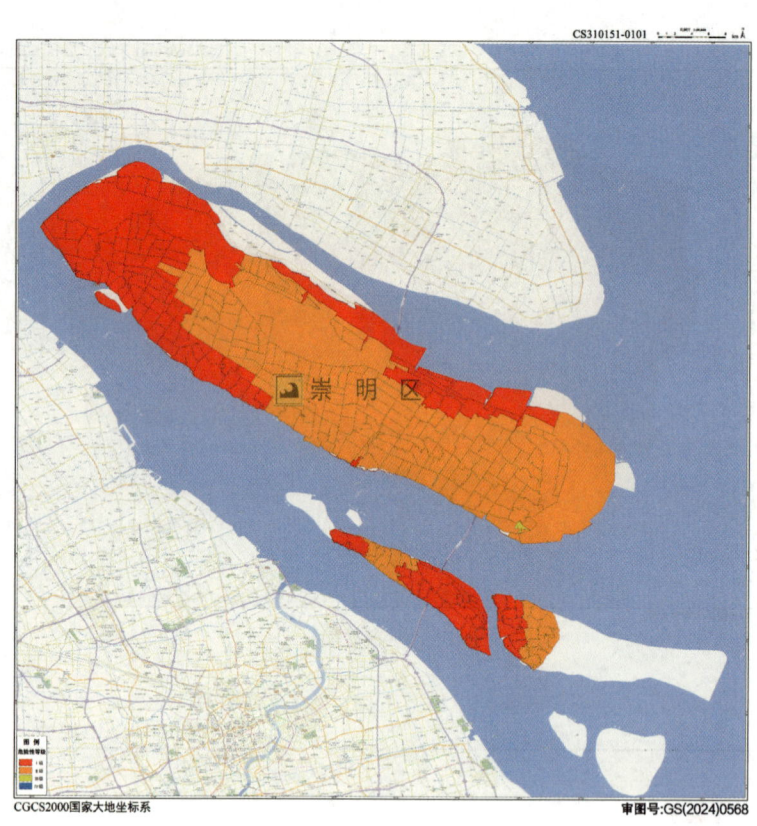

图 3-13 崇明区风暴潮危险性区划图

2）脆弱性评价

根据 1.4.3 中风暴潮脆弱性评价方法，对沿海 5 区风暴潮脆弱性等级进行划分。

（1）宝山区和浦东新区

宝山区脆弱性较高的土地利用类型斑块主要为城镇住宅用地、农村宅基地、教科文卫用地、机关团体用地、新闻出版用地和商业服务业用地等人口集聚区及人口密度较大的区域，工业用地中的大型工业区如上海宝钢集团等，交通设施中的高等级公路、铁路轨道交通、交通服务场站及港口码头等，水工建筑用地中的重要海防工程等。宝山区东南侧脆弱性较高，西侧尤其是西北侧脆弱性较低；除淞南镇和吴淞街道外，其他乡镇（街道）均存在脆弱性等级为高（Ⅰ级）的社区（村），淞南镇和吴淞街道脆弱性等级为中高（Ⅱ级），脆弱性等级为中低（Ⅲ级）和低（Ⅳ级）的社区（村）主要分布在罗泾镇、罗店镇、月浦镇、顾村镇和杨行镇。

浦东新区脆弱性较高斑块土地利用类型与宝山区相似，其中交通设施中需关注沿海的浦东机场。浦东新区西北侧脆弱性高，东南侧脆弱性低；除老港镇、泥城镇、书院镇、万祥镇、宣桥镇外，其他各乡镇（街道）均有脆弱性等级为高（Ⅰ级）的社区（村）分布（图 3-14）。

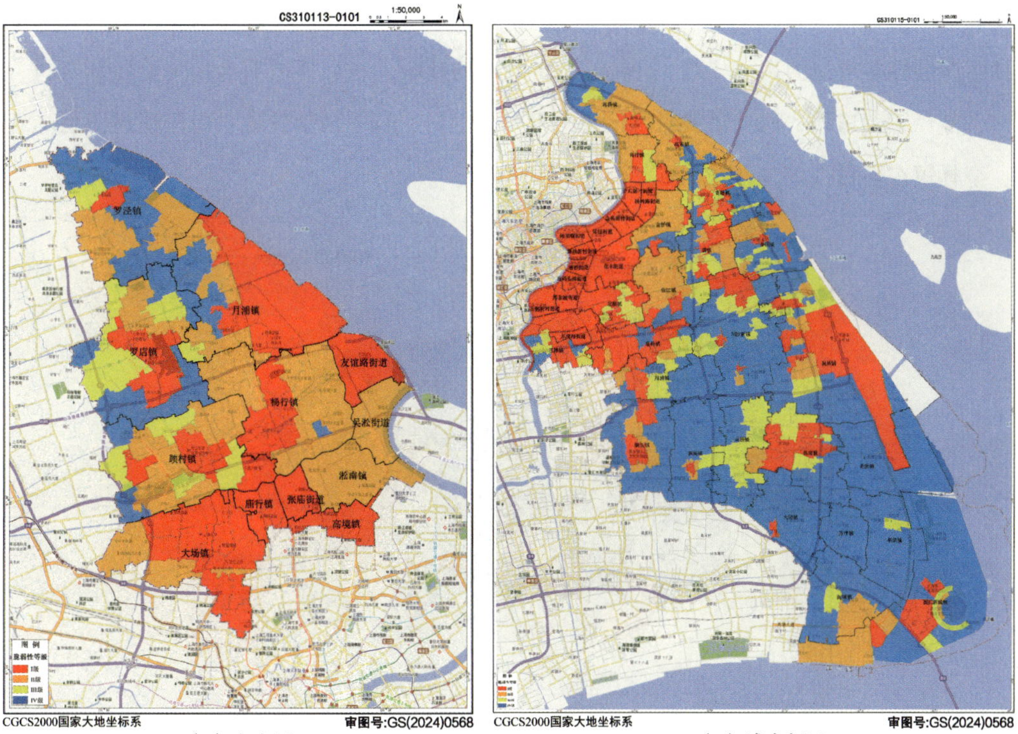

第 3 章 风险评估与区划

(a)宝山区 (b)浦东新区

图 3-14 宝山区和浦东新区沿海风暴潮灾害脆弱性区划图

(2) 奉贤区和金山区

奉贤区脆弱性较高的土地利用类型斑块与宝山区相似,其中工业用地需重点关注沿海的大型石化企业。奉贤区西部区域脆弱性等级高于东部区域,尤其是西南沿海区域及西北侧区域;奉贤区脆弱性等级为高(Ⅰ级)的社区(村)主要出现在奉贤西南沿海的柘林镇、海湾镇、海湾旅游开发区和奉贤西北的南桥镇、奉浦街道,奉城镇、四团镇等也有个别脆弱性等级为高(Ⅰ级)的社区(村)出现;除柘林镇和海湾旅游开发区外,奉贤区其他各镇(街道)均有脆弱性等级为中高(Ⅱ级)的社区(村)出现。

金山区脆弱性较高的土地利用类型斑块与宝山区相似。国土"三调"数据未包含金山三岛,因此参照国土"三调"分类划分标准,根据其实际土地利用情况开展脆弱性评估。大金山岛地类主要为乔木林地和裸岩石砾地,小金山岛和浮山岛主要为裸岩石砾地,根据表 1-5,脆弱性等级为Ⅳ级,考虑大金山岛有管理用房、观测站、码头等少量建筑,且大金山岛具有一定的知名度和影响力,参照风景名胜设施用地,将大金山岛脆弱性等级设为Ⅲ级。

金山区脆弱性等级为高(Ⅰ级)的社区(村)主要分布于沿海人口密集及工业较发达的区域,如漕泾镇的上海化工区,山阳镇东方村、卫东村、杨家村、渔业村,石化街道除鹦鹉洲湿地公园外的社区（村），金山卫镇八二村、卫城村，其他镇如朱泾镇、枫泾镇的镇驻地等重要社区脆弱性等级也为高（Ⅰ级）；中高（Ⅱ级）的社区（村）主要有金山工业区新街村、运河村，漕泾镇营房村，枫泾镇钱明村，金山卫镇金卫村，廊下镇镇驻地，山阳镇向阳村、新江村，亭林镇东新村（图3-15）。

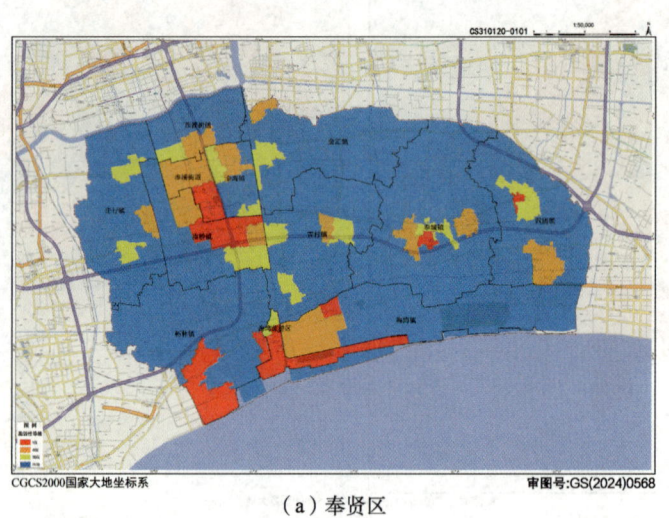

（a）奉贤区

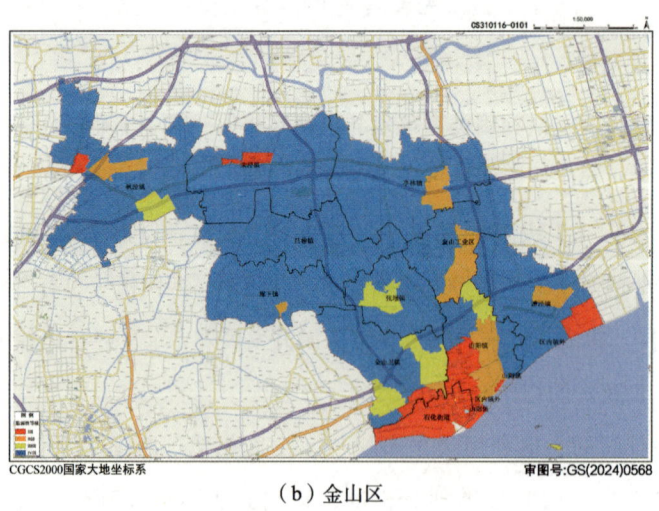

（b）金山区

图3-15 奉贤区和金山区沿海风暴潮灾害脆弱性区划图

（3）崇明区

崇明区脆弱性较高的斑块土地利用类型与宝山区相似。崇明区脆弱性等级为高（Ⅰ级）的社区（村）有城桥镇城桥村、陈家镇瀛东垦区，长兴镇海星村和堡镇直辖区域；脆弱性等级为中高（Ⅱ级）的社区（村）有堡镇堡兴村和长兴镇红星村、同心村、长兴镇直辖区域（图3-16）。

第3章 风险评估与区划

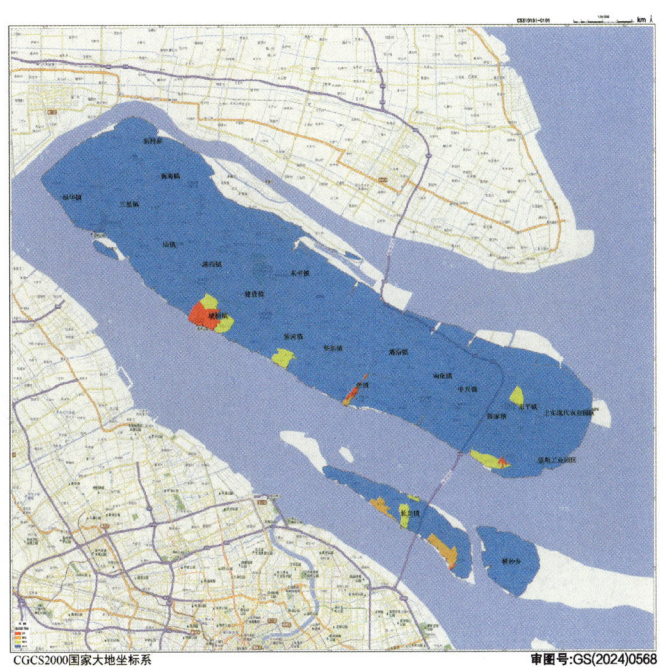

图 3-16 崇明区沿海风暴潮灾害脆弱性区划图

3) 风险评估与区划

根据 1.4.3 中风暴潮风险评估与区划方法，对沿海 5 区开展风暴潮风险评估与区划。

（1）宝山区和浦东新区

宝山区东南侧风险较高，西侧风险较低；宝山区大部分社区（村）风险等级为中高（Ⅱ级），各乡镇（街道）均有出现；风险等级为中低风险（Ⅳ级）的社区（村）主要分布在罗泾镇、罗店镇、月浦镇和顾村镇（图 3-17）。

浦东新区未出现风险等级为高（Ⅰ级）的社区（村），风险等级为中高（Ⅱ级）的区域主要分布在北蔡镇、曹路镇、东明路街道、高东镇、高行镇、高桥镇、合庆镇、沪东新村街道、花木街道、金杨新村街道、金桥镇、陆家嘴街道、南码头路街道、浦兴路街道、三林镇、上钢新村街道、唐镇、塘桥街道、潍坊新村街道、洋泾街道、周家渡街道和祝桥镇等乡镇（街道），在川沙新镇、康桥镇和张江镇等乡镇（街道）也有少量分布（图 3-17）。

（2）奉贤区和金山区

奉贤区西侧区域风险高于东侧，尤其是西南侧和西北侧区域风险等级较高；奉贤区未出现风险等级为高（Ⅰ级）的社区（村），风险等级为中高（Ⅱ级）的社区（村）主要出现在奉贤区西北侧的南桥镇、庄行镇、西渡街道和奉浦街道以及西南沿海的海湾旅游开发区和柘林镇（图 3-18）。

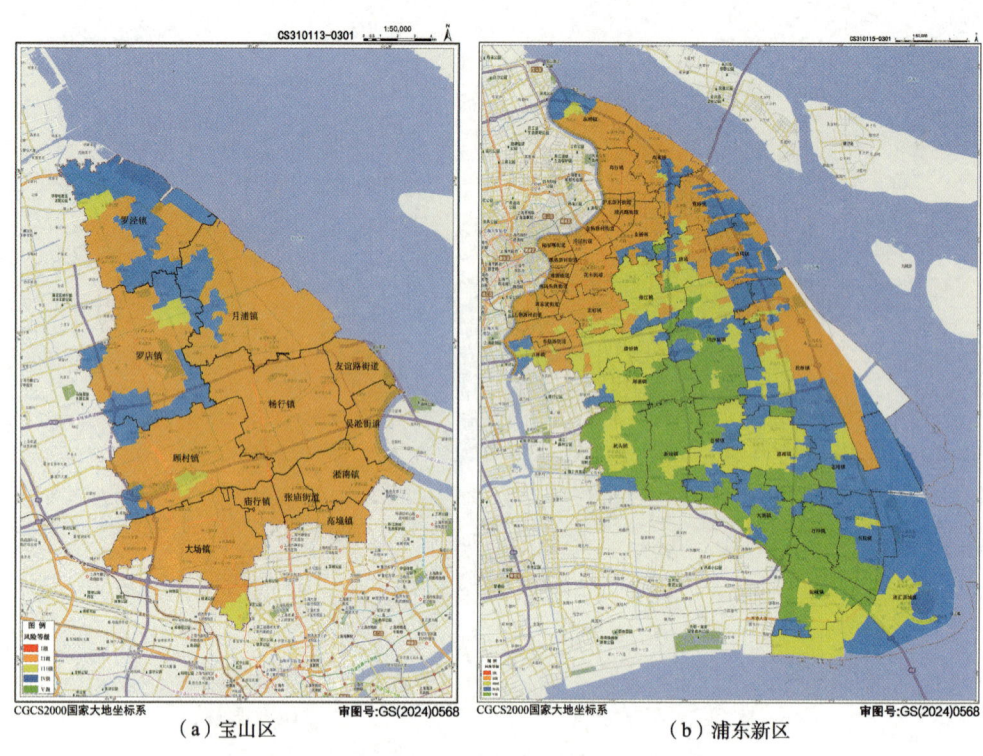

图 3-17　宝山区和浦东新区沿海风暴潮灾害风险区划图

金山区沿海区域和北侧低洼区域风险等级较高，其中，山阳镇的渔业村、卫东村以及石化街道大部分社区（村）风险等级为高（Ⅰ级），漕泾镇、枫泾镇、金山工业区、金山卫镇、山阳镇、石化街道、亭林镇、朱泾镇均出现风险等级为中高（Ⅱ级）的社区（村）；由于山阳镇中部偏北处海堤高程偏低，漫堤淹没均是从此处开始，附近区域危险性等级达到Ⅰ级，同时，山阳镇的渔业村、卫东村以及石化街道是人口密集或工业发达区域，脆弱性等级为Ⅰ级，因此山阳镇的渔业村、卫东村以及石化街道大部分社区（村）风险等级为高（Ⅰ级）（图3-18）。

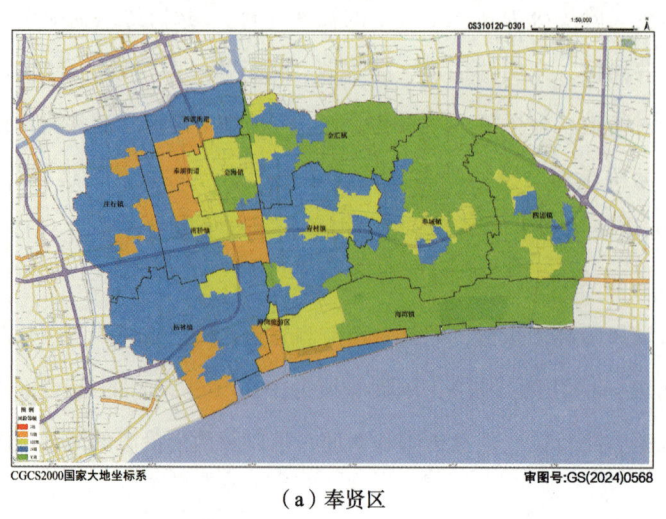

（a）奉贤区

第 3 章　风险评估与区划

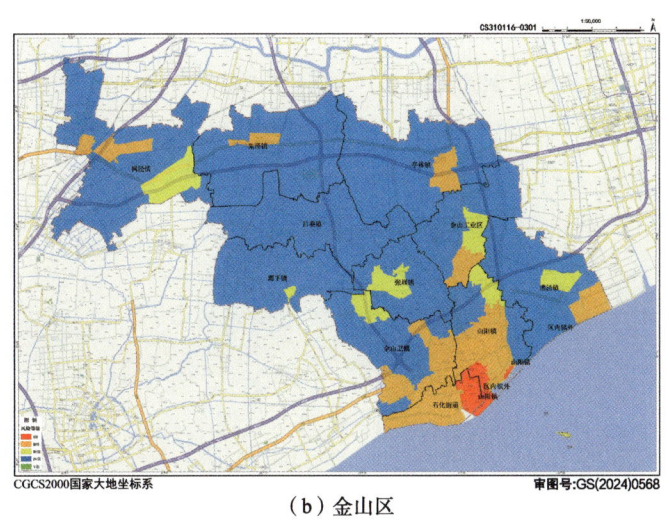

（b）金山区

图 3-18　奉贤区和金山区沿海风暴潮灾害风险区划图

（3）崇明区

崇明区大部分社区（村）风险等级为Ⅳ级，崇明岛中部南侧沿江区域及长兴岛东南侧区域风险等级较高；崇明区未出现风险等级为高（Ⅰ级）的社区（村），风险等级为中高(Ⅱ级)的社区（村）有新河镇兴教村，城桥镇城桥村、利民村，堡镇堡兴村及镇直辖区域，长兴镇同心村及镇直辖区域；风险等级为中风险（Ⅲ级）的社区（村）分布在陈家镇、城桥镇和长兴镇（图3-19）。

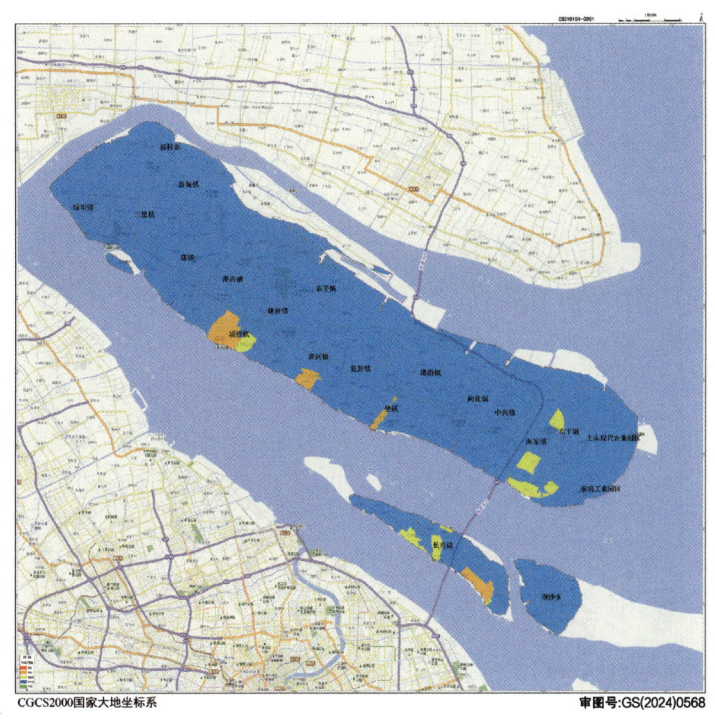

图 3-19　崇明区沿海风暴潮灾害风险区划图

4) 应急疏散图

选取强度等级为一般的风暴潮模拟结果（取台风中心气压为 930 hPa（金山区）/940 hPa（宝山区、浦东新区、奉贤区和崇明区）台风风暴潮与 9 级风淹没范围及水深较大者），绘制沿海 5 区应急疏散路径如图 3-20 所示。

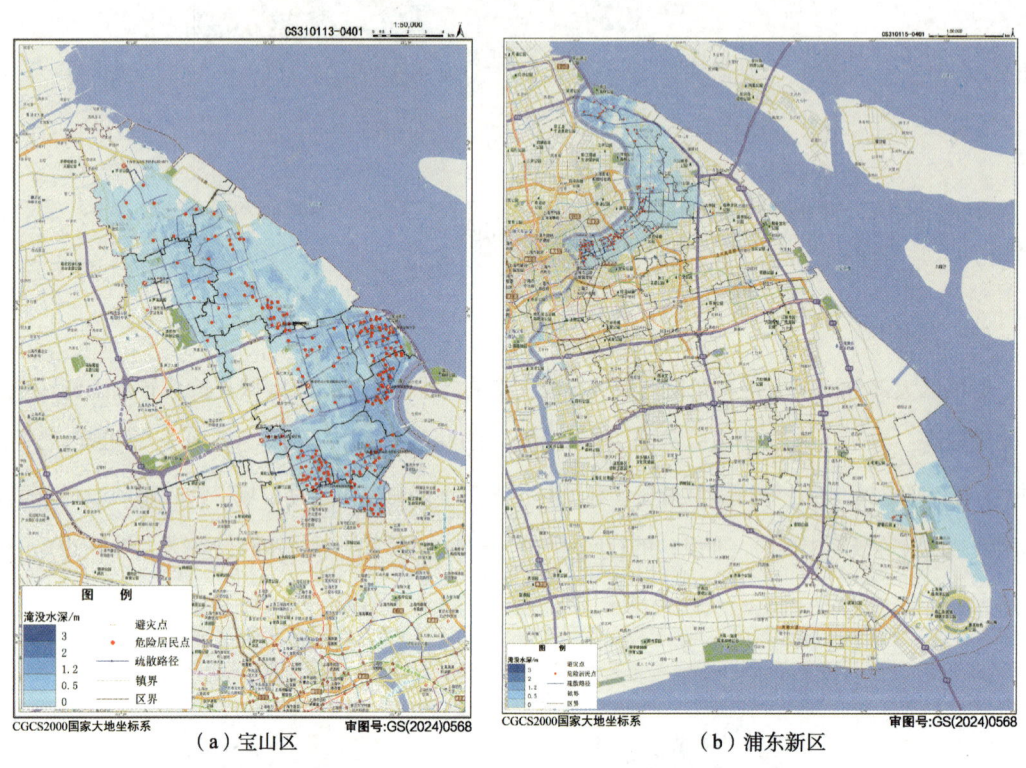

（a）宝山区　　　　　　　　　　（b）浦东新区

（c）奉贤区

（d）金山区

（e）崇明区

图 3-20　沿海 5 区一般强度风暴潮灾害应急疏散路径图

3.2　海浪灾害

3.2.1　危险性评估

根据 1.4.3 节，上海市尺度海浪灾害只做危险性区划。危险性评估主要通过海浪数值模型计算分析得到典型重现期海浪等值线分布图、海浪频率分布饼图以及海浪玫瑰图等成果。

1）不同重现期波高分析

上海附近海域（122.5°E 以西）有效浪高 2 年一遇在 1.0~3.5 m 之间，10 年一遇在 1.5~5.0 m 之间，20 年一遇在 2.0~6.0 m 之间，50 年一遇在 2.0~7.5 m 之间，100 年一遇在

2.5~8.5 m 之间。从有效波高等值线分布来看，上海附近海域的重现期波高呈现从内向外逐渐增大的趋势，50 年和 100 年一遇的波高在南汇嘴附近海域和横沙新洲外延海域（平均水深 7 m 的波浪辐聚区）出现了两个高值区（图 3-21）。

2) 波高频率分布

上海沿海海域Ⅳ级波高分布频率由内向外比例逐渐减弱，但均占到 70% 以上；Ⅲ级波高分布频率呈现东高西低、南高北低的特点，在东经 122°以东频率逐渐增大，南部沿海（杭州湾北部）所占比例大于北部沿海，长江口附近海域Ⅱ级和Ⅰ级波高比例很小（图 3-22）。

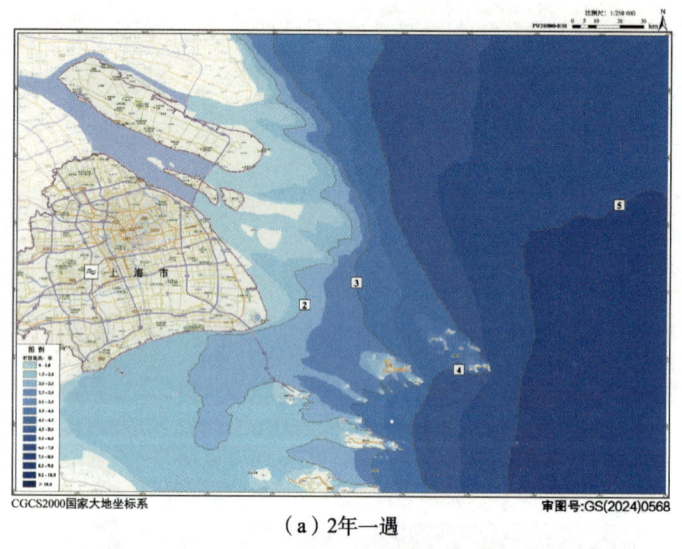

（a）2年一遇

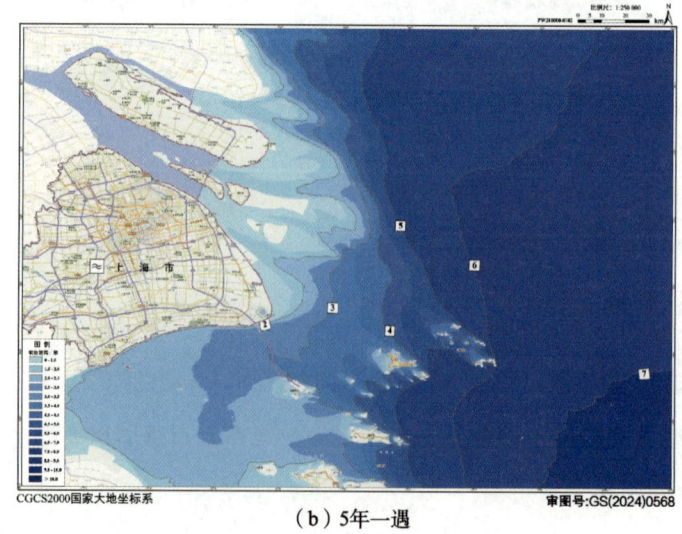

（b）5年一遇

第 3 章　风险评估与区划

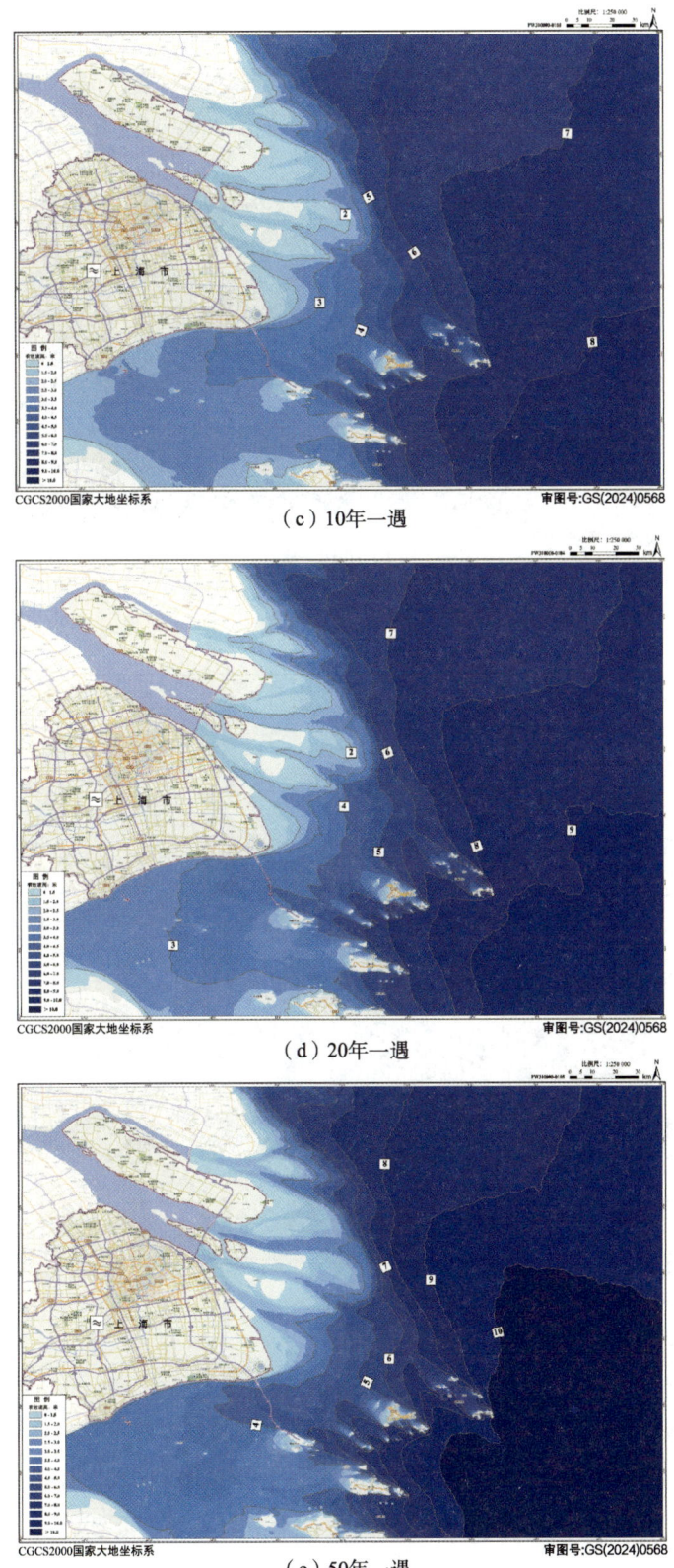

（c）10年一遇

（d）20年一遇

（e）50年一遇

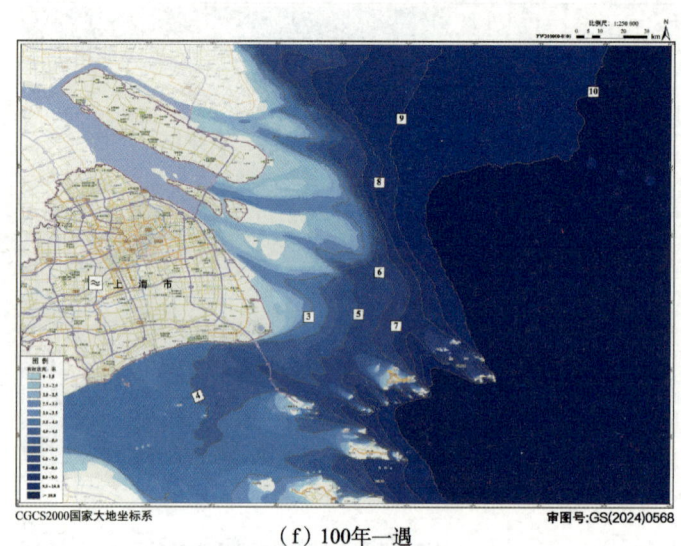

（f）100年一遇

图 3-21　有效波高分布

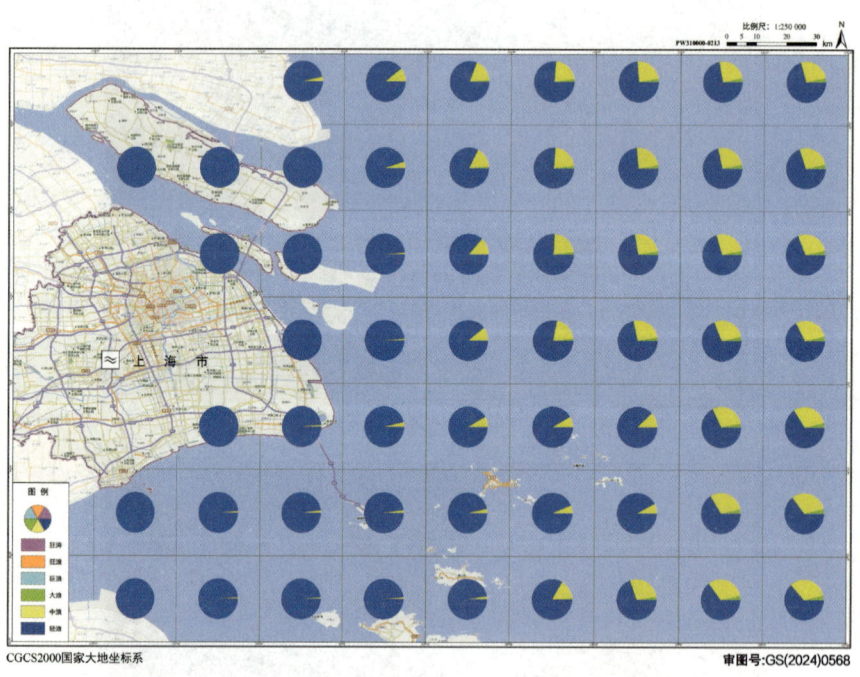

图 3-22　不同等级浪高年平均频率分布图

3) 海浪玫瑰图

崇明区堡镇附近海域波浪以东南向为主，1 m 以下波高分布频率最高；长江口附近海域波浪主要以东北和东南向浪为主，1 m 以下分布频率小于堡镇附近区域，且 2 m 以上波浪频率开始增大；芦潮港以南海域（杭州湾北部）波浪以偏东浪向为主；东经 122°以东海域波浪主要以东北向浪为主，强浪向为偏东和东南向（图 3-23）。

第 3 章 风险评估与区划

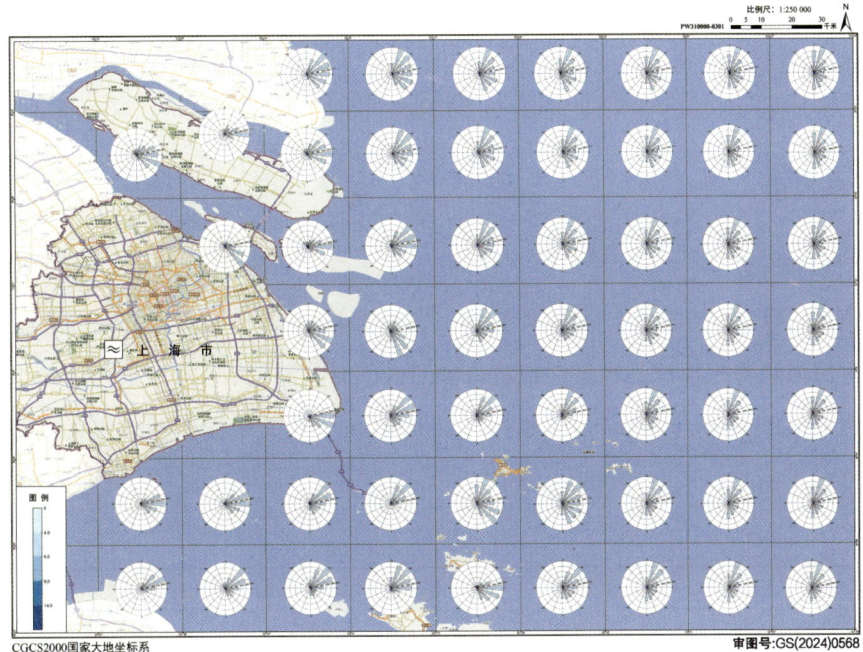

图 3-23 波浪玫瑰图

3.2.2 风险评估与区划

海浪仅划定危险性区划图,依据 1.4.3 中海浪危险性区划方法,开展上海市尺度海浪危险性区划,结果表明,上海市近岸均为Ⅳ级,向东越来越高(图 3-24)。

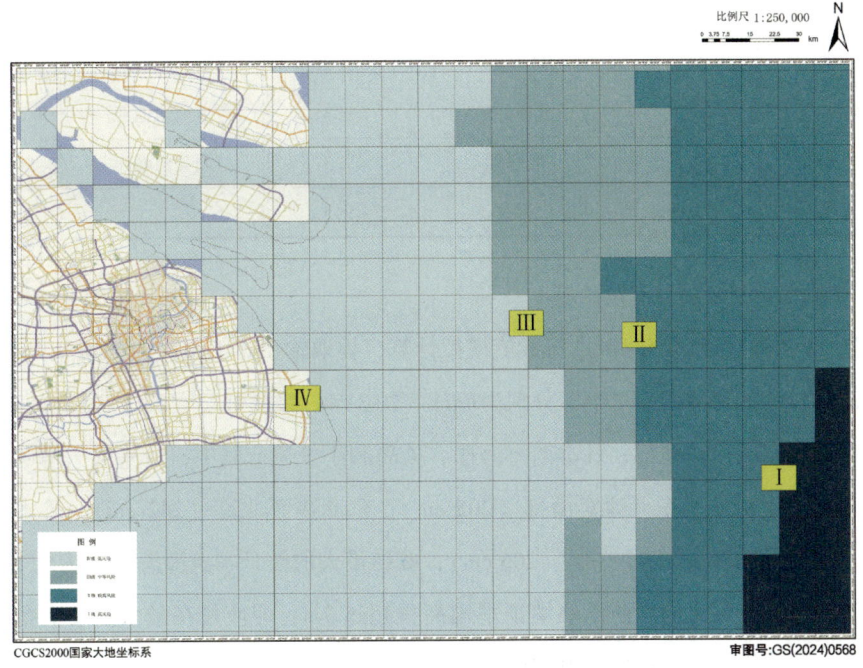

图 3-24 海浪灾害危险区划图

3.3 海啸灾害

3.3.1 市尺度

1）危险性评估

根据历史海啸发生情况及上海具体情况，选取区域和越洋海啸源为上海市潜在地震海啸源，其中区域海啸考虑琉球海沟潜在地震海啸源区，海啸源包括6个子断层以及RL2+3+4、RL5+6的级联破裂组合（表3-9）；越洋海啸选取9个环太平洋俯冲带上的14个潜在震源（表3-10）。

表3-9　琉球海沟潜在海啸源位置（8个）

震源位置	震级	震源位置	震级
琉球1	8.5	琉球5	7.9
琉球2	8.4	琉球6	8.1
琉球3	8.5	琉球（2+3+4）	8.8
琉球4	8.3	琉球（5+6）	8.5

表3-10　越洋海啸潜在海啸源位置（14个）

震源位置	震级	震源位置	震级	震源位置	震级
东菲律宾南部	9.2	关岛	9.2	阿留申群岛1	9.2
东菲律宾北部	9.2	小笠原	9.2	阿留申群岛2	9.2
新几内亚	9.2	千岛群岛	9.3	卡斯凯迪亚	9.1
日本南海海槽	9.1	堪察加	9.3	北美西海岸	9.2
日本东北	9.2	智利	9.5		

（1）潜在海啸源波幅与淹没计算

对上述22个潜在地震海啸源进行数值模拟计算，提取输出点上最大海啸波幅。计算可知，对上海市威胁较大的海啸源有7个，分别为琉球（2+3+4）级联破裂、琉球（5+6）级联破裂、东菲律宾南部、东菲律宾北部、日本南海海槽、关岛和小笠原。其中，沿岸最大海啸波幅超过200 cm的有5个，分别是东菲律宾南部（205 cm）、东菲律宾北部（242 cm）、日本南海海槽（298 cm）、关岛（219 cm）、小笠原（206 cm）；威胁最大的是日本南海海槽（表3-11）。据海塘沉降监测结果，上海市沿岸防汛墙墙顶平均高程超过7m，即使是在最大威胁的情况下叠加天文高潮位，海水漫过海堤造成淹没的概率仍较低。

第 3 章 风险评估与区划

表 3-11 不同震源在模型输出点的最大海啸波幅（单位：cm，表中黄色色块中的值≥100）

行政区	乡镇（街道）	琉球1	琉球2	琉球3	琉球4	琉球5	琉球6	琉球2+3+4	琉球5+6	东菲律宾南部滨北部	新几内亚	日本南海海槽	日本东北	关岛	小笠原	千岛群岛	堪察加	智利	阿留申群岛1	阿留申群岛2	卡斯凯迪亚	北美西海岸
金山区	漕泾镇	38	29	52	29	11	26	112	77	189	237	49	179	83	158	107	89	79	78	56	28	33	42
	山阳镇	37	49	42	22	12	21	105	74	173	218	45	165	76	129	129	85	76	83	49	26	32	39
	石化街道	23	34	37	21	12	15	84	62	148	187	39	143	67	80	92	78	72	81	49	22	20	31
奉贤区	海湾镇1	60	30	39	23	11	23	90	120	130	176	59	148	62	142	100	65	54	68	33	22	12	30
	海湾镇2	58	32	40	31	15	25	106	124	147	200	51	154	75	150	123	68	57	49	32	28	19	35
	海湾镇3	45	32	36	30	11	24	99	101	149	205	57	161	84	123	96	74	61	66	42	24	13	35
	柘林镇	42	33	62	23	12	25	101	113	164	220	52	163	90	149	108	75	63	95	40	27	14	33
	高桥镇	23	21	18	13	5	11	53	50	125	152	43	141	75	120	83	82	77	63	38	27	16	35
	高东镇	29	27	23	13	6	12	68	56	129	158	44	162	78	119	104	82	80	49	36	26	18	33
	曹路镇	25	25	21	13	5	11	62	57	133	159	44	151	79	132	92	83	76	53	36	26	19	33
	合庆镇	32	33	27	15	7	14	74	58	148	180	43	194	89	130	121	89	80	67	40	27	16	35
	祝桥镇1	41	31	22	17	1	19	77	66	156	188	42	164	80	157	125	101	84	57	39	27	19	38
	祝桥镇2	47	32	28	40	14	22	117	105	205	242	47	227	108	125	141	104	77	79	36	25	17	35
浦东新区	老港镇	79	83	67	62	34	43	122	89	183	212	93	298	130	168	201	123	95	82	80	35	27	55
	南汇新城1	128	88	99	63	26	42	123	146	172	216	128	249	113	219	206	110	77	79	52	33	34	46
	南汇新城2	45	37	46	44	21	39	114	141	162	217	78	205	86	213	175	85	65	84	51	25	20	47
	南汇新城3	35	42	36	37	12	25	110	127	148	202	59	170	68	148	167	67	55	72	30	19	14	32

(续表)

行政区	乡镇（街道）	琉球1	琉球2	琉球3	琉球4	琉球5	琉球6	琉球2+3+4	琉球5+6	东菲律宾南部	东菲律宾北部	新几内亚	日本南海海槽	日本东北	关岛	小笠原	千岛群岛	堪察加	智利	阿留申群岛1	阿留申群岛2	卡斯凯迪亚	北美西海岸
宝山区	友谊路街道	40	37	38	19	6	6	95	52	129	140	47	162	87	124	128	94	53	37	25	20	13	26
	月浦镇	47	32	35	19	7	13	93	53	110	120	43	137	91	114	119	81	45	42	20	17	11	24
	罗泾镇	28	22	21	11	5	10	42	32	72	71	36	79	57	82	68	52	37	23	14	13	8	14
崇明区	崇明东滩	32	27	21	14	5	14	39	33	108	124	39	156	63	153	134	74	56	39	27	17	12	19
	现代农业园	45	38	27	15	7	11	64	31	95	107	41	144	73	141	98	75	57	36	29	19	18	22
	东平镇	25	24	15	8	3	8	30	19	65	67	31	71	44	97	74	60	46	30	23	19	13	21
	新村乡	15	14	9	4	2	4	18	12	36	49	24	29	25	59	38	28	19	19	14	11	8	12
	新海镇	21	21	16	5	2	9	27	25	76	85	23	49	45	74	57	42	33	19	16	17	11	21
	绿华镇	20	18	16	8	4	11	30	31	101	97	34	63	44	91	57	49	35	19	15	14	9	20
	庙镇	18	19	19	9	3	9	33	30	78	74	35	75	42	81	69	59	42	26	19	16	9	17
	城桥镇	33	25	25	17	5	14	38	34	70	71	41	88	55	89	83	65	39	39	22	16	11	17
	新河镇	27	23	19	13	4	10	38	33	71	75	38	84	61	97	75	56	35	31	18	13	9	13
	坚新镇	32	23	18	12	6	12	44	36	76	81	34	74	65	103	76	44	28	32	14	10	7	15
	堡镇	24	24	24	14	5	13	56	42	82	107	30	102	60	107	70	60	37	33	18	14	8	24
	向化镇	33	28	24	11	4	12	51	44	89	119	37	107	61	101	74	64	42	35	18	15	9	27
	陈家镇	44	37	23	17	9	18	48	40	102	114	47	101	53	132	94	63	43	37	21	13	9	20
	横沙乡	39	31	29	18	5	12	56	40	96	99	48	113	54	145	103	63	41	37	18	13	9	15
	长兴镇	67	53	50	38	10	31	121	78	164	183	67	222	102	164	180	111	55	38	25	18	12	21

第3章 风险评估与区划

（2）潜在海啸源情景下海啸最大波幅分布

统计22个潜在地震海啸源情景下海啸的最大海啸波幅，以沿海乡镇（街道）为基本单元，选取单元内最大海啸波幅作为岸段最大海啸波幅，绘制形成上海市潜在地震海啸源情景下海啸最大波幅分布图（图3-25）。上海市沿岸可能最大海啸波幅介于60~310 cm之间，最大海啸波幅出现在浦东新区沿岸，集中在老港镇和南汇新城。

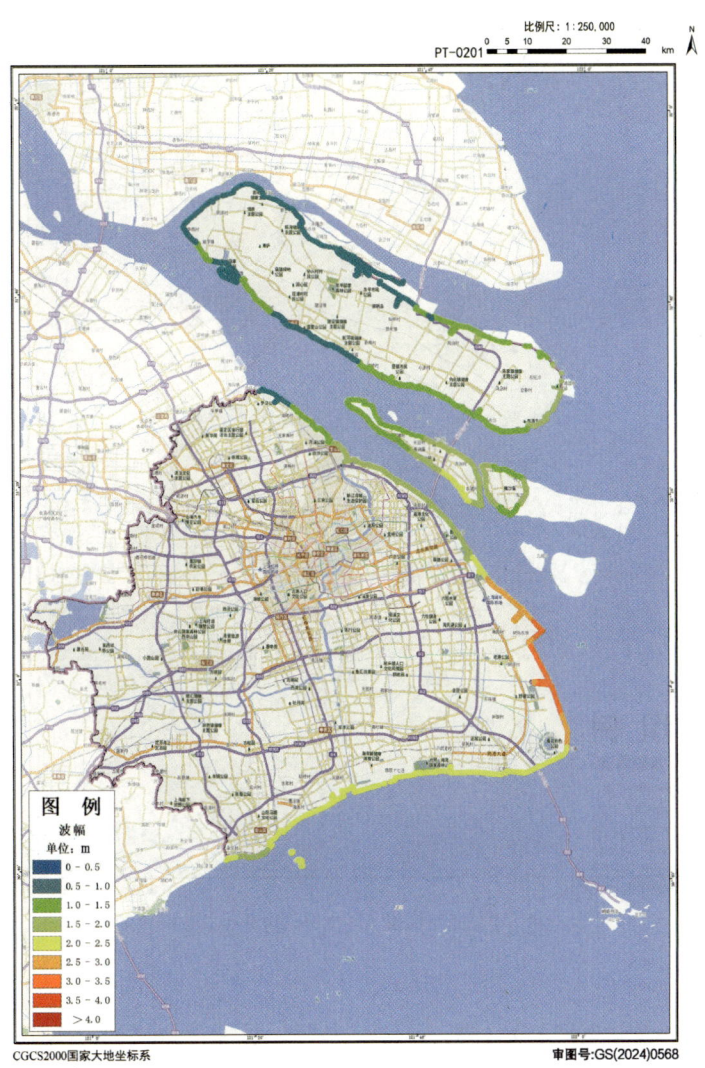

图 3-25　上海市潜在地震海啸源情景下海啸最大波幅分布图

（3）可能最大海啸淹没危险性等级分布

根据海啸危险性等级划分标准（表1-13），上海市沿岸可能最大海啸淹没等级为Ⅰ~Ⅲ级，其中浦东新区沿岸较危险，祝桥镇、老港镇和南汇新城镇岸段为Ⅰ级，其余沿海乡镇（街道）为Ⅱ级；宝山区除罗泾镇外岸段、奉贤区沿海乡镇（街道）、金山区沿海乡镇（街道）、崇明区的长兴岛和横沙岛以及崇明岛崇明东滩、现代农业园、绿华镇、竖新镇、堡镇、向华镇、陈家镇岸段为Ⅱ级；宝山区罗泾镇和崇明岛其余沿海乡镇（街道）为Ⅲ级（图3-26）。

图 3-26 上海市可能最大海啸淹没危险性等级分布图

2）脆弱性评价

脆弱性评价方法及结果同3.1.1节。

3）风险评估与区划

依据1.4.3中海啸风险评估与区划方法，开展上海市尺度海啸风险评估与区划，结果表明，上海市大陆区域总体呈现海啸灾害风险北高南低的趋势，而崇明三岛总体风险较低的特征；海啸灾害高风险区（Ⅰ级）包括宝山区月浦镇、奉贤区海湾旅游区、金山区石化街道等区域，较高风险区（Ⅱ级）包括宝山区其余沿海乡镇（街道）、浦东新区高桥镇至祝桥镇、金山区山阳镇等区域（图3-27）。

第 3 章 风险评估与区划

图 3-27 上海市海啸灾害风险区划图

市尺度海啸灾害风险等级总体偏高，主要是因为按照省尺度海啸灾害风险评估方法，将沿海乡镇（街道）危险性最高等级岸段作为整个乡镇（街道）危险性等级进行后续评估造成的。根据数模计算结果，上海市无发生海啸灾害淹没危险；根据历史海啸灾害情况，上海市发生海啸的概率也很低。可见，上海市的海啸灾害风险市尺度评估结果是偏保守的。

3.3.2 区尺度

1）危险性评估

（1）潜在海啸源波幅与淹没计算

同市尺度，沿海 5 区具体计算见表 3-11。上海市沿海 5 区沿岸防汛墙高程较高，综合考虑各种可能发生的最严重的海啸灾害情况之下，数值模拟结果显示 5 区均没有海啸淹没危险，目前的海岸防御工程足够抵御海啸威胁。

（2）潜在海啸源情景下海啸最大波幅分布

统计22个潜在地震海啸源情景下海啸的最大海啸波幅，以沿海社区（村）为基本单元，选取单元内最大海啸波幅作为单元最大海啸波幅，绘制形成区尺度潜在地震海啸源情景下海啸最大波幅分布图（图3-28）。

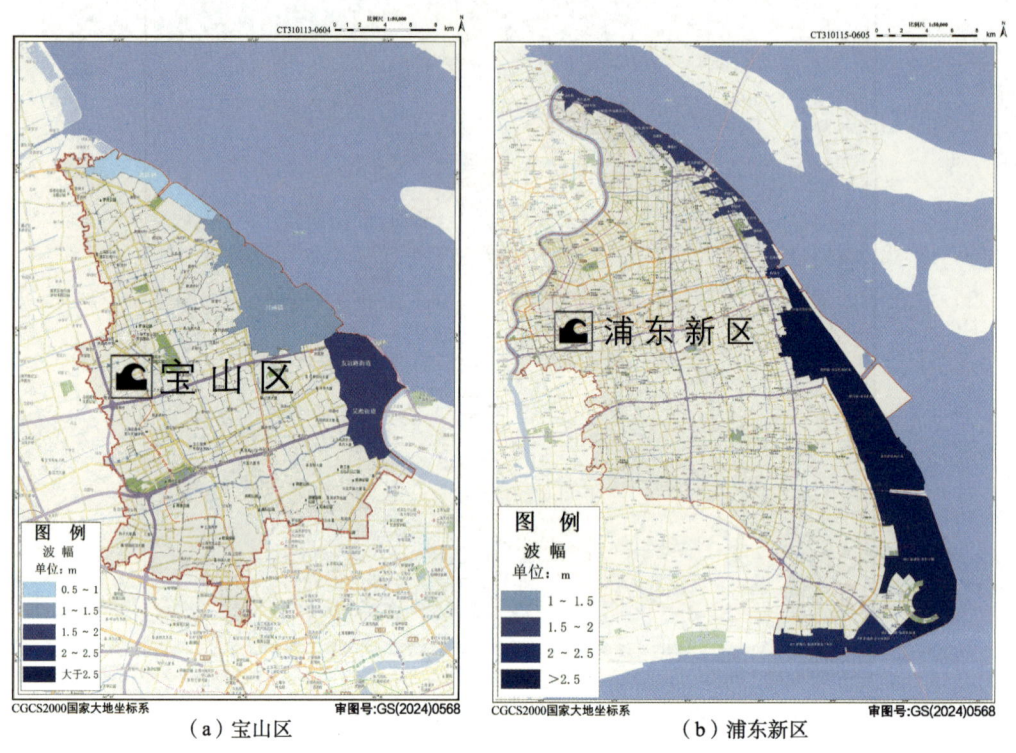

（a）宝山区　　　　　　　　　　　　（b）浦东新区

（c）奉贤区

第 3 章 风险评估与区划

（d）金山区

（e）崇明区

图 3-28 上海市沿海 5 区潜在地震海啸源情景下海啸最大波幅分布图

宝山区沿岸可能最大海啸波幅介于 80~170 cm 之间；浦东新区沿岸可能最大海啸波幅介于 150~310 cm 之间；奉贤区沿岸可能最大海啸波幅介于 170~230 cm 之间，西部沿岸略高于东部沿岸；金山区沿岸可能最大海啸波幅介于 190~240 cm 之间，西部沿岸略高于东部沿岸；崇明区沿岸可能最大海啸波幅介于 60~220 cm 之间。

（3）可能最大海啸淹没危险性等级分布

以沿海社区（村）为基本单元，依据海啸淹没深度将海啸危险性划分为 4 级（表 1-15）。根据数值模拟结果，基于现有的海岸防护工程，上海市沿海 5 区均无海啸淹没危险。

根据 2022 年第 1 期《全国海洋灾害风险普查数据成果审核汇交问题清单及解决措施》，对于无海啸淹没区域，参照省级尺度评估方法做岸段危险性评估。按照省级海啸灾害危险性等级划分标准（表1-13），以沿海社区（村）为单元，划定沿海5区可能最大海啸淹没危险性等级分布，5区为Ⅰ～Ⅲ级，Ⅰ级主要分布于浦东新区的祝桥镇、老港镇和南汇新城镇的社区（村）岸段（图3-29）。

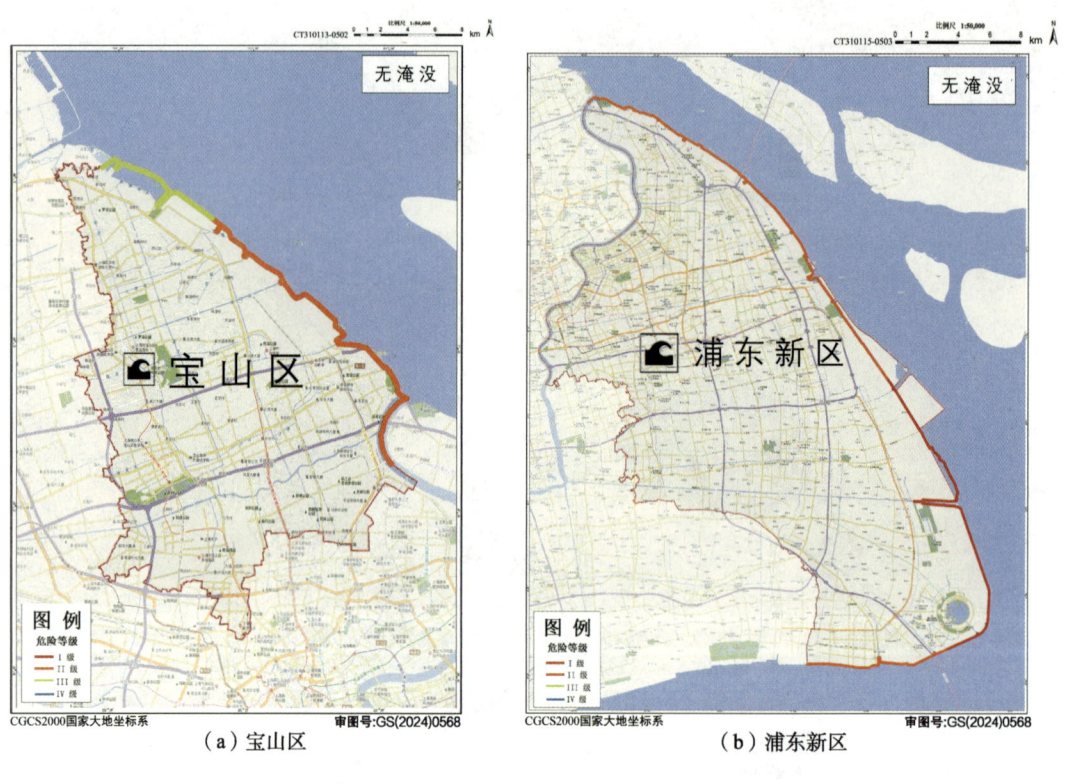

（a）宝山区　　　　　　　　　（b）浦东新区

（c）奉贤区

第 3 章 风险评估与区划

(d) 金山区

(e) 崇明区

图 3-29 上海市沿海 5 区可能最大海啸淹没危险性等级分布图

2) 脆弱性评价

脆弱性评价方法及结果同 3.1.2 节。

3) 风险评估与区划

由于沿海 5 区均无海啸淹没，危险性为零，故区尺度海啸灾害风险评估结果均为无风险。根据上海市尺度海啸灾害风险评估与区划结果（图 3-27），在不考虑海岸防护工程的情况下，宝山区沿海乡镇（街道）总体海啸灾害风险较高，月浦镇为海啸灾害高风险区，罗泾镇、吴淞街道、友谊路街道均为较高风险区；浦东新区北部自高桥镇至祝桥镇沿海区域为海啸灾害较高风险区，其余沿海镇（街道）均为较低风险区；奉贤区海湾旅游区为高风险，海湾镇、柘林镇均为较低风险；金山区沿海乡镇（街道）总体海啸灾害风险较高，其中石化街道、山阳镇、漕泾镇的海啸灾害风险等级分别为高、较高和较低；崇明区总体风险较低，长兴岛、横沙岛及崇明岛东部区域以及西部的绿华镇、庙镇、三星镇为较低风险区，其余区域均为低风险区。

4）应急疏散图

由于沿海 5 区没有海啸淹没危险，所以无须开展人员的应急疏散。

3.4 海平面上升

3.4.1 危险性评估

对上海沿海乡镇（街道）海平面危险性进行评估计算，评估结果见表3-12。其中，海平面上升速率和平均潮差值浦东新区采用大戢山站值，金山区和奉贤区采用滩浒岛站值，宝山区和崇明区采用堡镇站值；侵蚀性平原海岸线类型和稳定性取 5，淤涨的平原海岸取 1；高程低于 5 m 的沿海地区面积占比根据式（1-5）标准化处理，标准化后的危险性指数 H 在 1～5 之间，高危险性指数对应更高的海平面上升危险性，易受到海平面上升威胁。

表 3-12 沿海乡镇（街道）海平面上升危险性评估结果

行政区	镇/街道名	无量纲值				危险性指数 H
		海平面上升速率	平均潮差	高程低于 5 m 的沿海地区面积占比	海岸线类型和稳定性	
宝山区	月浦镇	9.3	236	2.873	1	2.76
	罗泾镇	9.3	236	4.237	1	3.17
	友谊路街道	9.3	236	1.092	1	2.23
	吴淞镇街道	9.3	236	2.097	1	2.77
	淞南镇	9.3	236	4.925	1	3.38
浦东新区	高桥镇	3.3	291	2.647	1	1.67
	高东镇	3.3	291	4.23	1	2.15
	曹路镇	3.3	291	3.704	1	1.99
	合庆镇	3.3	291	4.474	1	2.22
	祝桥镇	3.3	291	3.54	1	1.94
	老港镇	3.3	291	4.648	1	2.27
	南汇新桥镇	3.3	291	4.049	1	2.09
奉贤区	海湾镇	4.6	358	3.195	1	2.32
	柘林镇	4.6	358	4.533	1	2.72
金山区	漕泾镇	4.6	358	3.273	1	2.34
	山阳镇	4.6	358	4.291	1	2.65
	石化街道	4.6	358	1.801	1	1.90

第3章 风险评估与区划

(续表)

行政区	镇/街道名	无量纲值				危险性指数 H
		海平面上升速率	平均潮差	高程低于 5 m 的沿海地区面积占比	海岸线类型和稳定性	
崇明区	新村乡	9.3	236	4.233	1	3.17
	新海镇	9.3	236	4.376	5	4.41
	绿华镇	9.3	236	4.937	1	3.39
	三星镇	9.3	236	4.988	1	3.40
	庙镇	9.3	236	4.691	1	3.31
	城桥镇	9.3	236	4.608	1	3.28
	新河镇	9.3	236	4.695	1	3.31
	竖新镇	9.3	236	4.321	1	3.20
	堡镇	9.3	236	4.767	1	3.33
	向化镇	9.3	236	4.455	1	3.24
	中兴镇	9.3	236	4.801	1	3.34
	陈家镇	9.3	236	4.509	5	4.45
	长兴镇	9.3	236	2.734	1	2.72
	横沙乡	9.3	236	4.924	5	4.58

根据危险性分级标准（表1-17），上海大部分沿海街道乡镇（街道）危险性为Ⅲ级，宝山区西部和崇明岛中部为Ⅱ级，侵蚀性海岸区域的崇明区陈家镇、新海镇和横沙乡为Ⅰ级风险区（表3-13、图3-30）。

表3-13 上海市乡镇（街道）海平面上升危险性等级分布

等级	镇/街道名称	所在区
Ⅰ	陈家镇、横沙乡、新海镇	崇明区（3个）
Ⅱ	堡镇、城桥镇、港西镇、港沿镇、绿华镇、庙镇、三星镇、竖新镇、向化镇、新村乡、新河镇、中兴镇	崇明区（12个）
	罗泾镇、淞南镇	宝山区（2个）
Ⅲ	高东镇、合庆镇、老港镇、南汇新城镇	浦东新区（4个）
	漕泾镇、山阳镇	金山区（2个）
	海湾镇、化工区、柘林镇	奉贤区（3个）
	吴淞街道、友谊路街道、月浦镇	宝山区（3个）
	长兴镇	崇明区（1个）
Ⅳ	曹路镇、高桥镇、祝桥镇	浦东区（3个）
	石化街道	金山区（1个）

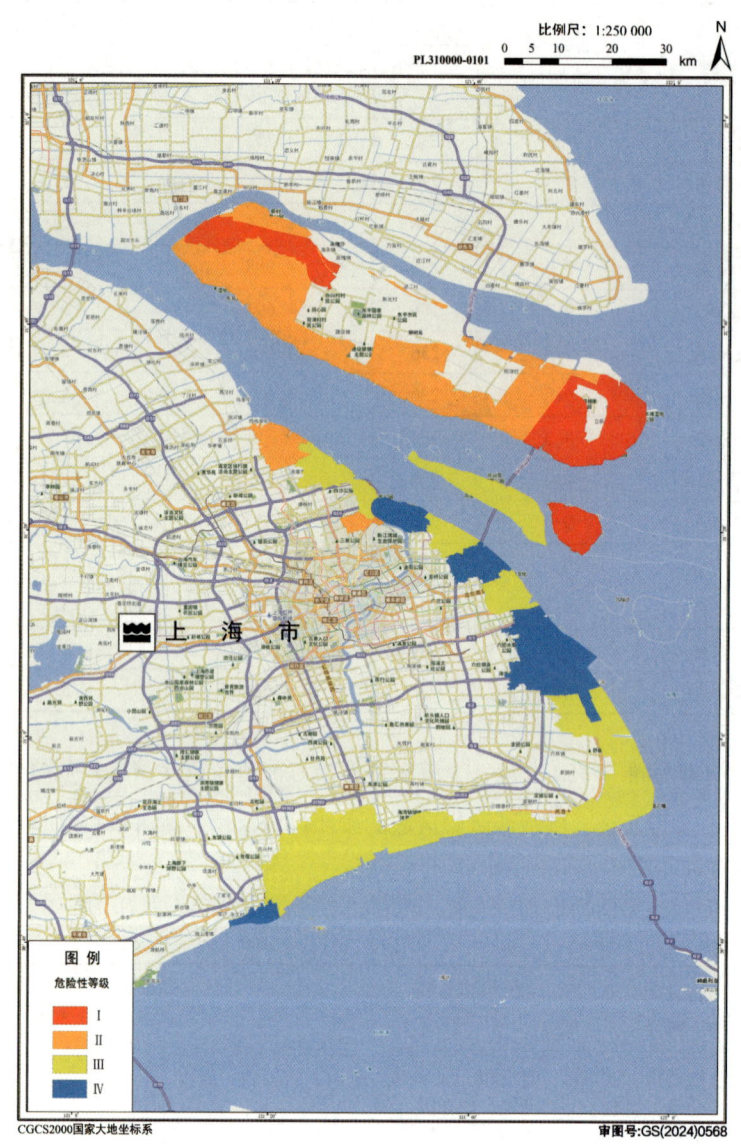

图 3-30　上海市海平面上升危险性分布图

3.4.2　脆弱性评价

上海沿海各乡镇（街道）单元标准化处理后的脆弱性指数 V 在 1~4 之间，高脆弱性指数对应更高的承灾体脆弱性，易受到海平面上升威胁。由于已有规范中没有提供脆弱性等级划分标准相关内容，本次普查根据脆弱性指数计算结果，按表 3-14 进行脆弱性分级划分。根据计算分析，宝山区友谊路街道、吴淞镇街道及浦东新区高桥镇、高东镇由于人口密度大、GDP 均值高，脆弱性达到Ⅰ级；宝山区月浦镇、淞南镇及浦东新区其余乡镇（街道）由于 GDP 均值

第 3 章 风险评估与区划

高,脆弱性达到Ⅱ级;宝山区其余乡镇(街道)、奉贤区、金山区和崇明区脆弱性指数较低,为Ⅲ级(图 3-31)。

表 3-14 脆弱性指数等级划分

指数值	$V>3$	$2\leq V<3$	$1\leq V<2$	$0\leq V<1$
危险性等级	Ⅰ级	Ⅱ级	Ⅲ级	Ⅳ级

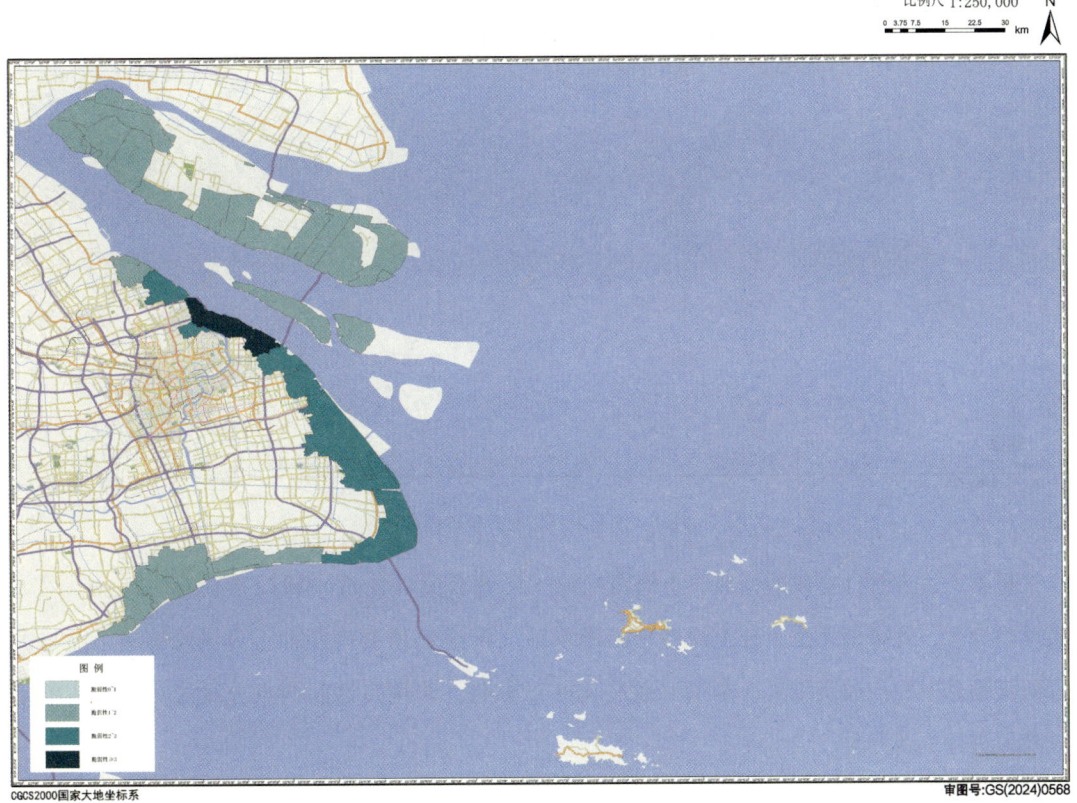

图 3-31 上海市海平面上升脆弱性分布图

3.4.3 风险评估与区划

1) 规范计算方法

根据 1.4.3 节规范中方法,将海平面上升风险值计算结果按照"0~1""1~2""2~3"以及">3"的分级标准绘制了海平面上升风险程度分布图(图 3-32)。上海市风险值在 1.89~3.24 之间,宝山区吴淞镇街道、淞南镇、崇明区横沙乡风险值>3;宝山区月浦镇、罗泾镇、友谊路街道、浦东新区沿海 7 个镇、奉贤区柘林镇、金山区山阳镇以及崇明区除横沙乡的外其他镇风险值为 2~3;奉贤区海湾镇、金山区漕泾镇和石化街道风险值为 1~2。

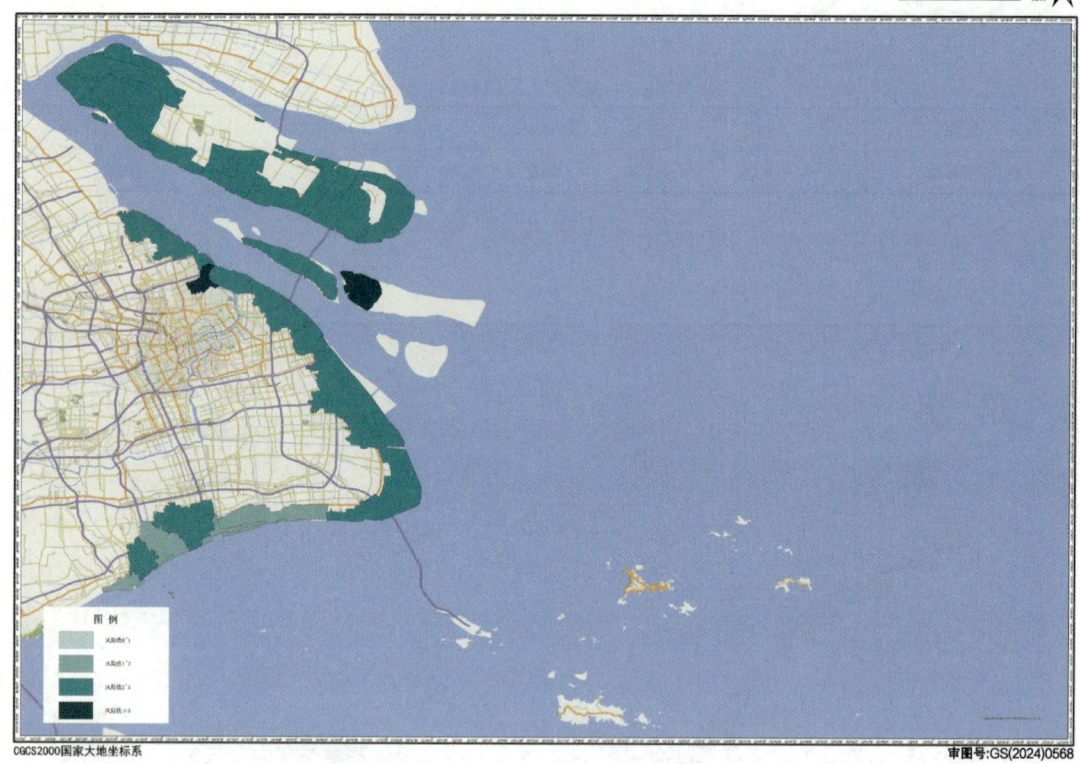

图 3-32 上海市海平面上升风险程度分布图

根据上述方法计算风险指数，上海市沿海 5 区各乡镇（街道）风险指数值均>1.0，均为高风险地区，此结果无法区分上海各个沿海乡镇（街道）所受海平面上升风险等级。经与国家海洋信息中心沟通交流后，本项目通过 ArcGIS 软件，采用自然间断点分级法对各评估单元风险值进行重新分类。

2）自然断点分级法

詹克斯（Jenks）自然断点分级法是一种根据数值统计分布规律分级和分类的统计方法。分类原则为基于数据中固有的自然分组，对分类间隔加以识别，将相似值进行最恰当地分组，并使各个类之间的差异最大化。计算原理为通过迭代比较每个分组和分组中元素的均值与观测值之间的平方差之和来确定值在分组中的最佳排列，计算出来的最佳分类，可确定值在有序分布中的中断点，以最大程度地减少组内平方差之和。计算步骤如下。

（1）根据下列算法，计算数组"平均值的偏差平方和"（Sum of Squares of Deviations from the Mean，SDAM）：

$$SDAM = \sum (M_i - \bar{M})^2 \tag{3-1}$$

式中 M_i——需要分类的数据集（$i=1, 2, \cdots$）；

第3章 风险评估与区划

$\overline{M}$——数据集的均值。

（2）迭代每个范围组合，按式（3-2）计算"类别均值的平方偏差平方和"（SDCM_ALL），然后找到最小的。

$$SDCM\_ALL_l = \sum_{j=1}^{n} \sum_{i=k_{j-1}}^{k_j} (M_i - \overline{M}_j)^2 \tag{3-2}$$

式中 $\overline{M}_j$——每个类别的数据集的均值；

n——分类个数；

k_j——第 j 个类别的数据个数。

（3）根据式（3-3）计算方差"拟合优度"（Goodness of Fit，GVF），得出拟合最佳的分类。GVF 的值在 0~1 之间，1 表示拟合极好，0 表示拟合极差。

$$GVF_l = \frac{SDAM - SDCM_l}{SDAM} \tag{3-3}$$

采用自然断点分级法等级划分标准（表3-15）对各区风险值进行等级划分，区划成果见图3-33。

表3-15 自然断点法原理等级划分

指数值	2.60≤SLRI<3.24	2.34<SLRI≤2.60	2.10<SLRI≤2.34	1.89<SLRI≤2.10
风险等级	Ⅰ级（高风险）	Ⅱ级（较高风险）	Ⅲ级（中等风险）	Ⅳ级（低风险）

图3-33 海平面上升风险区划图

上海市海平面上升灾害风险Ⅰ～Ⅳ级均有分布。由于崇明区海平面上升速率快，且新海镇、陈家镇、横沙乡部分海岸线近年来存在侵蚀，故上海市Ⅰ级风险区主要分布在崇明区的新海镇、陈家镇、横沙乡；Ⅱ级风险区主要分布在宝山区沿海乡镇（海平面上升速率快，人口密度大，脆弱性较高）、浦东新区高东镇（高程低于5 m的沿海地区面积占比较高，危险性指数较高，GDP均值较大，脆弱性指数较高）及崇明区的三星镇、堡镇、城桥镇；其余沿海乡镇均为Ⅲ～Ⅳ级风险区。

本章小结

本节总结提炼了上海市风暴潮、海浪、海啸、海平面上升风险评估与区划成果。

1) 风暴潮

从市尺度来看，上海市风暴潮灾害风险区划Ⅱ～Ⅳ级均有分布，金山区石化街道、山阳镇，浦东新区高桥镇、高东镇、曹路镇、合庆镇，宝山区友谊路街道、吴淞街道、月浦镇、罗泾镇、淞南镇区划等级为中高风险（Ⅱ级），浦东新区祝桥镇等级为中风险（Ⅲ级），其他各乡镇（街道）风险等级为中低风险（Ⅳ级）。

从区尺度来看，沿海5区风暴潮灾害风险区划Ⅰ～Ⅴ级均有分布，Ⅰ级主要分布在金山区山阳镇的渔业村、卫东村以及石化街道大部分社区（村）。宝山区东南侧风险较高，西侧风险较低；大部分社区（村）风险等级为中高风险（Ⅱ级），各乡镇（街道）均有出现；风险等级为中低风险（Ⅳ级）的社区（村）主要分布在罗泾镇、罗店镇、月浦镇和顾村镇。浦东新区北部比南部风险高，东部比西部高，风险较高区域主要集中在黄浦江沿岸以及浦东东部高桥镇至祝桥镇沿海区域；大部分社区（村）风险等级为中高风险（Ⅱ级）。奉贤区西侧比东侧风险高，特别是西南侧沿海及西北侧邻近黄浦江区域风险较高；风险等级为中高风险（Ⅱ级）的社区（村）主要出现在奉贤区西北侧的南桥镇、庄行镇、西渡街道和奉浦街道以及西南沿海的海湾旅游开发区和柘林镇。金山区南侧沿海及北部低洼区域风险较高、中部区域风险较低；山阳镇的渔业村、卫东村以及石化街道大部分社区（村）风险等级为高风险（Ⅰ级）；除中部张堰镇、廊下镇、吕巷镇外其他镇均出现风险等级为中高风险（Ⅱ级）的社区（村）。崇明区大部分社区（村）风险等级为Ⅳ级，崇明岛中部沿江区域、横沙岛西侧及长兴岛东南侧区域风险等级较高为中高风险（Ⅱ级）。

2) 海浪

上海近岸段海域海浪危险等级为Ⅳ级（低风险），向东延伸，海浪危险等级逐渐提高。

第 3 章　风险评估与区划

3) 海啸

市尺度来看，上海市大陆区域海啸灾害风险总体呈现北高南低的特征，崇明三岛总体风险较低。上海市海啸灾害风险Ⅰ～Ⅳ级均有分布，Ⅰ级区域包括宝山区月浦镇、奉贤区海湾旅游区、金山区石化街道等区域，Ⅱ级区域包括宝山区其余沿海镇（街道）、浦东新区高桥镇至祝桥镇、金山区山阳镇等区域。

区尺度来看，虽然沿海5区存在差异化的海啸灾害脆弱性，但由于有完善的海岸防御工程，均无海啸淹没危险，灾害风险评估和风险区划结果均为无风险，无需开展人员的应急疏散。

4) 海平面上升

上海市海平面上升灾害风险Ⅰ～Ⅳ级均有分布，崇明区新海镇、陈家镇、横沙乡为Ⅰ级风险地区；宝山区沿海镇（街道）、浦东新区高东镇以及崇明区三星镇、堡镇、城桥镇为Ⅱ级风险区；浦东新区其他沿海镇（街道）、奉贤区、金山区沿海镇（街道）为Ⅲ～Ⅳ级风险区。

第 4 章 风暴潮防治区（重点防御区）划定

按照《风暴潮灾害重点防御区划定技术导则》（HY/T 0282—2020），进行风暴潮灾害市、区尺度防治区（重点防御区）划定工作。在风暴潮灾害危险性分析、脆弱性分析和风险评估与区划成果的基础上，综合考虑历史灾害情况、岸段重要性、重要承灾体以及区域灾害防御能力，按备选区筛选、溯源、初步划定等步骤，以社区（村）为单元，初步划定风暴潮灾害重点防御区范围；结合遥感影像和实地踏勘，并征求相关部门意见，对重点防御区边界进行修正，形成上海市沿海 5 区风暴潮防治区（重点防御区）划定成果，汇总沿海 5 区成果形成上海市市尺度风暴潮灾害防治区（重点防御区）划定成果。

4.1 区尺度

4.1.1 陆域部分

1）备选区筛选

按照技术规范，根据历史最强影响台风选定风险评估和区划成果中对应等级的最大风暴潮淹没范围。1949—2020 年，直接登陆上海的热带气旋在登陆时的强度等级最高为台风［如 4906 格罗里亚（Gloria）］，对应登陆时的中心气压最低约 970 hPa；影响上海的台风中，对上海市沿江沿海主要水文站水位影响最大的是 9711 Winnie 台风，登陆时的气压为 960 hPa，对上海风暴增水最显著的典型台风为 5612 Wanda 台风，登陆时的气压为 923 hPa（60m/s），该台风也作为风暴潮危险评估中台风的基础路径。因此，从偏安全角度考虑，选取 920 hPa 等级（金山区为较重级别、其他 4 区为严重级别）风暴潮下的淹没范围和水深划定防治区（重点防御区）。以社区（村）为单元，对沿海 5 区内各统计单元进行淹没深度加权计算（表 4-1），选择加权淹没深度达到 0.5 m 及以上（危险性Ⅲ级及以上）（表 1-10）的区域作为重点防御区备选区；同时梳理出脆弱性和风险评估中Ⅰ级、Ⅱ级区域作为重点防御区备选区，将以上两类备选区合并得到风暴潮灾害重点防御区备选区。

第 4 章 风暴潮防治区（重点防御区）划定

表 4-1 淹没深度权重计算表

淹没深度（m）	<0.5	0.5~1.2	1.2~3	>3
权重	0.4	0.8	1.2	1.6

根据上述方法，沿海 5 区重点防御区备选区如图 4-1 所示。宝山区评估单元共 121 个，备选区共计 91 个，占比为 75%；浦东新区评估单元共 469 个，备选区共计 109 个，占比为 23%；奉贤区评估单元共 190 个，备选区共计 24 个，占比为 12.8%；金山区评估单元共 157 个，备选区共计 56 个，占比为 35%；崇明区评估单元共 321 个，备选区共计 83 个，占比为 26%。

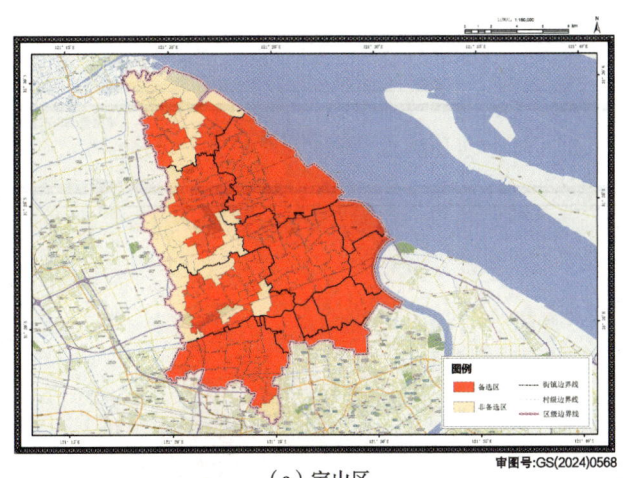

（a）宝山区

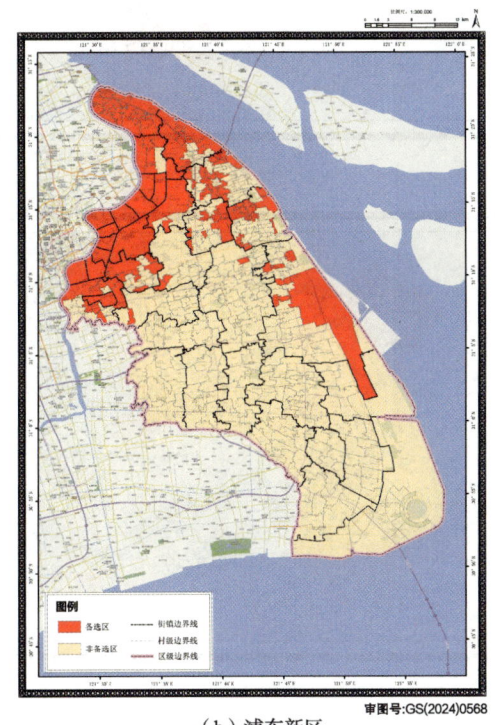

（b）浦东新区

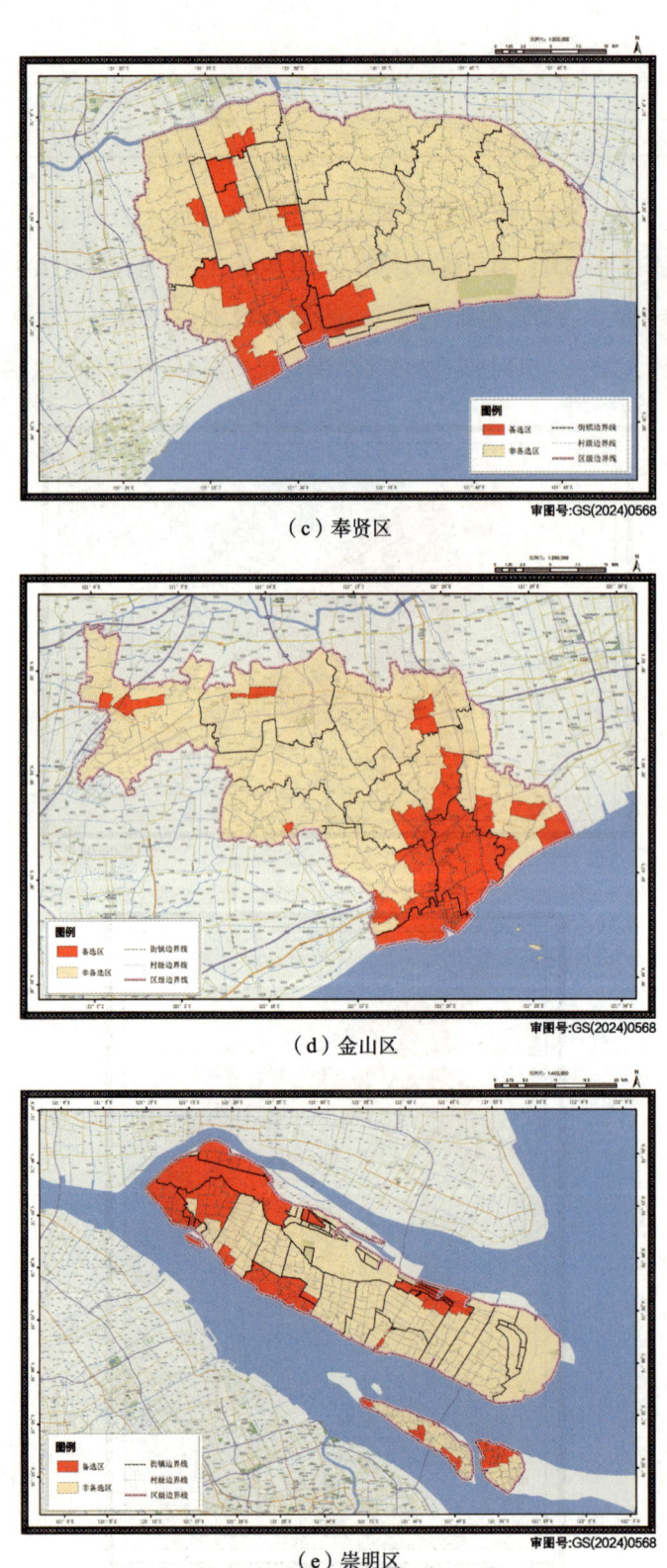

(c)奉贤区

(d)金山区

(e)崇明区

图 4-1 沿海 5 区风暴潮灾害备选区识别示意图

第4章 风暴潮防治区（重点防御区）划定

2）溯源

构建三级评价指标体系，采用最佳自然断点分级法（Jenks）确定5个等级（指标值为20、40、60、80、100）分级标准，根据式（4-1）计算综合评价指数 EI，对备选区进行综合评估。

各指标及权重见表4-2，淹没面积及占比依据风暴潮灾害淹没栅格数据（表4-1）加权计算得到；淹没敏感点为评估单元内渔港、码头、危化企业、造船厂、发变电设施及工厂等沿海重点保护目标数量；生活及避灾场所数量为各评估单元内住宅区、企业、医院、学校、公共建筑、公园六类数量；人口总数为评估单元内第七次人口普查数量，GDP密度为评估单元各散点GDP密度。

表4-2 备选区评价指标及权重表

一级指标及权重	二级指标及权重	三级指标及权重
危险性 0.55	致灾淹没 0.7	淹没面积 0.4
		淹没面积占比 0.6
	孕灾环境 0.3	淹没敏感点
暴露性 0.25	生活及避灾场所	住宅区 0.15
		企业 0.15
		医院 0.20
		学校 0.20
		公共活动 0.15
		公园 0.15
脆弱性 0.2	人口 0.5	人口总数
	经济 0.5	GDP密度

综合评价指数公式为：

$$EI = W_1 I_1 + W_2 I_2 + W_3 I_3 + \cdots + W_n I_n \tag{4-1}$$

式中 EI——综合评价指数；

I_1，I_2，I_3，$\cdots$，I_n——评价指标值；

W_1，W_2，W_3，$\cdots$，W_n——各指标权重。

根据上述综合评价方法，沿海5区承灾体分布及划定单元的综合评价指数分布情况如图4-2所示。综合评价指数超过60的单元个数占总单元个数的比值宝山和金山区较大，奉贤区最小（表4-3）。

3）初步划定

风险区划和承灾体脆弱性均为I级的备选区直接划为重点防御区；其余重点防御区备选区根据综合评价结果，将综合评价指数大于60分的单元划定为重点防御区。

（a）宝山区承灾体分布

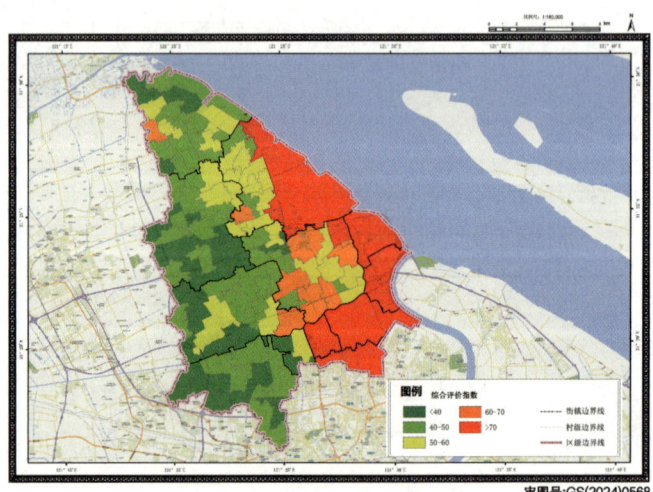

（b）宝山区综合评价指数

第4章 风暴潮防治区（重点防御区）划定

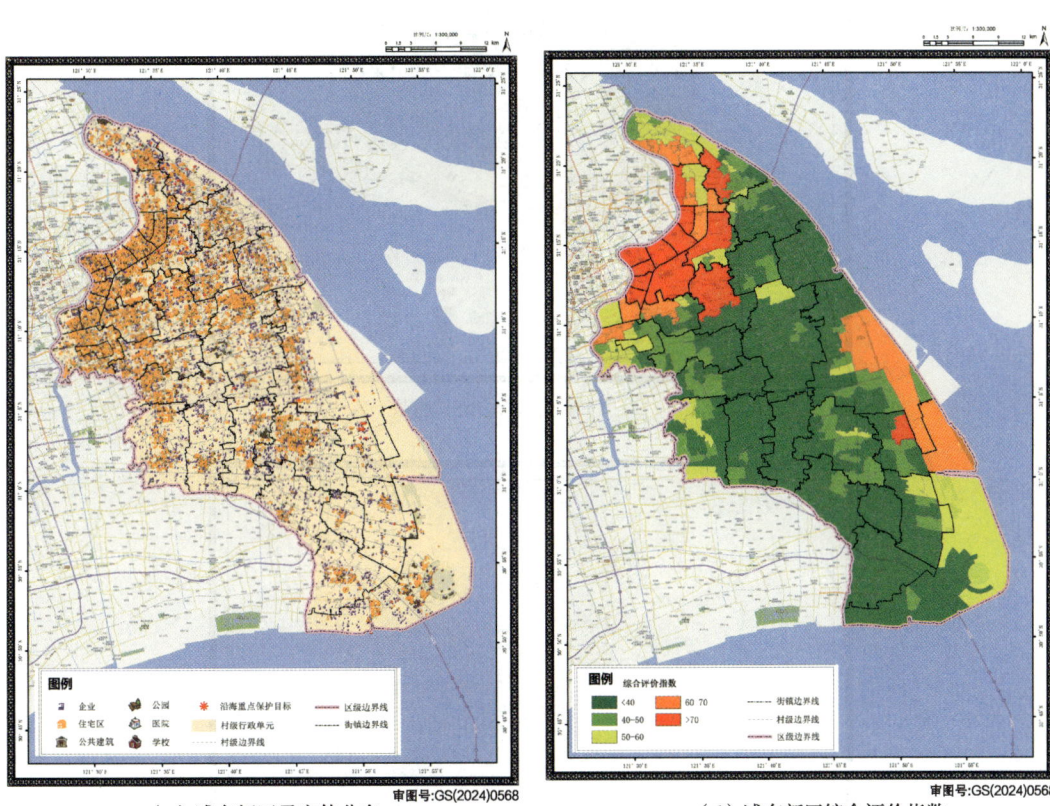

（c）浦东新区承灾体分布　　（d）浦东新区综合评价指数

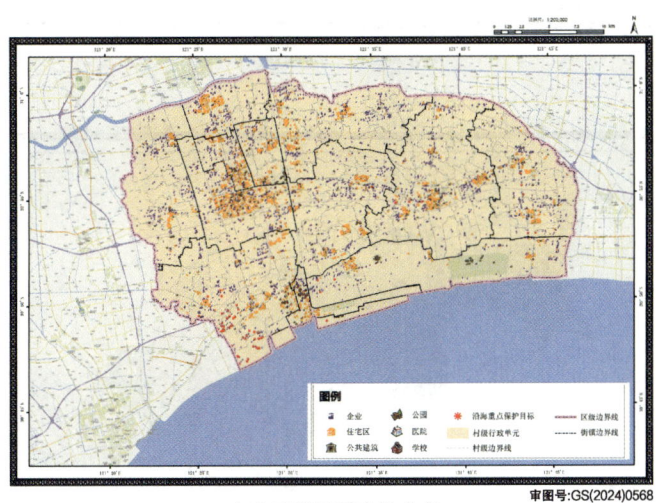

（e）奉贤区承灾体分布

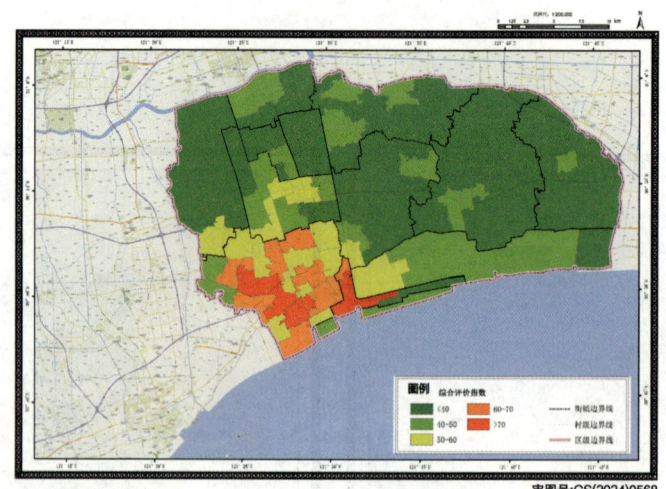

(f)奉贤区综合评价指数

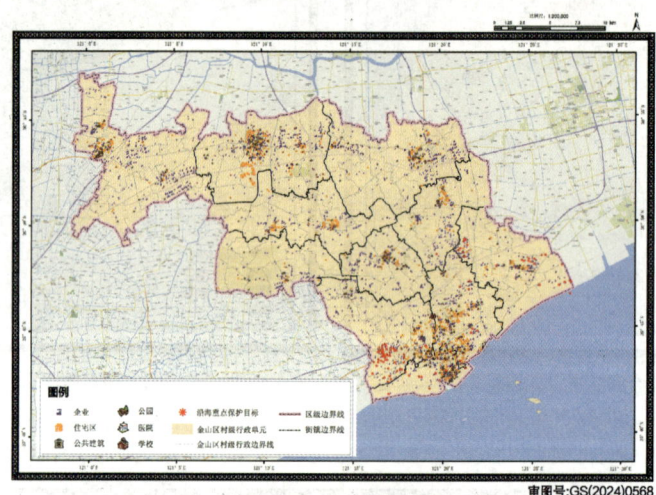

(g)金山区承灾体分布

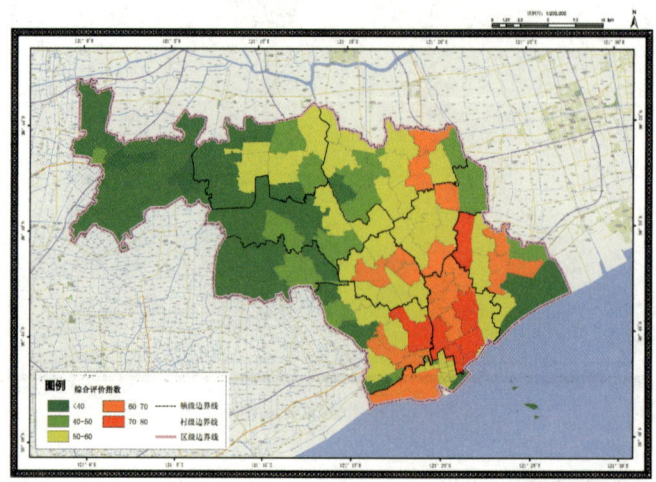

(h)金山区综合评价指数

第 4 章 风暴潮防治区（重点防御区）划定

（i）崇明区承灾体分布

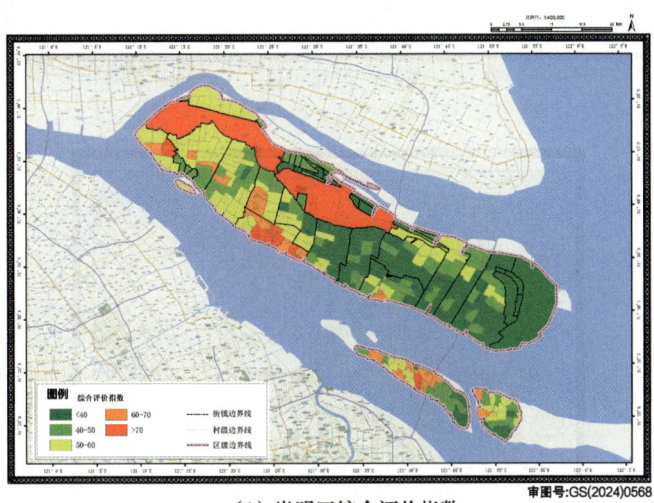

（j）崇明区综合评价指数

图 4-2　沿海 5 区承灾体分布及划定单元的综合评价指数分布示意图

表 4-3　沿海 5 区单元综合评分指数情况表

行政区	生活避灾场所个数（个）	沿海重点保护目标个数（个）	综合评价指数		指数>60	
			最高	最低	单元个数（个）	占比
宝山区	7 231	30	94.6（月浦镇）	28.6（北金村）	19	16%
浦东新区	22 113	69	89.6（金桥镇）	21.6（同治村）	28	6%
奉贤区	7 490	64	78.8（柘林镇）	22.6（海湾居委会2）	9	4.8%
金山区	4 891	99	79.0（卫东村）	24.2（海崖村）	26	16%
崇明区	3 957	27	96.0（城桥村）	22.4（新桥村）	28	8%

依据上述原则，沿海 5 区初步划定的风暴潮灾害防治区（重点防御区）分布情况见图 4-3。金山区初步划定单元最多，其中有 22 个单元位于石化街道。奉贤区初步划定单元最少，仅 5 个（表 4-4）。

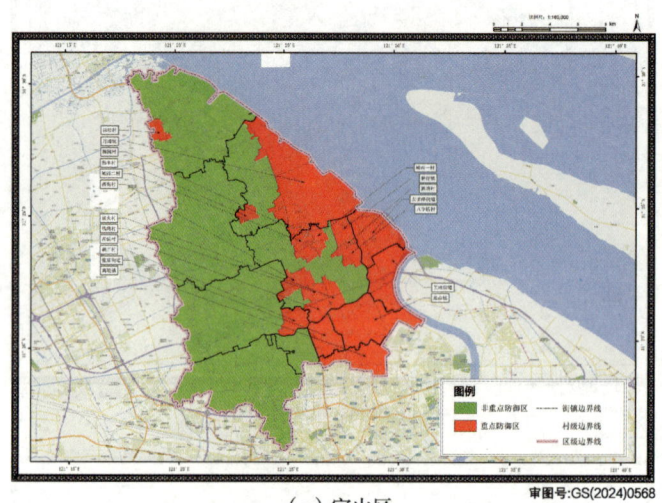

（a）宝山区

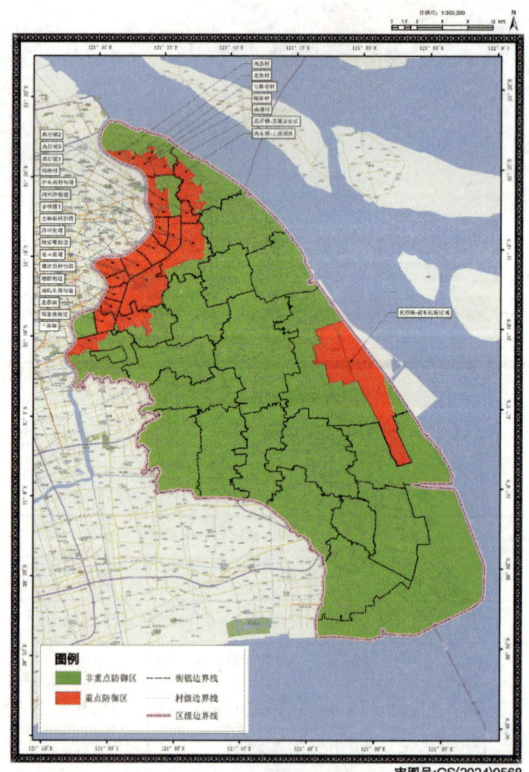

（b）浦东新区

第4章 风暴潮防治区（重点防御区）划定

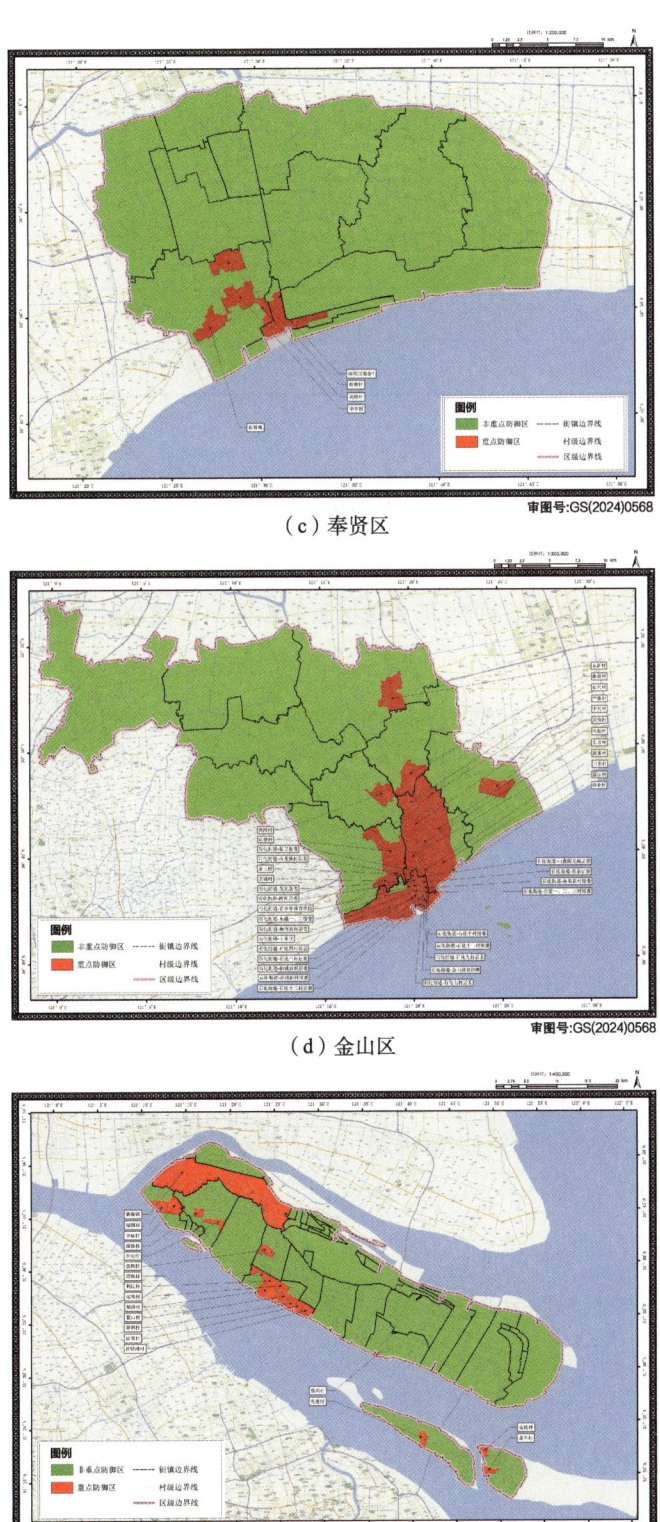

（c）奉贤区

（d）金山区

（e）崇明区

图 4-3 沿海 5 区风暴潮灾害防治区（重点防御区）初步划定结果示意图

表 4-4 沿海 5 区初步划定单元情况表

行政区	初步划定单元个数	占备选区比值	占评估单元比值	面积占比
宝山区	19	21%	16%	31%
浦东新区	25	23%	5%	15%
奉贤区	5	20.8%	2.7%	3.3%
金山区	38	68%	24%	13%
崇明区	18	22%	6%	13%

4) 修正与验证

结合以下标准对未划定为防治区（重点防御区）的社区（村）单元进行修正：

（1）对于综合评价指数超过 50 的备选区，淹没面积占比超过 80%，且承灾体较多的单元；

（2）对于综合评价指数不超过 50 的备选区，淹没面积占比超过 90%，区域内有沿海重点保护目标且承灾体较多的单元；

（3）对于综合评价指数高于 55 的非备选区，淹没面积占比超过 80%，区域内有沿海重点保护目标且承灾体较多的单元。

对初步划定以及修正划定的重点防御区内的实际情况进行核实验证。对于历史灾害严重、频繁的区域以社区（村）为单位直接划定为重点防御区；其他有特殊要求或需重点保护的区域（例如危化企业），结合当地历史灾害风险、人口密度和 GDP 综合划分。

对沿海 5 区初步划定的风暴潮防治区（重点防御区）进行复核修正。宝山区核增 3 个区域，分别为茂盛村、月狮村和陈行水库（陆域）（图 4-4）。浦东新区核增 2 个区域，分别为张江镇（社区）和中港村。奉贤区核增 13 个区域，分别为冯桥居民委员会（"居民委员会"下文简称"居委会"或"居委"）、海畔新村社区居委会、柘林村、新寺村、南胜村、海湾村、胡桥村、临海村、法华村、三桥村、新港村、星火世贸居委（名城新村居委）以及上海海湾国家森林公园(图 4-5）。金山区核减 4 个区域，分别为桑园村、长兴村、华新村、中兴村。崇明区核增 3 个区域，分别为堡镇（社区）、东平镇（社区）和红星村。

4.1.2 海域部分

海域部分符合以下条件之一的区域应划定为风暴潮灾害重点防御区：

（1）近岸 10 km 范围内有投资额百亿以上、风暴潮灾害可能导致重大人员死亡、重大经济损失或特别恶劣社会影响的各类工程设施分布区；

（2）国家级海洋自然保护区、国家级海洋特别保护区、国家级海洋公园分布区；

第 4 章 风暴潮防治区（重点防御区）划定

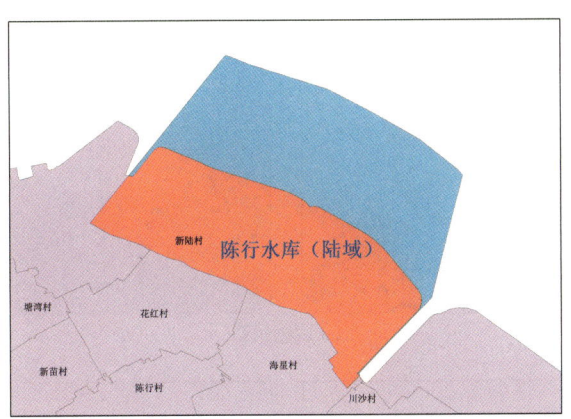

图 4-4 宝山陈行水库（陆域）

图 4-5 奉贤区上海海湾国家森林公园

（3）近岸 10 km 范围内海水养殖集中分布区；

（4）自然资源部门或应急管理部门建议的重要区域。

根据上海市实际情况，主要涉及自然保护区、饮用水水源地，其中自然保护区包括九段沙湿地国家级自然保护区、崇明东滩鸟类国家级自然保护区、上海金山三岛海洋生态自然保护区；饮用水水源地包括青草沙水库、陈行水库、东风西沙水库。

沿海 5 区风暴潮灾害防治区（重点防御区）海域部分划分如图 4-6 所示。宝山区包括陈行水库水源涵养生态红线（海域）和上海吴淞口国际邮轮港；浦东新区海域部分包括九段沙湿地国家自然保护区；金山区海域部分包括大金山岛（含大金山北岛）、小金山岛、浮山岛（含浮山东岛）三座无居民海岛；崇明区海域部分包括青草沙水库、东风西沙水库、崇明东滩鸟类国家级自然保护区。

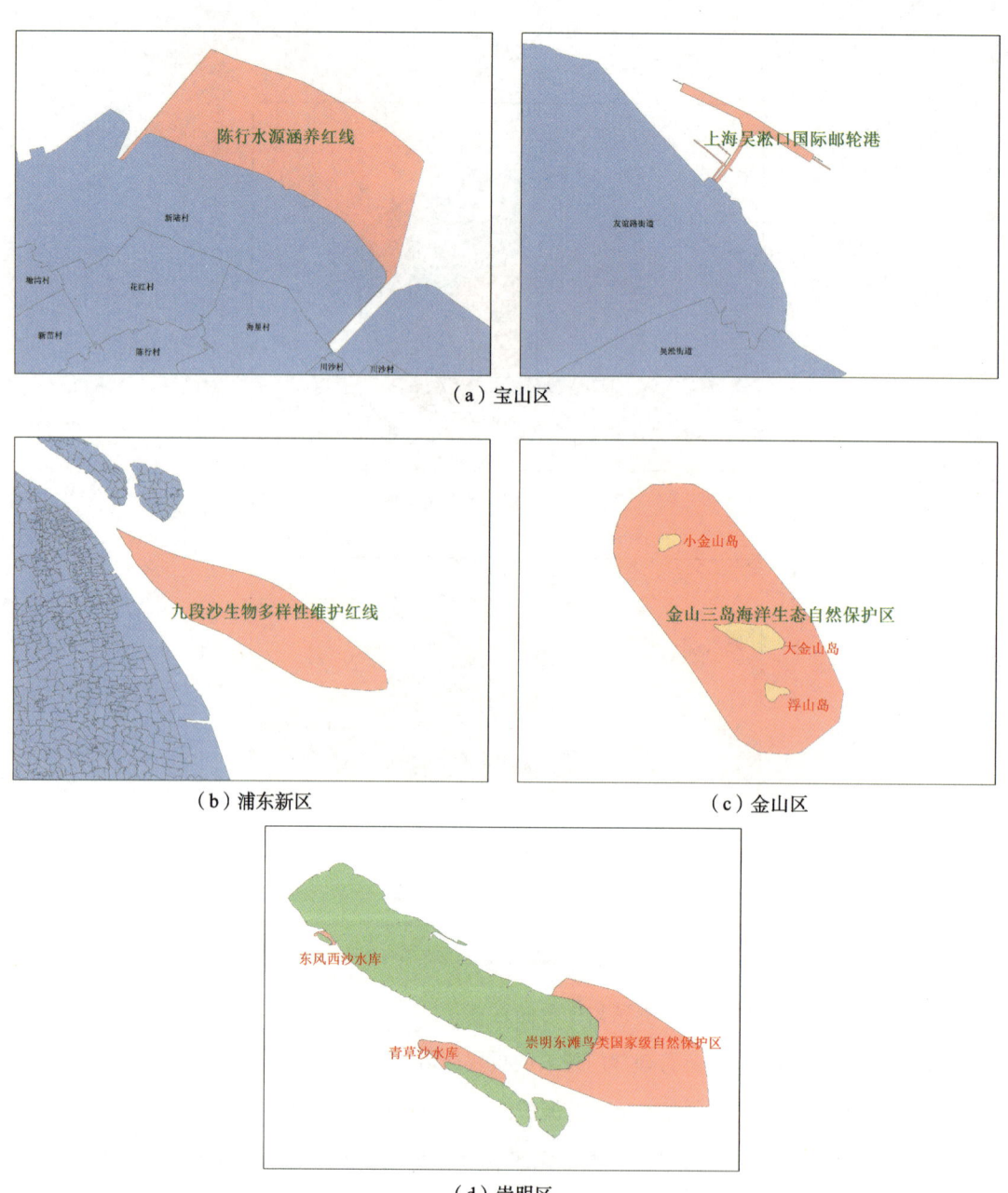

(a)宝山区

(b)浦东新区　　　　　　　　　　　　（c）金山区

（d）崇明区

图 4-6　沿海 5 区海域风暴潮灾害防治区（重点防御区）示意图

4.1.3　划定结果修正

在沿海 5 区陆域风暴潮防治区（重点防御区）修正验证后的初步划定结果，及沿海 5 区海域防治区（重点防御区）划定结果的基础上，充分征询相关管理部门意见，对划定结果进行修正，得到沿海 5 区风暴潮防治区（重点防御区）成果，具体见图 4-7 和表 4-5。

第4章 风暴潮防治区（重点防御区）划定

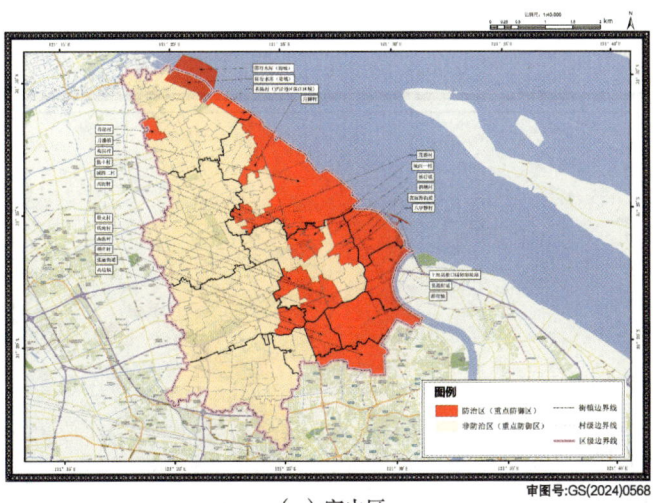

（a）宝山区

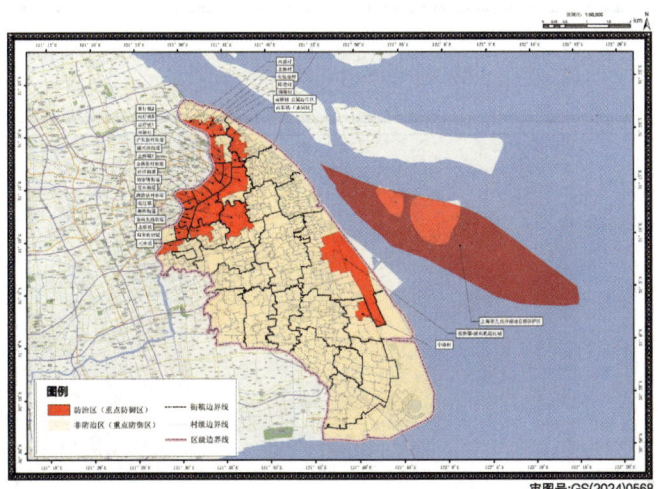

（b）浦东新区

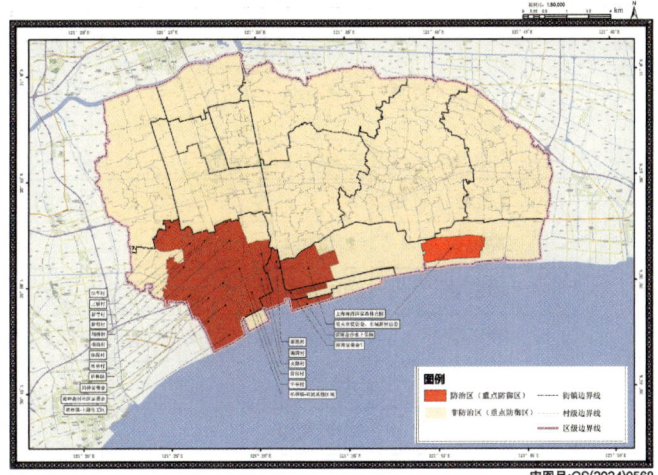

（c）奉贤区

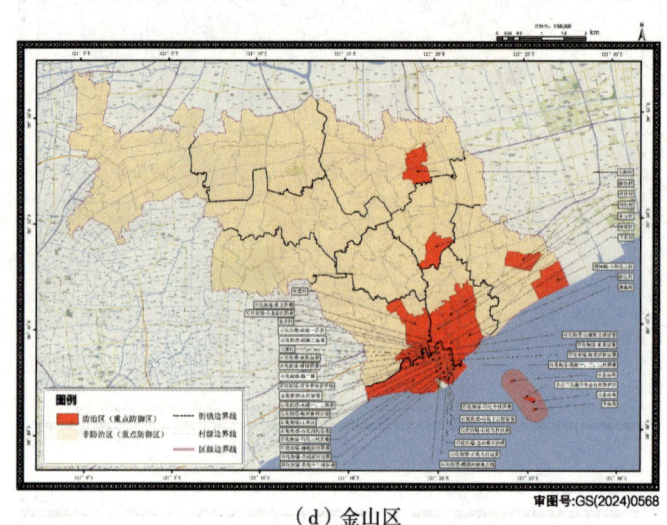

（d）金山区

（e）崇明区

图 4-7　沿海 5 区风暴潮防治区（重点防御区）分布

表 4-5　沿海 5 区风暴潮防治区（重点防御区）划定结果

行政区	区域	乡镇（街道）名称	社区（村）名称
宝山区	陆域 （109.19 km^2）	高境镇	高境镇
		顾村镇	胡庄村
		罗泾镇	肖泾村、陈行水库（陆域）、新陆村（罗泾港区滨江区域）
		淞南镇	淞南镇
		吴淞街道	吴淞街道

第4章 风暴潮防治区（重点防御区）划定

(续表)

行政区	区域	乡镇（街道）名称	社区（村）名称
宝山区	陆域 （109.19 km²）	杨行镇	西街村、泗塘村、城西一村、星火村、西浜村、城西二村、钱湾村、八字桥村、杨行镇
		友谊路街道	友谊路街道
		月浦镇	勤丰村、梅园村、月浦镇、茂盛村、月狮村
		张庙街道	张庙街道
	海域（3.60 km²）	—	陈行水库（海域）、上海吴淞口国际邮轮港
浦东新区	陆域 （239.88 km²）	北蔡镇	北蔡镇
		高东镇	高东镇—工业园区
		高桥镇	南塘村、陆凌村、西新村、屯粮巷村、北新村、高桥镇—直属居住区
		高行镇	高行镇5、周桥村、高行镇1、高行镇2
		沪东新村街道	沪东新村街道
		花木街道	花木街道
		金桥镇	金桥镇1
		金杨新村街道	金杨新村街道
		老港镇	中港村
		陆家嘴街道	陆家嘴街道
		南码头街道	南码头路街道
		浦兴路街道	浦兴路街道
		三林镇	三林镇
		塘桥街道	塘桥街道
		潍坊新村街道	潍坊新村街道
		洋泾街道	洋泾街道
		张江镇	张江镇
		周家渡街道	周家渡街道
		祝桥镇	祝桥镇—浦东机场区域
	海域（410.80 km²）	—	上海市九段沙湿地自然保护区
奉贤区	陆域 （112.45 km²）	柘林镇	冯桥居委、海畔新村社区居委、夹路村、柘林村、华亭村、新塘村、新寺村、南胜村、海湾村、临海村、胡桥村、法华村、三桥村、上海化工区、营房村、直属其他区域
	海域（0 km²）	海湾旅游区	海湾居委1、新港村
		区内镇外	碧海金沙水上乐园
		海湾镇	星火世贸居委、名城新村居委、上海海湾森林公园
		—	—

(续表)

行政区	区域	乡镇（街道）名称	社区（村）名称
金山区	陆域 （72.90 km²）	漕泾镇	营房村、上海化工区
		金山卫镇	农建村、金卫村、卫城村
		山阳镇	向阳村、杨家村、东方村、渔业村、新江村、卫东村
		石化街道	工业区、(东礁一、二居委)、紫卫居委、山龙新村居委、山鑫阳光城居委、辰凯居委、桥园居委、青少年体育学校、东泉居委、海棠新村居委、梅州新村居委、（临潮一、二、三村居委）、石化四村居委、石化三村居委、合浦新村居委、柳城新村居委、石化十二村居委、石化七村居委、石化九村居委、石化十三村居委、石化十村居委、金山城市沙滩、鹦鹉洲湿地公园、滨海一居委、滨海二居委、施二路、东村居委
		亭林镇	东新村
		金山工业区	新街村
	海域（10.48 km²）	—	金山三岛海洋生态自然保护区、大金山岛、小金山岛、浮山岛
崇明区	陆域 （52.24 km²）	堡镇	堡兴村、堡镇
		城桥镇	鳌山村、城桥村、侯南村、聚训村、利民村、推虾港村、湾南村、运粮村
		长兴镇	红星村、先进村
		横沙乡	富民村、惠丰村
	海域 （780.14 km²）	—	青草沙水库、东风西沙水库、上海崇明东滩鸟类国家级自然保护区

宝山区风暴潮防治区（重点防御区）核增1个区域，为新陆村（罗泾港区滨江区域），共划定25个区域（陆域23个，面积109.19 km²；海域2个，面积3.60 km²）。浦东新区无核增或核减区域，共划定28个区域（陆域27个，面积239.88 km²；海域1个，面积410.80 km²）。奉贤区核增4个区域，为柘林镇—上海化工区、营房村、柘林镇—直属其他区域和碧海金沙水上乐园，共划定22个区域（陆域22个，面积112.45 km²；海域0个）。金山区核增6个区域，为漕泾镇的上海化工区、石化街道的鹦鹉洲湿地公园、石化街道的滨海一居委、石化街道的滨海二居委、石化街道的施二路以及石化街道的东村居委，共划定44个区域（陆域40个，面积72.90 km²；海域4个，面积10.48 km²）。崇明区核减7个区域，为新海镇、东平镇、绿园村、华星村、南协村、东安村、盘西村，共划定17个区域（陆域14个，面积52.24 km²；海域3个，面积780.14 km²）。

第 4 章 风暴潮防治区（重点防御区）划定

4.2 市尺度

汇总上海市沿海 5 区风暴潮灾害防治区（重点防御区）划定成果，划定市尺度风暴潮灾害防治区（重点防御区）。

上海市风暴潮灾害防治区（重点防御区）划定成果如图 4-8 所示。风暴潮灾害防治区（重点防御区）共 136 个区域（陆域 126 个，海域 10 个），涉及 41 个乡镇（街道），总面积 1 791.69 km²（陆域面积 586.67 km²，海域面积 1 205.03 km²）。其中宝山区共划定 25 个（陆域 23 个，海域 2 个），浦东新区共划定 28 个（陆域 27 个，海域 1 个），奉贤区共划定22 个

图 4-8 上海市风暴潮防治区（重点防御区）分布图

（陆域22个，海域0个），金山区共划定44个（陆域40个，海域4个），崇明区共划定17个（陆域14个，海域3个）。

本章小结

本章介绍了风暴潮防治区（重点防御区）划定成果。

以社区（村）为单元，划定上海市沿海5区风暴潮灾害防治区（重点防御区）136个（陆域部分126个，海域部分10个），面积共计1 791.69 km^2（陆域面积586.67 km^2，海域面积1 205.03 km^2），涉及41个乡镇（街道）。

从各区分布来看，宝山区共划定风暴潮灾害防治区（重点防御区）25个单元，陆域部分23个，分布在高境镇、淞南镇等9个乡镇（街道）；海域部分2个，为陈行水库（海域）和上海吴淞口国际邮轮港。浦东新区共划定28个单元，陆域部分27个，分布在北蔡镇、高东镇等19个乡镇（街道）；海域部分1个，为九段沙湿地自然保护区。奉贤区共划定22个单元，陆域部分22个，分布在柘林镇、海湾旅游区、区内镇外的碧海金沙水上乐园以及海湾镇，无海域部分。金山区共划定44个单元，陆域部分40个，分布在山阳镇、石化街道等6个乡镇（街道）；海域部分4个，分别为大金山岛、小金山岛、浮山岛和金山三岛海洋生态自然保护区。崇明区共划定17个单元，陆域部分14个，分布在堡镇、城桥镇、长兴镇、横沙乡4个乡镇；海域部分3个，分别为青草沙水库、东风西沙水库、上海崇明东滩国家级自然保护区。

第 5 章 信息系统

按照全国自然灾害综合风险普查建设总要求，建设上海市海洋灾害风险普查信息系统，同时通过本次普查建立的普查成果数据库，将用于与上海市防汛、水务电子政务平台等信息系统联动更新，为上海市海洋防灾减灾等工作提供支撑。

5.1 系统总体设计

上海市海洋灾害风险普查信息系统充分利用云计算、大数据、移动互联网等先进技术，按照统筹规划、业务主导的总体原则开展系统的建设，通过构建面向市、区两级的海洋灾害风险普查信息系统，形成统一的普查数据与成果信息共享枢纽，支撑不同来源、不同结构的灾害综合风险普查数据跨部门、跨地区、跨领域的交互与共享。

系统总体上可以划分为 5 层，从下往上依次划分为：基础设施层、数据资源层、服务支撑层、业务应用层和用户层。开发和运行环境的技术核心包括：采用多层架构的 B/S 结构；采用 Java 语言技术，基于 J2EE（Java 2 Platform Enterprise Edition）技术的分布式计算技术进行各系统架构设计和系统开发；系统从整体上采用 SSH 架构［Spring + Struts（或 Spring MVC）+ Hibernate（或 MyBatis）］进行搭建，地图部分采用 ArcGIS SERVER 发布专题地图服务，并在前台页面中调用 REST 服务接口显示相关底图；数据共享部分利用 XML 作为系统接口的数据交换标准，进行信息资源整合；同时采用高性能电子政务中间件技术，并与现有的水务电子政务平台融合。系统总体框架设计如图 5-1 所示。

5.2 数据库建设

上海市海洋灾害风险普查数据库包括致灾调查与评估管理数据库、承灾体调查与评估数据库、行业减灾能力调查与评估数据库、重点隐患调查与评估数据库和风险评估与区划数据库。上海市海洋灾害风险普查数据库通过上海市大数据中心统一的数据共享交换中间件，实现将上海市海洋灾害风险普查数据统一接入水务核心数据，完成与各个业务相关单位的数据互通、共享；同时通过与行业管理部门对接，采用人工录入与数据导入等相结合的方式，将上海市海洋灾害普查数据汇集到全国灾害风险和减灾能力综合数据库中。数据库总体架构如图 5-2 所示。

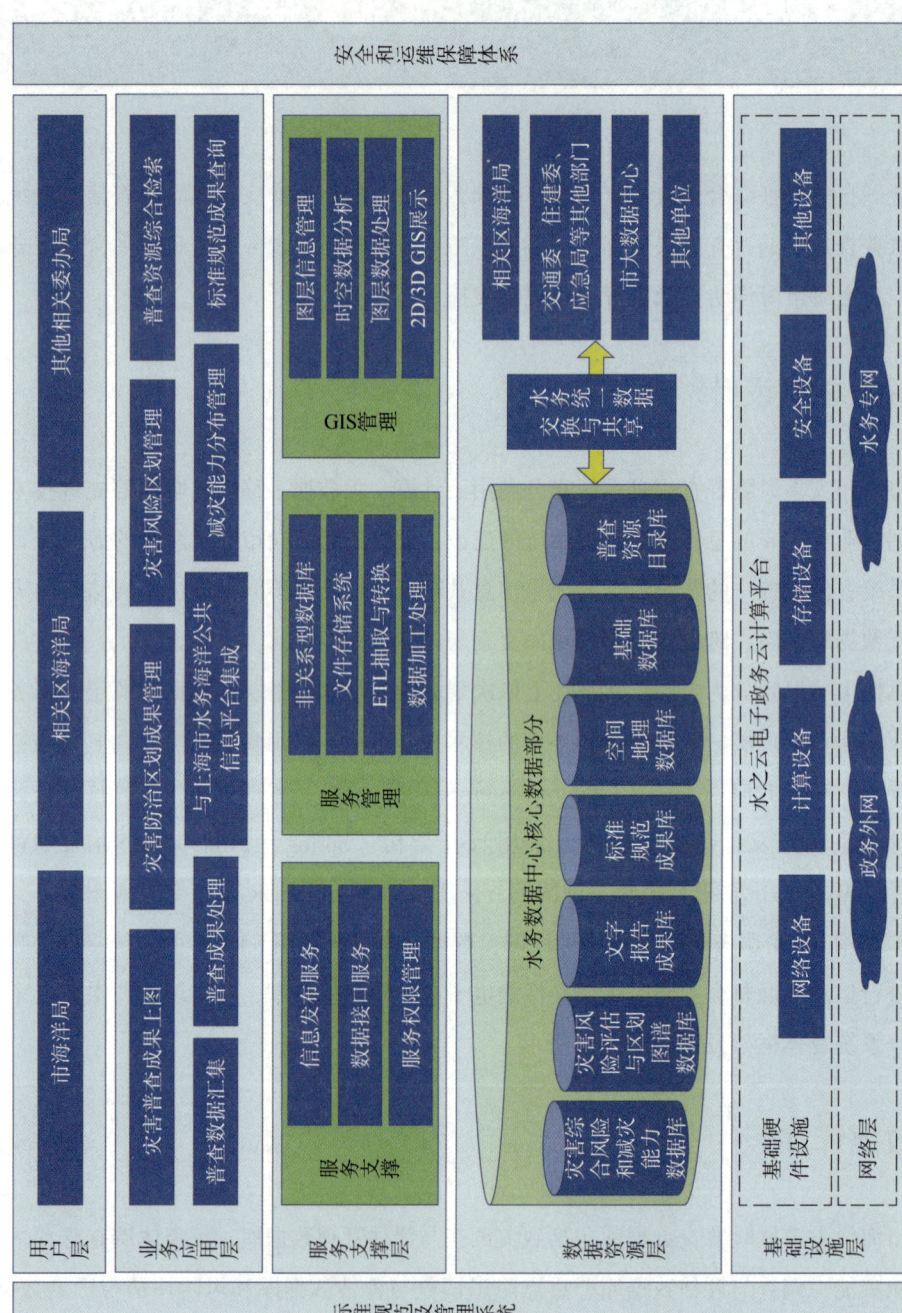

图5-1 海洋灾害风险普查系统总体框架设计图

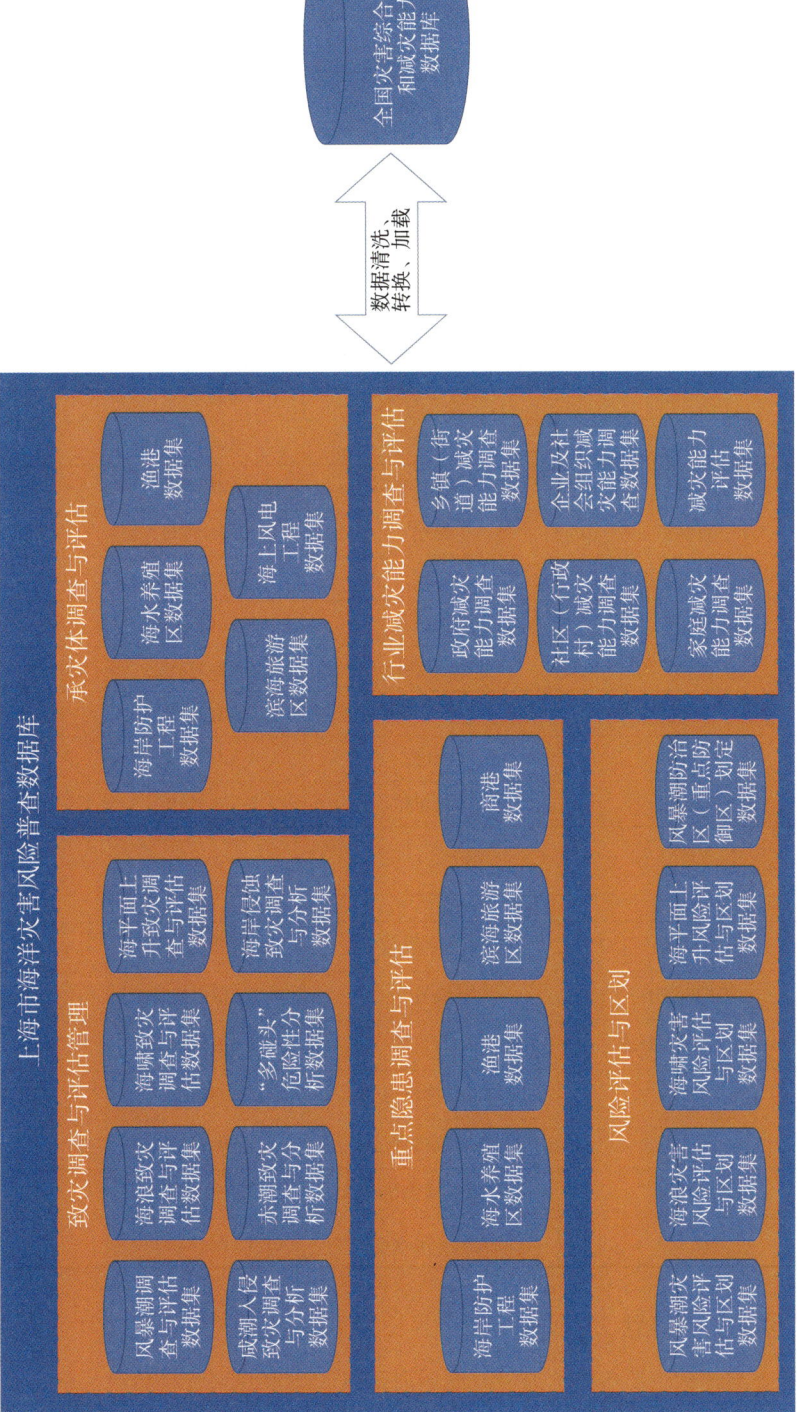

图5-2 海洋灾害风险普查数据库总体架构图

5.2.1 致灾调查与评估数据库

致灾调查与评估数据库包括风暴潮、海浪、海啸、海平面上升四个灾种的致灾调查与评估数据集，海岸侵蚀、咸潮入侵、赤潮三个灾种的致灾调查与分析数据集和"多碰头"危险性分析数据集，整理并存储至结构化数据中。

1) 风暴潮调查与评估

风暴潮调查与评估主要包括历史潮位观测数据收集情况（表5-1）和上海市沿海各站历史最高潮位信息（表5-2）。

表5-1　TB_HY_ZZDC_FBC_LSCW

序号	字段名	中文字段名	字段类型	是否主键
1	OBJECTID	编号	VARCHAR2	是
2	DBZ	代表站	VARCHAR2	—
3	LON	经度	NUMBER	—
4	LAT	纬度	NUMBER	—
5	QCQK	缺测情况	VARCHAR2	—
6	QSNF	数据起始年份	VARCHAR2	—
7	QSZNX	数据总年限	VARCHAR2	—
8	SOURCE	来源	VARCHAR2	—
9	TBDW	填报单位	VARCHAR2	—

表5-2　TB_HY_ZZDC_FBC_YHLSGC

序号	字段名	中文字段名	字段类型	是否主键
1	OBJECTID	编号	VARCHAR2	是
2	STATIONNAME	站点名称	VARCHAR2	—
3	MAXV	最高潮位值	NUMBER	—
4	MAXVP	最高潮位出现过程	VARCHAR2	—
5	MAXA	最大增水值	NUMBER	—
6	MAXAP	最大增水出现过程	VARCHAR2	—

2) 海浪致灾调查与评估

海浪致灾调查与评估主要包括上海沿海海域海面风、波浪观测资料站点汇总（表5-3）。

3) 海啸致灾调查与评估

海啸致灾调查与评估参看海啸信息表，即表5-4。

第 5 章　信息系统

表 5-3　TB_ HY_ ZZDC_ HL_ STATION

序号	字段名	中文字段名	字段类型	是否主键
1	OBJECTID	编号	VARCHAR2	是
2	STATIONNAME	站点名称	VARCHAR2	—
3	SJQS	数据起始年份	VARCHAR2	—
4	LOC	位置	VARCHAR2	—
5	QSQK	缺失情况	VARCHAR2	—
6	ZNX	数据总年限	VARCHAR2	—
7	SOURCE	来源	VARCHAR2	—
8	YXQYFW	影响区域范围	VARCHAR2	—

表 5-4　TB_ HY_ ZZDC_ HX_ CXX

序号	字段名	中文字段名	字段类型	是否主键
1	OBJECTID	编号	VARCHAR2	是
2	STATIONNAME	站点名称	VARCHAR2	—
3	TIME	时间	DATE	—
4	LOC	位置	VARCHAR2	—
5	ZJ	震级	VARCHAR2	—
6	ZYSD	震源深度	VARCHAR2	—
7	QZSJ	海啸起止时间	DATE	—
8	YXQYFW	影响区域范围	VARCHAR2	—
9	NAME	名称	VARCHAR2	—
10	ZDHXBF	最大海啸波幅	VARCHAR2	—
11	CSSJ	出现时间	DATE	—

4）海平面上升致灾调查与评估

海平面上升致灾调查与评估主要包括潮位数据基本情况（5-5）、上海沿海各站潮汐特征值统计情况（表 5-6）和沿海乡镇海平面上升危险性评估结果（表 5-7）等。

表 5-5　TB_ HY_ ZZDC_ HPM_ CW

序号	字段名	中文字段名	字段类型	是否主键
1	OBJECTID	编号	VARCHAR2	是
2	STATIONNAME	站点名称	VARCHAR2	—
3	SJQS	数据起始年份	VARCHAR2	—
4	LOC	位置	VARCHAR2	—

(续表)

序号	字段名	中文字段名	字段类型	是否主键
5	QSQK	缺失情况	VARCHAR2	—
6	ZNX	数据总年限	VARCHAR2	—
7	SOURCE	来源	VARCHAR2	—
8	YXQYFW	影响区域范围	VARCHAR2	—

表5-6 TB_ HY_ ZZDC_ HPM_ CWTZ

序号	字段名	中文字段名	字段类型	是否主键
1	OBJECTID	编号	VARCHAR2	是
2	STATIONNAME	站点名称	VARCHAR2	—
3	TYPE	潮汐类型	VARCHAR2	—
4	MAX	平均高潮位	NUMBER	—
5	MIN	平均低潮位	NUMBER	—
6	MID	平均潮差	NUMBER	—
7	SOURCE	统计时段	NUMBER	—

表5-7 TB_ HY_ ZZDC_ HPM_ WXXPG

序号	字段名	中文字段名	字段类型	是否主键
1	OBJECTID	编号	VARCHAR2	是
2	DISTRICT	行政区	VARCHAR2	—
3	TOWN	镇/街道名	VARCHAR2	—
4	WXX	危险性	VARCHAR2	—
5	HPMSSSL	海平面上升速率	VARCHAR2	—
6	HDQMJZB	海地区面积占比	VARCHAR2	—
7	HAXLX	海岸线类型	VARCHAR2	—

5) 海岸侵蚀致灾调查与分析

海岸侵蚀致灾调查与分析主要包括崇明东滩海岸侵蚀历年数据（表5-8）、海岸侵蚀风险评价要素值（表5-9）等。

表5-8 TB_ HY_ ZZDC_ HAQS_ CMDT

序号	字段名	中文字段名	字段类型	是否主键
1	OBJECTID	编号	VARCHAR2	是
2	YEAR	年份	VARCHAR2	—
3	AREA	侵蚀总面积	NUMBER	—

(续表)

序号	字段名	中文字段名	字段类型	是否主键
4	LEN	侵蚀总长度	NUMBER	—
5	MIDWIDTH	年平均侵蚀宽度	NUMBER	—
6	MAXWIDTH	最大侵蚀宽度	NUMBER	—

表 5-9　TB_ HY_ ZZDC_ HAQS_ FXPJ

序号	字段名	中文字段名	字段类型	是否主键
1	OBJECTID	编号	VARCHAR2	是
2	DISTRICT	行政区	VARCHAR2	—
3	TOWN	乡镇	VARCHAR2	—
4	TYPE	海岸类型	VARCHAR2	—
5	HPMXDSS	海平面相对上升	NUMBER	—
6	FBCZDZS	风暴潮最大增水	NUMBER	—
7	PJBG	平均波高	NUMBER	—
8	HADTBH	海岸动态变化	VARCHAR2	—

6）咸潮入侵致灾调查与分析

咸潮入侵致灾调查与分析主要包括历史咸潮灾害事件过程相关要素的统计（表 5-10）。

表 5-10　TB_ HY_ ZZDC_ XC_ LSXC

序号	字段名	中文字段名	字段类型	是否主键
1	OBJECTID	编号	VARCHAR2	是
2	DISTRICT	名称	VARCHAR2	—
3	RQSJ	入侵时间	VARCHAR2	—
4	JSSJ	结束时间	VARCHAR2	—
5	CXSJ	持续时间	VARCHAR2	—
6	ZDLZ	最大氯度值	NUMBER	—

7）赤潮致灾调查与分析

赤潮致灾调查与分析主要包括赤潮事件量化危险性相关内容等（表 5-11）。

表 5-11　TB_ HY_ ZZDC_ CC_ WXXFX

序号	字段名	中文字段名	字段类型	是否主键
1	OBJECTID	编号	VARCHAR2	是
2	DISTRICT	年份	VARCHAR2	—
3	FSSJ	发生时间	VARCHAR2	—
4	CXSJ	持续时间	VARCHAR2	—

(续表)

序号	字段名	中文字段名	字段类型	是否主键
5	ZDMJ	最大面积	NUMBER	—
6	SWZL	生物种类	VARCHAR2	—
7	ZGMD	最高密度	VARCHAR2	—
8	WXX	危险性	NUMBER	—

8)"多碰头"危险性分析

"多碰头"危险性分析主要包括"多碰头"因子特征等要素的分析（表5-12）。

表5-12　TB_HY_ZZDC_DPT_YZ

序号	字段名	中文字段名	字段类型	是否主键
1	OBJECTID	编号	VARCHAR2	是
2	NAME	名称	VARCHAR2	—
3	PTLX	碰头类型	VARCHAR2	—
4	TZ	特征	VARCHAR2	—

5.2.2　承灾体调查与评估数据库

承灾体调查与评估数据库包括海岸防护工程、海水养殖区、滨海旅游区、渔港等数据，整理并存储至结构化数据中，形成上海市海洋灾害主要承灾设施管理数据成果。该数据库包括泵站调查（表5-13）、海堤调查（表5-14）、水闸调查（5-15）、海水养殖区调查（5-16）、渔港调查（5-17）、滨海旅游区调查（表5-18）和成果相关文档（表5-19）。

表5-13　TB_HY_CZT_BZ

序号	字段名	中文字段名	字段类型	是否主键
1	OBJECTID	编号	VARCHAR2	是
2	QYBM	区域编码	VARCHAR2	—
3	QYMC	所属政区	VARCHAR2	—
4	BZMC	泵站名称	VARCHAR2	—
5	BZLX	泵站类型	VARCHAR2	—
6	GCDB	工程等别	VARCHAR2	—
7	ZJLL	装机流量	VARCHAR2	—
8	SJYC	设计扬程	VARCHAR2	—
9	SBSL	水泵数量	NUMBER	—
10	JCSJ	建成时间	DATE	—

第5章 信息系统

(续表)

序号	字段名	中文字段名	字段类型	是否主键
11	DLWZ	地理位置	VARCHAR2	—
12	LON	坐标经度	NUMBER	—
13	LAT	坐标纬度	NUMBER	—
14	BZ	备注	VARCHAR2	—
15	YEAR	年份	VARCHAR2	—

表5-14 TB_HY_CZT_HD

序号	字段名	中文字段名	字段类型	是否主键
1	OBJECTID	编号	VARCHAR2	是
2	QYBM	区域编码	VARCHAR2	—
3	QYMC	所属政区	VARCHAR2	—
4	HDMC	海堤名称	VARCHAR2	—
5	HDLX	海堤类型	VARCHAR2	—
6	HDCD	海堤长度	VARCHAR2	—
7	DDGC	堤顶高程	VARCHAR2	—
8	QDGC	挡浪墙顶高程	VARCHAR2	—
9	HDKD	海堤宽度	VARCHAR2	—
10	ZDCL	筑堤材料	VARCHAR2	—
11	HAXS	护岸形式	VARCHAR2	—
12	FHBZ	设计防护标准	VARCHAR2	—
13	SSGC	设计高潮位	VARCHAR2	—
14	JCSJ	建成时间	DATE	—
15	DLWZ	地理位置	VARCHAR2	—
16	SLON	起点坐标经度	NUMBER	—
17	SLAT	起点坐标纬度	NUMBER	—
18	ELON	终点坐标经度	NUMBER	—
19	ELAT	终点坐标纬度	NUMBER	—
20	BZ	备注	VARCHAR2	—
21	YEAR	年份	VARCHAR2	—

表5-15 TB_HY_CZT_SZ

序号	字段名	中文字段名	字段类型	是否主键
1	OBJECTID	编号	VARCHAR2	是
2	QYBM	区域编码	VARCHAR2	—
3	QYMC	所属政区	VARCHAR2	—

(续表)

序号	字段名	中文字段名	字段类型	是否主键
4	SZMC	水闸名称	VARCHAR2	—
5	SCLX	水闸类型	VARCHAR2	—
6	SJBZ	设计标准	VARCHAR2	—
7	GZLL	过闸流量	VARCHAR2	—
8	JCSJ	建成时间	DATE	—
9	DLWZ	地理位置	VARCHAR2	—
10	LON	坐标经度	NUMBER	—
11	LAT	坐标纬度	NUMBER	—
12	BZ	备注	VARCHAR2	—
13	YEAR	年份	VARCHAR2	—

表 5-16　TB_HY_CZT_YZQ

序号	字段名	中文字段名	字段类型	是否主键
1	OBJECTID	编号	VARCHAR2	是
2	MC	养殖区名称	VARCHAR2	—
3	MJ	养殖区面积	VARCHAR2	—
4	YZFS	养殖方式	VARCHAR2	—
5	YZZL	养殖种类	VARCHAR2	—
6	NYL	年产量	NUMBER	—
7	NYZ	年产值	NUMBER	—
8	JCSJ	建成时间	DATE	—
9	SYNX	使用期限	VARCHAR2	—
10	LON	坐标经度	NUMBER	—
11	LAT	坐标纬度	NUMBER	—

表 5-17　TB_HY_CZT_YG

序号	字段名	中文字段名	字段类型	是否主键
1	OBJECTID	编号	VARCHAR2	是
2	MC	渔港名称	VARCHAR2	—
3	DJ	渔港等级	VARCHAR2	—
4	BFDJ	避风等级	VARCHAR2	—
5	SJUP	设计容纳量 60 马力以上	VARCHAR2	—
6	SJDOWN	设计容纳量 60 马力以下	VARCHAR2	—
7	MTGS	码头个数	NUMBER	—
8	MTCD	码头长度	NUMBER	—

(续表)

序号	字段名	中文字段名	字段类型	是否主键
9	HACD	护岸长度	NUMBER	—
10	LON	坐标经度	NUMBER	—
11	LAT	坐标纬度	NUMBER	—
12	FBDCD	防波堤长度	NUMBER	—
13	JCSJ	建成时间	DATE	—
14	BZ	备注	VARCHAR2	—

表 5-18　TB_HY_CZT_BH

序号	字段名	中文字段名	字段类型	是否主键
1	OBJECTID	编号	VARCHAR2	是
2	DD	地点	VARCHAR2	—
3	GLDW	管理单位	VARCHAR2	—
4	LXR	联系人	VARCHAR2	—
5	LXFS	联系方式	VARCHAR2	—
6	GLH	海域管理号	VARCHAR2	—
7	YHMJ	用海面积	NUMBER	—
8	ZYAX	占用岸线	VARCHAR2	—
9	YKL	旺季日均游客量	NUMBER	—
10	LON	坐标经度	NUMBER	—
11	LAT	坐标纬度	NUMBER	—
12	NWSGS	近年溺水事故数	NUMBER	—
13	NWRS	近年溺亡人数	NUMBER	—

表 5-19　TB_SHHY_DOCUMENT

序号	字段名	中文字段名	字段类型	是否主键
1	ID	编号	VARCHAR2	是
2	FILE_CATALOG	文件分类	VARCHAR2	—
3	FILE_NAME	文件名称	VARCHAR2	—
4	FILE_SIZE	文件大小（KB）	VARCHAR2	—
5	FILE_TYPE	文件类型	VARCHAR2	—
6	CREATE_USER	创建人	VARCHAR2	—
7	CREATE_TIME	创建时间	DATE	—

5.2.3 重点隐患调查与评估数据库

重点隐患调查与评估数据库主要包括海岸防护工程数据集、海水养殖区数据集、渔港数据集、滨海旅游区数据集和商港数据集，整理并存储至结构化数据中。该数据库具体有泵站隐患分布（表5-20）、水闸隐患分布（表5-21）、海水养殖区隐患分布（表5-22）、渔船渔港隐患分布（表5-23）、滨海旅游区隐患分布（表5-24）和海堤隐患分布（表2-25）等数据。

表5-20　TB_HY_YHPG_BZ_YHKJ

序号	字段名	中文字段名	字段类型	是否主键
1	OBJECTID	编号	VARCHAR2	是
2	NAME	名称	VARCHAR2	—
3	LON	经度	NUMBER	—
4	LAT	纬度	NUMBER	—
5	YHDJ	隐患等级	VARCHAR2	—

表5-21　TB_HY_YHPG_SZ_YHKJ

序号	字段名	中文字段名	字段类型	是否主键
1	OBJECTID	编号	VARCHAR2	是
2	NAME	名称	VARCHAR2	—
3	LON	经度	NUMBER	—
4	LAT	纬度	NUMBER	—
5	YHDJ	隐患等级	VARCHAR2	—

表5-22　TB_HY_YHPG_YZQ_YHKJ

序号	字段名	中文字段名	字段类型	是否主键
1	OBJECTID	编号	VARCHAR2	是
2	NAME	名称	VARCHAR2	—
3	LON	经度	NUMBER	—
4	LAT	纬度	NUMBER	—
5	YHDJ	隐患等级	VARCHAR2	—

表5-23　TB_HY_YHPG_YCYG_YHKJ

序号	字段名	中文字段名	字段类型	是否主键
1	OBJECTID	编号	VARCHAR2	是
2	QYBM	区域编码	VARCHAR2	—
3	DISTRICT	所属政区	VARCHAR2	—
4	NAME	名称	VARCHAR2	—
5	YHDJ	隐患等级	VARCHAR2	—

第 5 章 信息系统

表 5-24　TB_HY_YHPG_LYQ_YHKJ

序号	字段名	中文字段名	字段类型	是否主键
1	OBJECTID	编号	VARCHAR2	是
2	QYBM	区域编码	VARCHAR2	—
3	DISTRICT	所属政区	VARCHAR2	—
4	NAME	名称	VARCHAR2	—
5	YHDJ	隐患等级	VARCHAR2	—

表 5-25　TB_HY_YHPG_HD_YHKJ

序号	字段名	中文字段名	字段类型	是否主键
1	OBJECTID	编号	NUMBER	是
2	QYBM	区域编码	VARCHAR2	—
3	DISTRICT	所属政区	VARCHAR2	—
4	NAME	名称	VARCHAR2	—
5	YHDJ	隐患等级	VARCHAR2	—

5.2.4　行业减灾能力调查与评估数据库

行业减灾能力调查与评估数据库主要包括政府减灾能力调查（表 5-26）、乡镇（街道）减灾能力调查（表 5-27）、社区（行政村）减灾能力调查（表 5-28）、企业及社会组织减灾能力调查（5-29）和家庭减灾能力调查（5-30）等数据，为上海市和沿海区各级政府开展综合防灾减灾救灾工作及制定区域发展规划政策提供支撑。

表 5-26　TB_HY_JZNL_ZF

序号	字段名	中文字段名	字段类型	是否主键
1	OBJECTID	编号	VARCHAR2	是
2	QYBM	区域编码	VARCHAR2	—
3	QYMC	所属政区	VARCHAR2	—
4	GLDWBL	管理队伍比率（‰）	VARCHAR2	—
5	ZJDWBL	专家队伍比率（‰）	VARCHAR2	—
6	FJZGH	防灾减灾规划	VARCHAR2	—
7	YJYASL	应急预案数量	VARCHAR2	—
8	FJZTR	防灾减灾投入（%）	VARCHAR2	—
9	HDCDBL	海堤工程长度比率（%）	VARCHAR2	—
10	ZHMD	海洋灾害监测站点密度（个/km）	VARCHAR2	—

(续表)

序号	字段名	中文字段名	字段类型	是否主键
11	CBKRL	人均储备库容率（m³/万人）	VARCHAR2	—
12	WZCBL	人均救援物资储备率（元/人）	VARCHAR2	—
13	JYDWBL	万人救援队伍比例（‰）	VARCHAR2	—
14	JTCCBL	万人交通车船比例（辆/万人）	VARCHAR2	—
15	ZRCWBL	万人住院床位比例（个/万人）	VARCHAR2	—
16	WSRYBL	万人卫生技术人员比例（‰）	VARCHAR2	—
17	YLJGBL	万人医疗机构比例（个/万人）	VARCHAR2	—
18	TXJZMD	万人通信基站密度（个/万人）	VARCHAR2	—
19	TXSBBL	万人应急通信设备比例（个/万人）	VARCHAR2	—
20	BLCSRL	应急避难场所容纳率（‰）	VARCHAR2	—
21	KWMD	路网密度（km/km²）	VARCHAR2	—

表5-27 TB_HY_JZNL_XZ

序号	字段名	中文字段名	字段类型	是否主键
1	OBJECTID	编号	VARCHAR2	是
2	QYBM	区域编码	VARCHAR2	—
3	QYMC	所属政区	VARCHAR2	—
4	XZJD	乡镇（街道）	VARCHAR2	—
5	DWGLNL	队伍管理能力	VARCHAR2	—
6	FXPGNL	风险评估能力	VARCHAR2	—
7	CZTRNL	财政投入能力	VARCHAR2	—
8	WZCBNL	物资储备能力	VARCHAR2	—
9	YLBZNL	医疗保障能力	VARCHAR2	—
10	ZJHJNL	自救互救能力	VARCHAR2	—
11	GZBXNL	公众避险能力	VARCHAR2	—
12	ZYAZNL	转移安置能力	VARCHAR2	—

表5-28 TB_HY_JZNL_SQ

序号	字段名	中文字段名	字段类型	是否主键
1	OBJECTID	编号	VARCHAR2	是
2	QYBM	区域编码	VARCHAR2	—
3	QYMC	所属政区	VARCHAR2	—
4	XZJD	乡镇（街道）	VARCHAR2	—
5	SQZC	社区（行政村）名称	VARCHAR2	—
6	JSNL	预案建设能力	VARCHAR2	—

第5章 信息系统

(续表)

序号	字段名	中文字段名	字段类型	是否主键
7	PCNL	隐患排查能力	VARCHAR2	—
8	PGNL	风险评估能力	VARCHAR2	—
9	TRNL	财政投入能力	VARCHAR2	—
10	CBNL	物资储备能力	VARCHAR2	—
11	BZNL	医疗保障能力	VARCHAR2	—
12	HZNL	自救互助能力	VARCHAR2	—
13	BXNL	公众避险能力	VARCHAR2	—
14	AZNL	转移安置能力	VARCHAR2	—

表5-29　TB_HY_JZNL_QY

序号	字段名	中文字段名	字段类型	是否主键
1	OBJECTID	编号	VARCHAR2	是
2	QYBM	区域编码	VARCHAR2	—
3	QYMC	所属政区	VARCHAR2	—
4	BXJZNL	保险参与救灾能力	VARCHAR2	—
5	DWBZNL	灾害队伍保障能力	VARCHAR2	—
6	BXPFNL	涉灾类保险赔付能力	VARCHAR2	—
7	WJJL	万人大型挖掘机拥有率（台/万人）	VARCHAR2	—
8	QZJL	万人大型汽车式起重机拥有率（台/万人）	VARCHAR2	—
9	ZZJL	万人大型装载机拥有率（台/万人）	VARCHAR2	—
10	TTJL	万人大型履带式推土机拥有率（台/万人）	VARCHAR2	—
11	WZCBNL	物资储备能力（元/万人）	VARCHAR2	—
12	YSNL	应急运输能力（辆/万人）	VARCHAR2	—
13	JYNL	应急救援能力（辆/万人）	VARCHAR2	—
14	XCNL	科普宣传能力	VARCHAR2	—

表5-30　TB_HY_JZNL_JT

序号	字段名	中文字段名	字段类型	是否主键
1	OBJECTID	序号	编号	是
2	QYBM	区域编码	VARCHAR2	—
3	QYMC	所属政区	VARCHAR2	—

(续表)

序号	字段名	中文字段名	字段类型	是否主键
4	CRRYBL	家庭脆弱人员占比	VARCHAR2	—
5	FYRYBL	家庭需要长期服药人员占比	VARCHAR2	—
6	YJWPCB	应急物资储备	VARCHAR2	—
7	YYSCL	干净饮用水储量	VARCHAR2	—
8	SWCL	方便食物储量	VARCHAR2	—
9	SFLXQ	是否在社区（村）联系群	VARCHAR2	—
10	LXFS	是否知道工作人员联系方式	VARCHAR2	—
11	ZHYJXX	是否收到过灾害预警信息	VARCHAR2	—
12	PLLX	是否了解紧急避难路线	VARCHAR2	—
13	CJYLCS	近三年总计参加过家庭社区（村）组织的应急演练次数	VARCHAR2	—
14	CJJQPX	是否参加过急救培训	VARCHAR2	—
15	JQJLSL	掌握的急救技能数量	VARCHAR2	—

5.2.5 风险评估与区划数据库

包括风暴潮、海浪、海啸、海平面上升等相关海洋灾害风险的基础数据库，用于存储灾害展示相关的基础数据、过往的灾害历史数据以及灾害展示的成果数据等。该数据库具体包括风暴潮灾害脆弱性等级分布（表5-31）、风暴潮灾害风险等级分布（表5-32）、风暴潮灾害风险区划（表5-33）、风暴潮灾害防治区（重点防御区）分布（表5-34）、风暴潮灾害危险性分布（表5-35）、风暴潮灾害应急疏散（表5-36）、海浪灾害危险性区划（表5-37）、海平面上升脆弱性等级分布（表5-38）、海平面上升风险等级分布（表5-39）、海平面上升风险等级区划（表5-40）、海啸灾害脆弱性等级分布（表5-41）、海啸灾害风险等级分布（表5-42）、海啸灾害风险区划（表5-43）和海啸灾害应急疏散（表5-44）等数据。

表5-31 TB_HY_FXPG_FBC_CRXDJ

序号	字段名	中文字段名	字段类型	是否主键
1	OBJECTID	编号	VARCHAR2	是
2	QYBM	区域编码	VARCHAR2	—
3	DISTRICT	所属政区	VARCHAR2	—
4	XZQMC	名称	VARCHAR2	—
5	TOWN	地址	VARCHAR2	—
6	CRXDJ	脆弱性等级	VARCHAR2	—

第 5 章 信息系统

表 5-32　TB_ HY_ FXPG_ FBC_ FXDJ

序号	字段名	中文字段名	字段类型	是否主键
1	OID	编号	VARCHAR2	是
2	OBJECTID	区序号	VARCHAR2	—
3	QYBM	区域编码	VARCHAR2	—
4	DISTRICT	所属政区	VARCHAR2	—
5	ZLDWMC	名称	VARCHAR2	—
6	DLMC	地址	VARCHAR2	—
7	FXDJ	风险等级	VARCHAR2	—

表 5-33　TB_ HY_ FXPG_ FBC_ FZQ

序号	字段名	中文字段名	字段类型	是否主键
1	OBJECTID	编号	VARCHAR2	是
2	QYBM	区域编码	VARCHAR2	—
3	DISTRICT	所属政区	VARCHAR2	—
4	XZQHMC	名称	VARCHAR2	—
5	FZQ	是否防治区	VARCHAR2	—

表 5-34　TB_ HY_ FXPG_ FBC_ FZQ

序号	字段名	中文字段名	字段类型	是否主键
1	OBJECTID	编号	VARCHAR2	是
2	QYBM	区域编码	VARCHAR2	—
3	DISTRICT	所属政区	VARCHAR2	—
4	XZQHMC	名称	VARCHAR2	—
5	FZQ	是否防治区	VARCHAR2	—

表 5-35　TB_ HY_ FXPG_ FBC_ WXX

序号	字段名	中文字段名	字段类型	是否主键
1	OBJECTID	编号	VARCHAR2	是
2	QYBM	区域编码	VARCHAR2	—
3	DISTRICT	所属政区	VARCHAR2	—
4	XZQMC	名称	VARCHAR2	—
5	TOWN	地址	VARCHAR2	—
6	WXXDJ	危险性等级	VARCHAR2	—

表 5-36 TB_HY_FXPG_FBC_YJSS

序号	字段名	中文字段名	字段类型	是否主键
1	OBJECTID	编号	VARCHAR2	是
2	QYBM	区域编码	VARCHAR2	—
3	DISTRICT	所属政区	VARCHAR2	—
4	BEGIN	开始位置	VARCHAR2	—
5	END	结束位置	VARCHAR2	—
6	DIST	长度	INTEGER	—

表 5-37 TB_HY_FXPG_HL_WXXQH

序号	字段名	中文字段名	字段类型	是否主键
1	OBJECTID	编号	VARCHAR2	是
2	XZJ	所在区	VARCHAR2	—
3	WXXDJ	危险性等级	VARCHAR2	—

表 5-38 TB_HY_FXPG_HPMSS_CRX

序号	字段名	中文字段名	字段类型	是否主键
1	OBJECTID	编号	VARCHAR2	是
2	XZQMC	名称	VARCHAR2	—
3	BZ	备注	VARCHAR2	—
4	CRXZ	脆弱性值	NUMBER	—

表 5-39 TB_HY_FXPG_HPMSS_FXDJ

序号	字段名	中文字段名	字段类型	是否主键
1	OBJECTID	编号	VARCHAR2	是
2	QYBM	区域编码	VARCHAR2	—
3	XZQ	所属政区	VARCHAR2	—
4	XZQMC	名称	VARCHAR2	—
5	BZ	备注	VARCHAR2	—
6	FXDJ	风险等级	VARCHAR2	—

第5章 信息系统

表 5-40 TB_HY_FXPG_HPMSS_FXQH

序号	字段名	中文字段名	字段类型	是否主键
1	OBJECTID	编号	VARCHAR2	是
2	QYBM	区域编码	VARCHAR2	—
3	XZQ	所属政区	VARCHAR2	—
4	XZQMC	名称	VARCHAR2	—
5	BZ	备注	VARCHAR2	—
6	FXDJ	风险等级	VARCHAR2	—

表 5-41 TB_HY_FXPG_HX_CRXDJ

序号	字段名	中文字段名	字段类型	是否主键
1	OBJECTID	编号	VARCHAR2	—是
2	QYBM	区域编码	VARCHAR2	—
3	DISTRICT	所属政区	VARCHAR2	—
4	XZQMC	名称	VARCHAR2	—
5	TOWN	地址	VARCHAR2	—
6	CRXDJ	脆弱性等级	VARCHAR2	—

表 5-42 TB_HY_FXPG_HX_FXDJ

序号	字段名	中文字段名	字段类型	是否主键
1	OID	编号	VARCHAR2	是
2	OBJECTID	区序号	VARCHAR2	—
3	QYBM	区域编码	VARCHAR2	—
4	DISTRICT	所属政区	VARCHAR2	—
5	ZLDWMC	名称	VARCHAR2	—
6	DLMC	地址	VARCHAR2	—
7	FXDJ	风险等级	VARCHAR2	—

表 5-43 TB_HY_FXPG_HX_FXQH

序号	字段名	中文字段名	字段类型	是否主键
1	OID	编号	VARCHAR2	是
2	OBJECTID	区序号	VARCHAR2	—
3	QYBM	区域编码	VARCHAR2	—

(续表)

序号	字段名	中文字段名	字段类型	是否主键
4	DISTRICT	所属政区	VARCHAR2	—
5	SZQMC	名称	VARCHAR2	—
6	TOWN	地址	VARCHAR2	—
7	FXDJ	风险等级	VARCHAR2	—

表 5-44　TB_ HY_ FXPG_ HX_ YJSS

序号	字段名	中文字段名	字段类型	是否主键
1	OBJECTID	编号	VARCHAR2	是
2	QYBM	区域编码	VARCHAR2	—
3	DISTRICT	—所属政区	VARCHAR2	—
4	NAME	名称	VARCHAR2	—
5	POPUPINFO	地址	VARCHAR2	—

5.3　海洋灾害风险普查信息系统建设

上海市海洋灾害风险普查信息系统主要建设五大功能模块：致灾调查与评估模块、承灾体调查与评估模块、行业减灾能力调查与评估模块、重点隐患调查与评估模块、风险评估与区划模块，实现全市海洋灾害风险普查数据的普查填报、数据审核、普查汇总、成果展示等功能（图 5-3）。

1）致灾调查与评估模块

致灾调查与评估管理包括风暴潮调查与评估、海浪致灾调查与评估、海啸致灾调查与评估、海平面上升致灾调查与评估、海岸侵蚀致灾调查与分析、咸潮入侵致灾调查与分析、赤潮致灾调查与分析和"多碰头"危险性分析，主要以列表的形式显示信息，同时支持对列表数据的导出、新增、修改和编辑功能。

2）承灾体调查与评估模块

海洋主要承灾设施包括海岸防护工程、海水养殖区、渔港、滨海旅游区等，主要对上述设施的基本信息和现场调查情况进行管理。

3）重点隐患调查与评估模块

本模块是对海岸防护工程设施隐患、海水养殖区设施隐患、渔港设施隐患、滨海旅游区设

第 5 章 信息系统

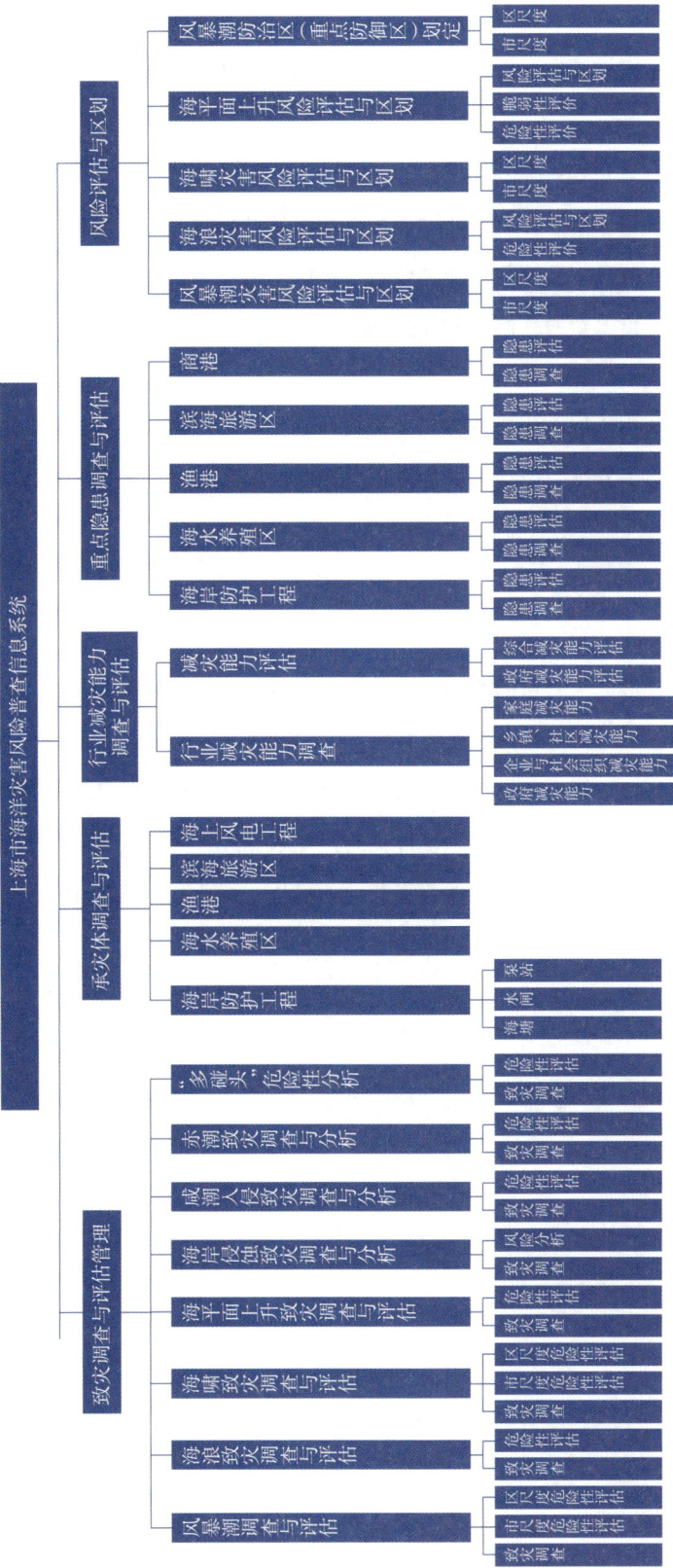

图 5-3 系统功能组织框架设计

施隐患和商港设施隐患调查后，将相关的调查结果进行上报和数字化存储，主要涉及调查记录信息；同时针对各类承灾设施情况以及展示结果形成的报告文档进行管理，能上传和在线预览附件文档。

4）行业减灾能力调查与评估模块

本功能以列表的形式显示海洋灾害防治能力的相关属性信息，包括政府防治能力信息、企业与社会组织防治能力信息、乡镇防治能力信息、社区防治能力信息和家庭防治能力信息，同时支持对列表数据的导出、新增、修改和编辑功能。

5）风险评估与区划模块

海洋灾害风险评估与区划模块包括风暴潮风险评估与区划、海啸风险评估与区划、海浪风险评估与区划、海平面上升风险评估与区划、风暴潮防治区（重点防御区）等成果展示。

本章小结

海洋灾害风险普查形成了大量的数据、图件及报告成果，为加强成果展示及应用建设信息系统。建设内容主要包括海洋灾害风险普查数据库和海洋灾害风险普查信息系统两部分。数据库主要包括致灾调查与评估管理数据库、承灾体调查与评估数据库、行业减灾能力调查与评估数据库、重点隐患调查与评估数据库和风险评估与区划数据库；海洋灾害风险普查信息系统主要包括致灾调查与评估管理模块、承灾体调查与评估模块、行业减灾能力调查与评估模块、重点隐患调查与评估模块和风险评估与区划模块。信息系统为建立信息化、数字化业务转型与常态业务工作相互衔接、相互促进的制度机制奠定基础。

第 6 章 结论与建议

通过对已有数据汇总整理、行业数据共享、现场调查、遥感解译、数值模型计算及统计分析等手段，开展海洋灾害致灾、承灾体、历史海洋灾害、行业减灾能力、重点隐患 5 项调查与评估工作，风暴潮、海啸、海浪、海平面上升风险评估与区划工作，风暴潮防治区（重点防御区）划定工作，分析上海市海洋灾害致灾水平，摸清海洋灾害承灾体和风险隐患分布，查明沿海区域行业减灾能力，认识了上海市海洋灾害风险水平，形成了风暴潮灾害防治区划，提出了提升上海市海洋防灾减灾综合能力的建议。同时，建立了上海市海洋灾害风险普查信息系统，集成、分享、运用普查成果，进一步为上海市海洋防灾减灾等工作提供支撑。

6.1 主要结论

6.1.1 多手段开展海洋灾害相关调查与评估

1）致灾调查与评估

（1）风暴潮

1978—2020 年上海共发生风暴潮过程 504 次，80% 以上发生在 6—10 月，以温带风暴潮为主，但极值潮位和增水多出现在台风风暴潮过程中。

（2）海浪

1978—2020 年上海市海域灾害性海浪过程 98 次，以热带气旋和冷空气引起为主，年均 2.3 次，8 月最多。其中热带气旋引起的灾害性海浪特征值较大，沿海海洋站和近海浮标测得的最大有效波高分别为 5.5m 和 9.4m，最大波高分别为 8.0m 和 14.7m。

（3）海啸

1978—2020 年对上海市有较明显影响的地震海啸事件 2 个，两次地震海啸最大波幅分别出现在金山嘴站和芦潮港（海洋）站，均未对上海市产生灾害性影响。

（4）海平面上升

近 40 年上海附近海平面变化速率为 3~9mm/yr，未来海平面还将继续缓慢上升。

（5）海岸侵蚀

上海市属淤泥质海岸，海岸侵蚀主要为岸滩滩面和周边水道刷低刷深，具有年度长周期、季节变化年周期及风暴潮作用短周期特征。上海市沿海海岸线除崇明区陈家镇崇明东滩岸段、横沙乡横沙东滩岸段为中风险，其余岸段均为低风险。

（6）咸潮入侵

2000—2020 年，长江口三大水库共发生咸潮入侵 138 次，陈行水库和东风西沙水库基本为北支倒灌，青草沙水库易受正面上溯和北支倒灌双重影响；咸潮入侵基本集中在每年 10 月到次年 3 月。

（7）赤潮

1982—2020 年上海市海域范围内发生具有纬度记录的赤潮事件 37 次，主要集中于长江口外深水航道前端，以中小型赤潮为主。自 2001 年上海进入赤潮高发期，5、6 月为高发月，引发上海海域赤潮的生物门类以甲藻类和硅藻类为主。

（8）"多碰头"

1978—2020 年，上海发生"三碰头" 10 次，"四碰头" 1 次。2005 在浙江和福建北部登陆的台风引起"多碰头"的可能性较高，一般西部松江、金山受灾较为严重。

2）承灾体调查与评估

上海市主要海洋承灾体有五类，以海岸防护工程为主，其他均较少，呈零散分布。海岸防护工程共计 575.09 km，海塘堤顶高程 3.84~9.5 m，达标率（按《上海市海塘规划（2011—2020 年）》标准）约为 78.8%；沿海 5 区外围水（泵）闸 151 座，过闸总流量 1 173.03 m^3/s。海水养殖区 2 个，均位于奉贤区海湾旅游区，总面积 77.33 hm^2，养殖南美对白虾。渔港、锚地各 3 处，崇明区 2 处渔港和锚地（可避台），浦东新区 1 处渔港和锚地（不可避台）；渔港共计 6 个码头，总长 930 m；锚地总面积 9.478 8 hm^2，可容纳 60 马力以上的渔船 42 艘、60 马力以下 71 艘。滨海旅游区 3 处，分别为奉贤海湾碧海金沙、金山城市沙滩、浦东三甲港滨海乐园，用海总面积 412.435 hm^2，占用岸线 11.058 km。海上风电工程 6 处，奉贤区 2 处、浦东新区 4 处，用海总面积 3 466.21 hm^2，年发电量 19.96 亿 kW·h。

3）历史海洋灾害调查与评估

台风风暴潮（含海浪）是主要的海洋灾害，浦东新区受灾较为严重。成灾风暴潮过程 56 个，直接经济损失约 289 511 万元，总受灾人口约 140.2 万人，死亡 31 人。浦东新区受灾风暴潮过程个数、受风暴潮影响直接经济损失、受灾人口均为沿海 5 区中最多。咸潮入侵致灾 2 次，海啸、赤潮未造成直接灾害损失，海岸侵蚀造成的直接灾害损失较小。

第6章 结论与建议

4) 行业减灾能力调查与评估

从政府减灾能力看,金山区、宝山区较强,崇明区中等,浦东新区、奉贤区较弱。从综合减灾能力看,宝山区、浦东新区较强,金山区和崇明区综合减灾能力中等;奉贤区综合减灾能力较弱。

5) 重点隐患调查与评估

上海市海洋承灾体重点隐患在海岸防护工程上,隐患单元总长85.56 km,主要分布在宝山区、浦东新区、奉贤区和崇明区4个区,以浦东新区为最。一、二级隐患为堤顶沉降,三级隐患为路面裂缝、防浪墙裂缝、异形块体或钢板桩移位等。宝山区均为二级隐患,分布在宝钢岸段、罗泾港区等岸段;浦东新区一、二级隐患主要分布在北部海塘、外高桥泵闸、三甲港水闸、人民塘、五好沟、浦东机场大堤、东滩五期大堤、港城大堤、临港大堤等岸段;奉贤区存在二、三级隐患,二级隐患主要分布在南门港东西段、华电灰坝等岸段;崇明区均为二级隐患,分布在中船圈圩和横沙三期东堤岸段。海水养殖区、渔港、滨海旅游区、商港4类承灾体评估结果均为无隐患。

6.1.2 全方位进行海洋灾害风险评估与区划

1) 风暴潮

市尺度评估上海市无Ⅰ级风险区,Ⅱ级中高风险区有金山区石化街道、山阳镇,浦东新区高桥镇、高东镇、曹路镇、合庆镇,宝山区友谊路街道、吴淞街道、月浦镇、罗泾镇等11个乡镇(街道)。

区尺度评估Ⅰ级风险区有金山区山阳镇渔业村、卫东村以及石化街道大部分社区(村);Ⅱ级风险区域有宝山区东南侧及黄浦江沿岸、浦东新区黄浦江沿岸以及高桥镇至祝桥镇沿海区域、奉贤区南桥镇、庄行镇、西渡街道和奉浦街道以及海湾旅游开发区和柘林镇、金山区北部低洼地区、崇明区崇明岛中部沿江区域、横沙岛西侧及长兴岛东南侧区域。

2) 海浪

上海近岸段海域海浪危险等级为Ⅳ级(低风险),向东延伸,海浪危险等级逐渐提高。

3) 海啸

市尺度评估海啸Ⅰ级风险区有宝山区月浦镇、奉贤区海湾旅游区、金山区石化街道等区域,Ⅱ级风险区有宝山区其余沿海镇(街道)、浦东新区高桥镇至祝桥镇、金山区山阳镇等区域。目前海岸防御工程足够抵御海啸威胁;区尺度评估下,沿海5区均无海啸淹没危险和灾害风险,无须开展人员的应急疏散。

4）海平面上升

上海市海平面上升灾害风险Ⅰ~Ⅳ级均有分布，Ⅰ级风险区主要在侵蚀性海岸区域的崇明陈家镇、新海镇和横沙乡。

6.1.3 综合多因素划定风暴潮灾害防治区

共划定上海市沿海5区风暴潮灾害防治区（重点防御区）136个（陆域部分126个，海域部分10个）。宝山区25个单元，分布在高境镇、淞南镇等9乡镇（街道）及陈行水库（海域）和上海吴淞口国际邮轮港；浦东新区28个单元，分布在北蔡镇、高东镇等19乡镇（街道）及九段沙湿地自然保护区；奉贤区22个单元，分布在柘林镇、海湾旅游区、区内镇外的碧海金沙水上乐园以及海湾镇；金山区44个单元，分布在山阳镇、石化街道等6个乡镇（街道）及大金山岛、小金山岛、浮山岛和金山三岛海洋生态自然保护区；崇明区17个单元，分布在堡镇、城桥镇、长兴镇、横沙乡4个乡镇（街道）及青草沙水库、东风西沙水库、上海崇明东滩国家级自然保护区。

6.1.4 利用先进技术构建普查成果信息系统

充分利用云计算、大数据、移动互联网等先进技术，构建面向市、区两级的海洋灾害风险普查信息系统，建设内容包括致灾调查与评估、承灾体调查与评估、历史海洋灾害调查与评估、重点隐患调查与评估、风险评估与区划数据库及模块系统，形成统一的普查数据与成果信息共享枢纽，支撑不同来源、不同结构的灾害综合风险普查数据跨部门、跨地区、跨领域的交互与共享，同时可用于与上海市防汛、水务电子政务平台等信息系统联动更新，进一步为上海市海洋防灾减灾等工作提供支撑。

6.2 相关建议

1）进一步加强工程建设，增强生态韧性，提升海堤安全保障能力

根据普查结果，加快开展海岸防护工程达标建设，开展海塘除险加固消除隐患。定期开展海堤安全检查和鉴定，开展海堤堤身充填袋布老化与对海塘耐久性的影响相关研究，保障海堤防灾减灾效能。因地制宜开展海岸带生态系统保护与修复工作，实施海岸防护工程生态化改造，增加海岸带韧性。加强河势演变分析，关注气候变化对沿海地区的影响，开展海平面上升对海岸防护工程标准影响研究，为后续海洋管理和防灾减灾提供支撑。

第 6 章　结论与建议

2）进一步完善规划和管理体系建设，提升海洋防灾减灾能力

完善市、区、乡镇（街道）、社区（行政村）多级海洋行业减灾管理体系，完善人员配置、物资配备，畅通逃生路径，加强应急避难场所扩建及管理，加强科普宣传，鼓励大型企业提高大型设备持有量、保险企业加大保险协助、社会组织增强救援能力、个人提高防灾救灾意识。制定评定标准及奖励机制，建设海洋减灾综合示范区（社区）。推进海洋防灾减灾规划的编制和定期修编，指导下阶段海洋行业的防灾减灾工作开展。

3）进一步健全海洋观测体系和预报预警机制，提升观测和预警预报能力

根据岸段警戒潮位缺少情况及沿岸自然条件因素，建议在奉贤区、崇明区的崇明岛北侧和东侧、长兴岛、横沙岛及浦东新区祝桥镇至南汇新城岸段增设海洋观测站，完善观测站点布局。进一步健全海洋观测系统，构建以海洋监测岸站、海洋监测浮标、海上监测平台、水下监测装置、海监船舶、海监飞机、卫星遥感及海洋环境监测信息平台等组成的海洋灾害监测网络体系，对潮位、海浪、盐度等多要素进行全面监测。优化观测站点服务功能，对深水航道、洋山港进出港航道等重点航行区域及其他重大用海工程区域进行精细化、实时化潮位、波浪信息观测并预报。进一步优化水情预报模型，升级分片水情预报系统，提升风暴潮预报预警能力。加强对自然资源部海啸预警中心发布的海啸预警信息的关注，建立海啸预警信息发布通道，及时发布与本区域相关的预警信息。加强海浪灾害发生、发展的机理研究，以及灾害预报技术研究，提高海浪灾害预报能力和效率，精确发布预警信息。加强海洋生态预警能力建设，提升防范赤潮灾害能力。建立健全沿海区域视频监视预警系统，提早发现危险、防范危险。建立健全监测数据共享机制，加强各部门数据共享与协调联动。

4）进一步加强评估与区划成果宣传和应用，提升海洋灾害风险防范能力

加大各类海洋灾害危险性、风险评估与区划成果宣传力度，增强港口、码头等相关人员以及沿海区域广大人民群众的防灾意识。结合风险评估与区划成果，修编相关海洋灾害应急预案；优化配置防灾减灾基础设施，加强城市安全体系建设；将成果应用于国土空间规划、地区发展规划、重大工程选址和论证过程中，充分考虑海洋灾害防御区、海平面上升影响，科学划定和整合海岸带空间退缩线，推进安全发展的源头保障，防范化解各类安全风险。根据经济发展和海洋灾害观测资料更新，及时开展海洋灾害风险评估与区划成果更新工作，同时应充分考虑极端天气等的影响，形成动态持续的风险评估成果。

5）进一步强化咸潮入侵机理和应对措施等研究，提升供水安全保障能力

在调查时间段范围外，2022 年 9 月，受长江流域极端干旱天气影响、大通来水大幅减少及突发台风风暴潮的多重影响，长江口发生了极其严重的咸潮入侵，导致陈行水库、青草沙水库和东风西沙水库多次盐度超标，单次最长超标时间分别达到了 26d12h、97d8h 和

27d19h，严重影响上海市供水安全保障。建议进一步深入研究海平面上升、潮差、大通流量等对咸潮入侵的影响，开展咸潮入侵机理、长江口水源地应对严重咸潮保障供水安全关键技术及应用等专题研究，开展水资源安全保障研究、供水安全保障方案和措施、长江口水源地战略规划研究等。

参考文献

[1] 熊贵彬. 美国灾害救助体制探析 [J]. 湖北社会科学, 2010 (1): 59-62.

[2] 陆人骥. 中国历代灾害性海潮史料 [M]. 北京: 海洋出版社, 1984.

[3] 杨华庭. 中国海洋灾害四十年资料汇编 (1949—1990) [G]. 北京: 海洋出版社, 1994.

[4] 朱瑾. 一部贯穿六十年的风暴潮史料汇编: 评《中国风暴潮灾害史料集 (1949—2009 年)》 [J]. 海洋开发与管理, 2015, 32 (9): 114.

[5] 孙志辉. 中国海洋年鉴 [M]. 北京: 海洋出版社, 2004.

[6] 高建国. 海洋灾害、大气环流和地球自转的关系 [J]. 海洋通报, 1982 (5): 1-6.

[7] 包澄澜. 海洋灾害及预报 [M]. 北京: 海洋出版社, 1991.

[8] 王静爱, 史培军. 中国沿海自然灾害及减灾对策 [J]. 北京师范大学学报: 自然科学版, 1995, 31 (3): 403-426.

[9] 夏东兴, 武桂秋, 杨鸣. 山东省海洋灾害研究 [M]. 北京: 海洋出版社, 1999.

[10] 于福江, 董剑希, 许富祥. 中国近海海洋: 海洋灾害 [M]. 北京: 海洋出版社, 2016.

[11] 赵瑞红, 孙厚娟, 韩宇亮. 科研成果背后的故事: 中国海洋大学建校 90 年 [M]. 青岛: 中国海洋大学出版社, 2015.

[12] 秦曾灏, 冯士筰. 浅海风暴潮动力机制的初步研究 [J]. 中国科学: 数学, 1975 (1): 64-78.

[13] 陈金泉. 台风暴潮及其预报的探讨 [J]. 厦门大学学报: 自然科学版, 1977 (2): 16-44.

[14] 佚名. "风暴潮" 科技情报网筹备小组会议 [J]. 气象科技, 1977 (1): 31-33.

[15] 王喜年, 尹庆江, 张保明. 中国海台风风暴潮预报模式的研究与应用 [M]. 水科学进展, 1991 (1): 1-10.

[16] 王培涛, 于福江, 刘秋兴, 等. 台风风暴潮异模式集合数值预报技术研究及应用 [J]. 海洋学报 (中文版), 2013 (3): 56-64.

[17] 文圣常. 我在海浪理论及应用领域的研究工作 [J]. 中国科学院院刊, 1996 (2): 135.

[18] 许富祥. 中国近海及其邻近海域灾害性海浪的时空分布 [J]. 海洋学报 (中文版), 1996, 18 (2): 26-41.

[19] 陶爱峰, 沈至淳, 李硕, 等. 中国灾害性海浪研究进展 [J]. 科技导报, 2018, 36 (14): 26-34.

[20] 郭增建，陈鑫连. 地震对策［M］. 北京：地震出版社，1986.

[21] ZHOU Q H, ADAMS W M. Tsunamigenic earthquakes in China：1831 BC to1980 AD［J］. Science of Tsunami Hazards，1986，4（3）：131-148.

[22] 任叶飞，张鹏，温瑞智，等. 通过 WCEE 跟踪国际海啸研究动态及我国海啸防灾减灾工作的思考［J］. 地震工程与工程振动，2017，37（3）：182-198.

[23] 温瑞智，公茂盛，谢礼立. 海啸预警系统及我国海啸减灾任务［J］. 自然灾害学报，2006，15（3）：1-8.

[24] 赵旭，徐敏，曾信，等. 北印度洋苏门答腊和莫克兰俯冲带地震海啸综述［J］. 热带海洋学报，2017，36（6）：9.

[25] Tsunami · Storm Surge Research Association. Tsunami · Storm Surge manual［R］. Tokyo：The Cabinet Office，2003.

[26] WATSON J, CHARLES C. The arbiter of storms：a high resolution，GIS-based system for integrated storm hazard modeling［J］. National Weather Digest，1995，20（2）：2-9.

[27] 黎鑫，洪梅，王博，等. 南海—印度洋海域海洋安全灾害评估与风险区划［J］. 热带海洋学报，2012，31（6）：121-127.

[28] 石先武，谭骏，国志兴，等. 风暴潮灾害风险评估研究综述［J］. 地球科学进展，2013，28（8）：866-874.

[29] 刘冰，刘强. 基于组合评价法的海洋灾害综合风险评估：以山东沿海地区为例［J］. 中国渔业经济，2017，35（2）：96-104.

[30] 李明，张韧，洪梅. 基于加权贝叶斯网络的海洋灾害评估与管理［J］. 海洋开发与管理，2018，35（1）：52-59.

[31] 卓向丹. 海洋经济转型升级视角下的海洋灾害风险等级评估体系建设研究［J］. 中国海洋经济，2020（2）：16.

[32] 史培军. 再论灾害研究的理论与实践［J］. 自然灾害学报，1996（4）：6-17.

[33] 黄崇福. 自然灾害风险评价：理论与实践［M］. 北京：科学出版社，2005.

[34] 谢梦莉. 气象灾害风险因素分析与风险评估思路［J］. 气象与减灾研究，2007，30（2）：57-59.

[35] 葛全胜，邹铭，郑景云. 中国自然灾害风险综合评估初步研究［M］. 北京：科学出版社，2008.

[36] 秦大河. 科学防御和应对气象灾害全面推进气象法制建设［J］. 中国减灾，2015（5）：23-25.